Kompendium des Führens

Für Nils
zur Erinnerung an
unseren gemeinsamen
Workshop in Münsingen

W0403193

Rolf

Münsingen, 1. Mai 2013

Rezensenten:
Prof. Dr. Monique Dorsch
Prof. Dr. Ulf Sadowski

Diese Monographie wurde
vom wissenschaftlichen Beirat des Verlages approbiert.

Rolf Karbach / Ján Kútik

Kompendium des Führens

MERCUR VERLAG

Bibliographische Information der Deutschen Bibliothek

Die Deutsche Bibliothek verzeichnet diese Publikation
in der Deutschen Nationalbibliographie;
detaillierte bibliographische Daten sind im Internet
über <http://dnb.ddb.de> abrufbar.

ISBN: 978-3-9503470-1-2

MERCUR VERLAG
Wien/Berlin 2013

Vorwort

Menschen zu führen ist eine hohe Kunst! Dabei gleicht diese Kunst in ihrer Schwierigkeit durchaus der Mutprobe, ein Schiff durch ein stürmisches Meer zu steuern. Auch der Kapitän auf See (= „Führungskraft“) muss seine Crew (= „Mitarbeiter“) erst einmal auf ein gemeinsames Ziel einschwören. Dann hat er das Ruder zu übernehmen und fest in der Hand zu halten, auch wenn ihm dabei ein rauer Wind ins Gesicht bläst. Er muss aufpassen, dass sein Schiff nicht auf Grund läuft oder gar an gefährlichen Klippen zerschellt und oftmals braucht er beharrliches Durchhaltevermögen, bis er den sicheren Hafen erreicht. Für all das benötigt der Steuermann ständig den Rückhalt seiner Mannschaft; stets muss er um ihr Vertrauen werben, die einzelnen Seeleute aufrichten, wenn sie der Mut verlässt, sie gerecht behandeln und als Vorbild mit Hoffnung und Glauben an sich selbst vorangehen, wenn die Crew schon längst aufgegeben hat. Täte der Kapitän dies alles nicht, müsste er befürchten, dass Andere sein Schiff entern und er die Segel streichen muss. Wir sehen, die Metapher ein Schiff zu steuern, kommt der hohen Kunst des Führens von Menschen doch recht nahe.

Mit dem vorliegenden Buch halten Sie, liebe Leserin und lieber Leser, nun ein *„Kompendium“* des Führens in Ihren Händen. Der Begriff „Kompendium“ leitet sich etymologisch aus dem Lateinischen ab und bedeutet in seiner Urfassung eigentlich so viel wie „das beim Zusammenwiegen Ersparte“ (Präfix „con“ = mit/zusammen, Verb „pendere“ = wägen/wiegen). Ausgehend von dieser altsprachlichen Wurzel spiegelt ein Kompendium in moderner Interpretation stets einen „abgekürzten Weg“ bzw. eine „Ersparnis“ wider und steht heutzutage als Synonym für ein *kurzgefasstes Handbuch* bzw. für einen *grundlegenden Abriss* zu einer bestimmten Thematik. Die „Ersparnis“, die wir unseren Lesern anbieten wollen, besteht darin, dass wir unsere hochkomplexe und gleichsam sensible Thematik des Führens von Menschen auf einen *relevanten Kern des Handelns und Verhaltens von Führungskräften* im Sinne eines praktikablen Leitfadens konzentrieren. Damit bleiben Ihnen durch die Lektüre dieses Kompendiums die vielfältigen, in der Quantität kaum noch überschaubaren und nicht selten auch kuriosen Fachdiskussionen in der Scientific Community der Managementwissenschaften im wahrsten Sinne des Wortes „erspart“ und Sie können sich den wesentlichen Geboten des Führens von Menschen zuwenden.

Unser Buch spiegelt auch die Fortentwicklung der Lehr- und Forschungskonzeptionen beider Autoren zur Führungsthematik in neuerer Zeit wider. Die einzelnen Hauptteile des Kompendiums basieren auf eigenständigen Fachbeiträgen aus den letzten sechs Jahren. Diese Beiträge wurden für die vorliegende Publikation vollständig neu überarbeitet und aktualisiert und zu einem neuen konzeptionellen Gesamtdesign zusammengefügt. Dabei bilden acht zentrale Themenfelder die markanten Eckpunkte dieses Designs: Nach der *Verkündung der Kernbotschaft des Führens (Teil 1)* und einer *mentalen Einstimmung zum Mysterium des Führens (Teil 2)* rundet ein *konzeptionelles Basisdesign zum Führungshandeln und Führungsverhalten (Teil 3)* quasi die Grundlegung zum Thema Führen ab. Eine *„Anstiftung" zur Selbstdiagnose von Führungskompetenzen (Teil 4)*, *Methoden zur Fremddiagnose von Führungskompetenzen (Teil 5)* sowie ein *Werkzeugkasten zur Rhetorik des Führens (Teil 6)* bilden wesentliche Premium-Instrumente des Führens ab. Mit dem sich anschließenden Beitrag *Führen in der akademischen Lehre (Teil 7)* wollen wir das Führungsthema bewusst einmal aus dem üblichen betrieblichen Fokus („Führen = ein Unternehmen managen") herauslösen und in einen eher ungewöhnlichen Kontext einbetten, um damit auch zu weiterführenden Impulsen zur Führungs"philosophie" anzuregen. Ein im wahrsten Sinne des Wortes nachdenklicher Ausklang soll es uns im abschließenden Beitrag *Dreimal „nach"gedacht (Teil 8)* ermöglichen, den Horizont des eigenen Führungshandelns und -verhaltens noch einmal zu erweitern.

Das vorliegende Kompendium ist ein Gemeinschaftswerk zweier Hochschullehrer der Westsächsischen Hochschule Zwickau, Fakultät Wirtschaftswissenschaften (Deutschland) und der Alexander-Dubček-Universität Trenčín, Fakultät für Sozio-ökonomische Beziehungen (Slowakische Republik) und damit ein Spiegelbild der fortschreitenden europäischen Integration auch im Hochschulbereich. Im Zeitalter immer neuer „Euro-Krisen" mag diese Publikation somit auch ein zwar mikroskopisch kleiner, aber mit umso mehr Herzblut gefertigter Mosaikstein für ein wirkliches Zusammenwachsen Europas sein.

Zwickau und Trenčín, im Dezember 2012 — Rolf Karbach & Ján Kútik

Inhalt

Teil 1

Verkündung der Kernbotschaft

Führen heißt: Menschen bewegen!

Zur Einstimmung in die Kernbotschaft unseres Buches möchten wir Ihnen zu Beginn zwei Begebenheiten schildern, die der Erstautor des vorliegenden Kompendiums vor kurzem persönlich erlebt hat. Beide Erlebnisse haben uns in dem Anliegen, das wir mit unserem Buch verfolgen, sehr bestärkt. Gestatten Sie, liebe Leserin und lieber Leser, dass der Erstautor diese wahren Begebenheiten zunächst in der persönlichen „Ich-Erzählung" vorträgt, um damit die Authentizität der beiden Erlebnisse zu unterstreichen, bevor wir dann wieder in der „Wir-Form" die gemeinschaftliche Gedankenführung beider Autoren fortsetzen. Die eine Begebenheit entstammt dem beruflichen Tun des Erstautors als Hochschulprofessor, das andere Erlebnis hat sich ganz einfach in seinem normalen, außerberuflichen Alltag zugetragen.

Als Hochschulprofessor versuche ich, junge Studierende der Wirtschaftswissenschaften in der Entwicklung ihrer persönlichen und sozialen Kompetenzen zu fördern. Wann immer die jungen Menschen zu diesem Zweck erstmals in meine Vorlesungen und Seminare kommen, frage ich sie zuallererst, was sie sich denn von der Wahl ihrer Studienspezialisierung „Führungskompetenz" eigentlich versprechen. Neulich antwortete mir ein Student auf diese Frage: „*Na ist doch klar, ich möchte hier lernen, wie ich es schaffe, dass ich später im Berufsleben z.B. bei Projektbesprechungen meine Kollegen schlecht aussehen lasse und selbst als der strahlende Gewinner dastehe. Und wenn ich wirklich einmal Fehler machen sollte, muß ich doch wissen, wie ich von meinem eigenen Versagen ablenken und die Verantwortung für die Fehler jemand anderem in die Schuhe schieben kann*". Die Mimik in meinem Gesicht muß in diesem Moment non-verbal wohl so eindeutig „Ich bin fassungslos" gesagt haben, dass sich der Student spontan veranlasst sah, mit einer zweiten Antwort „nachzubessern", noch bevor ich ihm verbal auch nur irgendetwas entgegnen konnte: „*Ja und dann ist es natürlich auch noch wichtig, daß ich weiß, wie ich später als Chef meine Mitarbeiter dazu rumkriege, daß sie freiwillig für mich Überstunden machen, ohne Bezahlung oder sonstigen Leistungsausgleich versteht sich*".

Die im Seminarraum anwesenden Mitstudenten waren von der Äußerung ihres Kommilitonen offensichtlich so peinlich betroffen, dass man in diesem Moment vor Stille die berühmte Stecknadel hätte fallen hören können.

Am Abend desselben Tages fuhr ich mit meinem Auto vom Hochschulinstitut aus nach Hause und musste unterwegs noch tanken. An der Tankstelle herrschte reger Betrieb, es war der Vorabend eines Feiertags. Obwohl im Tankstellenshop die Mitarbeiterbesetzung im Vergleich zu normalen Tagen erkennbar aufgestockt war und auch die Tankstellenpächterin persönlich mit anpackte, musste ich mich einige Zeit in einer Warteschlange gedulden, bis ich meine Tankrechnung bezahlen konnte. Als mich die Kassiererin (nennen wir sie Frau W.) dann schließlich bediente, bellte quer durch den ganzen Raum eine schrille, laute Stimme an mein Ohr:

„Frau W., kommen Sie mal sofort hierher! Aber dalli, dalli und zack, zack, wenn ich bitten darf. Hier, dieser Schmierstreifen auf der Glasvitrine, dass Sie so was nicht selber sehen. Wegputzen, aber sofort, na nun los, jetzt bewegen Sie sich endlich mal.“. Es war die Tankstellenpächterin, die sich nicht das Geringste dabei dachte, ihre Kassiererin vor versammelter Kundschaft einfach mal „runterzuputzen“. Und als ob es damit nicht genug wäre, schleuderte sie im gleichen Atemzug ein dümmliches Werbe-Papierschirmkäppi des Tankstellenkonzerns in Richtung von Frau W., wiederum schrill bellend: *„Hier, aufsetzen, aber mal wieder dalli, wenn ich bitten darf und haben Sie sich mal nicht so wegen Ihrer Frisur*“. Müßig zu erwähnen, dass in diesen Momenten peinliche Stille bei der Kundschaft herrschte und Frau W. vor Scham am liebsten im Boden versunken wäre.

Zwei Momentaufnahmen zum Thema Führung: Ein noch berufsunerfahrener Student versteht Führen als „Manipulieren von Menschen“ und eine resolute Tankstellenchefin praktiziert Führen als „Mitarbeiter öffentlich rumkommandieren“. Nun sind es ja Gott sei Dank nur zwei Einzelbilder! Weder stehen der Student und die Tankstellenpächterin als Parade-Negativbeispiel für jeweils eine ganze Berufsgruppe (meine Studierenden sind in aller Regel kluge, kreative, innovative und herzerfrischend unkonventionelle junge Menschen, mit denen das Arbeiten jeden Tag aufs Neue wirklich Freude macht; und was die Tankstellenbetreiber angeht: da kenne ich viele, die mit ausgesprochenem unternehmerischen Elan und ausgeprägter Kommunikationsstärke ihre Tankstelle führen), noch vollzieht sich Führung in der Vielzahl der täglichen Führungssituationen so rüde wie eben dargestellt.

Sowohl die Managementwissenschaft als auch die Managementpraxis bemühen sich seit vielen Jahren um ein „modernes“ Bild der Menschenführung. Längst schon führen wir nicht mehr stur autoritär, sondern pflegen partnerschaftliche, kooperative Führungsstile. Unsere Führungs“instrumente“, die „Werkzeuge“ des Führens, auf neu-deutsch unsere „Leadership-Tools“ werden immer raffinierter und ausgefeilter. Wir propagieren „emotionale“ Führung und fordern von unseren Führungskräften „empathische Kompetenz“. Wir sind stolz auf neue Denkansätze wie z.B. das transformationale Führungskonzept, das die charismatische Ausstrahlung einer Führungskraft in den Mittelpunkt stellt. Und schließlich preisen wir zu jeder sich bietenden Gelegenheit „den Mitarbeiter als unser größtes und wichtigstes Kapital“. Nein, die eingangs erzählten Beispiele können wirklich nur zwei bedauernswerte Ausreißer aus einer ansonsten heilen Welt des Führens sein.

Handelt es sich bei den beiden Momentaufnahmen wirklich und tatsächlich nur um bedauernswerte Einzelfälle? Wir behaupten: wohl kaum! Gehen Sie einmal in eine gutsortierte Buchhandlung, dann wird Ihnen unter der Rubrik „Management-Fachbücher“ u.a. ein Uraltklassiker ins Auge springen, der mittlerweile seit über drei Jahrzehnten in der x-ten Neuauflage auch weiterhin fröhlich Erfolge feiert.: *Josef Kirschner, Manipulieren, aber richtig*! [1]. Und wenn Sie sich gar die Zeit nehmen, einmal in das Buch von *Gloria Beck, Verbotene Rhetorik. Die Kunst der skrupellosen Manipulation* herein zu schauen, können Sie dort lesen, „*wie man andere zielgerichtet und ohne Hemmungen manipuliert*“ und dabei u.a. „*Sündenbock- und Vernichtungstechniken*“ einsetzt, wobei es „*ganz egal ist, ob die Konkurrenten dabei auf der Strecke bleiben*“ [2]. Dieses Buch wird vom herausgebenden Verlag makabrerweise in der Reihe „Berufsstrategien“ geführt. Wir könnten es unserem jungen Studenten also nicht einmal verübeln, wenn er beim Thema Führen spontan an das Manipulieren von Menschen denkt. Und auch unsere resolute Tankstellenpächterin könnte sich auf prominente Vorbilder berufen, wenn es um das Kommandieren von Mitarbeitern geht. Als Hartmut Mehdorn im Mai 2009 als Vorstandschef der Deutschen Bahn abtreten musste, bescheinigte ihm die Presse weitgehend übereinstimmend, dass er weniger an den nackten Zahlen sondern eher „*an seiner Rüpeligkeit und seinem ausschließlichen Kommandoton in der Unternehmensführung gescheitert*“ sei [3]. Trotz aller „Modernität“ der Entwicklungen in der Managementwissenschaft und in der Managementpraxis kommt also das Führen von Menschen auch heute immer noch oft genug recht „rustikal“ daher.

Und selbst wenn es sich bei den skizzierten Beispielen um Extreme handelt: die subtileren Formen von Manipulation und autoritärem Gehabe sind in unserem täglichen Führungsleben allgegenwärtig. Bei den betroffenen Mitarbeitern spiegelt sich dieses Phänomen dann in Aussagen wider wie etwa „*ich fühle mich bei meiner Arbeit richtig ausgenutzt*“ oder „*der Chef behandelt mich immer nur von oben herab*“. Egal, ob es sich nun um die extremen oder subtilen Formen handelt, mit „menschengerechter“ Führung hat das alles jedenfalls nichts zu tun. Und als „gelungen“ wird man eine solche Führung wohl auch nicht bezeichnen können, denn sonst müssten wir Mitarbeiter in Unternehmen nicht erst extra noch „motivieren“, damit sie in gewünschter Weise zum Unternehmenserfolg beitragen.

Wenn wir uns auf die Suche nach dem Geheimnis menschengerechter und zugleich gelingender Führung begeben, sollten wir vielleicht auch einen weiseren Ratgeber als ausgerechnet die Managementwissenschaft befragen. Wir denken, dass z.B. die Geschichte der Menschheit bei der Thematik des Führens der weitaus klügere Lehrmeister als die Betriebswirtschaftslehre ist. Was Führen wirklich heißt, können wir erahnen, wenn wir unseren Blick auf große Führungspersönlichkeiten der Zeitgeschichte richten. Auf John F. Kennedy zum Beispiel. Mit seiner kühnen Idee vom Aufbruch zum Mond schuf Kennedy zu seiner Zeit bei Millionen von Menschen eine Begeisterung, die in der Geschichte des 20. Jahrhunderts einzigartig bleiben wird. Oder etwa Martin Luther King: Mit seinen unvergesslichen Worten „I have a dream“ zeichnete er die Vision von einer Gesellschaft ohne Trennung von „Schwarz“ und „Weiß“ und ebnete damit den Weg zur Aufhebung der Rassendiskriminierung. Und schließlich Mahatma Ghandi: Mit seinem mitreißenden Vorbild des von ihm gelebten gewaltlosen Widerstandes lehrte er die damaligen britischen Kolonialherren das Fürchten und führte eine ganze Nation in die Unabhängigkeit. Obwohl Führungspersönlichkeiten dieses Kalibers häufig noch nicht einmal eine formelle hierarchische Stellung innehaben, folgen ihnen die Menschen bereitwillig. Ghandi und Martin Luther King brauchten zu ihrer Mission kein „Amt“, sie hatten keine „Weisungsbefugnis“ gegenüber „Untergebenen“. Menschen dieses Führungsformats müssen auch nicht extra „motivieren“, oder können Sie sich vorstellen, dass Kennedy für seine Vision vom Aufbruch ins Weltall erst noch einen brüllenden und hampelnden Motivationstrainer hätte anstellen müssen, der die NASA-Ingenieure mit „Tschakka-Du-schaffst-es“-Rufen und Barfußläufen über glühende Kohlen anfeuert?!

Kennedy, Martin Luther King, Mahatma Ghandi und viele andere große Führungspersönlichkeiten der Menschheitsgeschichte haben Führungsstärke gezeigt, indem sie einen Sog der Faszination erzeugten, der die Menschen magisch anzog. Auf den Punkt gebracht: sie haben Menschen bewegt.

Und das ist auch die Kernbotschaft unseres Buches: **Führen heißt: Menschen bewegen!** Das Verb „bewegen“ hat im deutschen Sprachgebrauch eine doppelte Bedeutung. Zum einen bedeutet „bewegen“, jemanden emotional zu berühren (im Sinne von „das hat mich sehr bewegt“). Zum anderen meint „bewegen“ aber auch, jemanden in Bewegung zu setzen (im Sinne von „ich habe mich von A nach B bewegt“). Beide Begriffsinhalte legen wir unserem Verständnis von Führen zugrunde. Wenn Führen „Menschen bewegen“ heißt, dann bedeutet das also, sowohl Menschen emotional zu berühren als auch Menschen in Bewegung zu setzen. Die Antwort auf die Frage „Was ist Führen?“ leitet sich somit gleichsam aus dem psychischen und dem physischen Aspekt von „bewegen“ ab. Spannender als die Frage nach dem „Was?“ ist aber wohl eher noch die Frage nach dem „Wie?“. Wie geht Führen? Wie geht „Menschen bewegen“?

Für die Beantwortung dieser Frage möchten wir Ihnen in unserem Buch Impulse und Inspirationen geben. Wir denken, dass es insbesondere drei Handlungsfelder sind, die wir betreten müssen, wenn wir Führen im Sinne von „Menschen bewegen“ praktizieren wollen:

- Menschen bewegen erfordert zum einen, bestimmte **menschengerechte Haltungen** einzunehmen. Wenn wir Menschen z.B. gerecht, mutig, weise, maßvoll, hoffnungsvoll, glaubhaft und liebevoll gegenüber treten, dann berühren wir die Emotionen dieser Menschen und sie werden sich gemeinsam mit uns in Bewegung setzen. Vereinfacht gesagt müssen wir uns beim Führen von Menschen fragen „Wie muß ich sein?“ und finden die ethisch richtige Antwort darauf in den **Kardinaltugenden des Führens.**

- Menschen bewegen erfordert zum anderen, bestimmte **menschengerechte Handlungen** zu ergreifen. Wenn wir mit kühnen Ideen, unvergesslichen Worten und mitreißendem Vorbild agieren, dann bewegen wir im doppelten Sinne dieses Wortes ebenfalls unsere Mitmenschen. Auf den Punkt gebracht fragen wir uns „Was muß ich tun?" beim Führen von Menschen und kommen über diese Frage zu den **Königsdisziplinen des Führens.**
- Menschen bewegen erfordert schließlich zum dritten, bestimmte **menschengerechte „Bewegungen"** zu inspirieren. All unser Sein und all unser Tun, also das Befolgen aller Kardinaltugenden und das Beherrschen aller Königsdisziplinen des Führens wäre sinnlos, wenn wir unsere Kraft nicht auf einen wirklichen Fortschritt des Menschseins richten würden. Martin Luther King und Mahatma Ghandi konnten durch ihr Sein und ihr Tun nur deshalb erfolgreich sein, weil sie mit ihren Idealen von der Aufhebung der Rassentrennung und der Gewaltlosigkeit das Menschsein fundamental voran brachten. Sie schufen damit „Bewegungen" im wahrsten Sinne dieses Wortes (z.B. die Bürgerrechtsbewegung). Nun besteht der ganz normale Alltag von zigtausenden von Führungskräften auf der Welt bestimmt nicht darin, jeden Morgen eine neue Menschheitsbewegung loszutreten. Und dennoch müssen wir uns beim Führen von Menschen selbst im kleineren Maßstab immer wieder fragen „Wo muß ich hin?", damit Menschen auch vom Sinn des Geschehens berührt sind und sich in Bewegung setzen. Die Frage nach dem „Wohin?" verweist uns auf die Thematik des **evolutionären Beitrags des Führens.**

Liebe Leserin und lieber Leser, Ihnen fällt sicherlich auf, dass jeweils von „menschengerechten" Haltungen, Handlungen und Bewegungen die Rede ist. Mit dem Adjektiv „menschengerecht" möchten wir verdeutlichen, dass unser Verständnis von Führen zutiefst der Humanität verpflichtet ist. Das Leben eines jeden einzelnen Menschen ist wichtiger als jeder noch so imposante wirtschaftliche Erfolg. Allzu häufig jedoch ruft auch die heutige, doch angeblich so „moderne" Führungspraxis noch immer tagtäglich Verletzungen an Menschen hervor. Wir vermögen aber keinerlei ethische Legitimation dafür zu erkennen, warum es einer Führungskraft erlaubt sein sollte, unter Berufung auf einen zu erzielenden wirtschaftlichen Erfolg in Kauf zu nehmen, dass Menschen Verletzungen erfahren können. Unter Verletzungen verstehen wir dabei alles, was physisch und psychisch die Lebenskraft und Lebensfreude von Menschen schwächt. Das fängt bei den vermeintlich kleinen, subtilen Formen der Geringschätzung an *(z.B. Mitarbeiter grüßt freundlich den Chef, Chef geht wortlos am Mitarbeiter vorbei*), geht weiter über schmerzliche Demütigungen *(z.B. Chef vor Kunden zum Mitarbeiter*: *„Meyer, ich hab's schon immer gewusst, Sie sind eine ahnungslose Flasche"*) und reicht hin bis zur indirekten Anwendung körperlicher Gewalt *(z.B. psychosomatisch bedingter Kreislaufzusammenbruch eines Mitarbeiters wegen fortgesetzten Mobbings)*. Wenn wir Menschen verletzen – und sei es auch noch so geringfügig – machen wir uns des Betrugs schuldig am

Kostbarsten, was wir auf dieser Welt haben: am menschlichen Leben. Dafür gibt es keine Rechtfertigung, schon gar nicht von Seiten der Betriebswirtschaftslehre.

Ethisch legitimiert ist Führung nach diesem Verständnis also nur dann, wenn sie darauf abstellt, Menschen in ihrer originären Lebenskraft nicht zu verletzen, sondern zu bestärken. Genau hier setzt dieses Buch an: wir möchten Führungskräfte dazu ermutigen, Menschen emotional zu berühren und in Bewegung zu setzen und damit die originäre Lebenskraft von Menschen zu stärken. Damit erhält die Tätigkeit des Führens aber eine Qualität, die weit über nüchternes „Managen" hinausgeht. Führen in diesem Sinne hat fast schon etwas von der Wertigkeit der ärztlichen Kunst, Menschen zu heilen. Denn was gibt es – eben außer Menschen zu heilen – Verantwortungsvolleres zu tun, als die Lebenskraft von Menschen zu bestärken bzw. wie es Anselm Grün so treffend beschreibt *„das Leben in den Menschen zu wecken und Menschen damit zu beflügeln*" [4]. Führen erhält damit aber nicht nur eine ethische Legitimation. Nach allem, was wir bisher in unserem Leben in Unternehmenspraxis und Wissenschaft zum Führen von Menschen erlernen, erleben und erfahren durften, scheint uns in diesem Verständnis von Führen auch die einzige Chance für eine wirklich erfolgreiche und gelingende Führung zu liegen. Menschen, die wir authentisch bewegen, müssen wir nicht mehr *„durch die Manipulation von situativen Anreizen gezielt aktivieren*", wie es ein „modernes" Management-Lehrbuch selbst im Jahr 2009 noch empfiehlt [5]. Menschen, die durch ihre originäre Lebenskraft beflügelt sind, tragen aus eigenem Antrieb zum Erfolg eines „Unternehmens" bei, was immer auch dieses „Unternehmen" konkret sei.

Wenn Sie unseren Zeilen bis hierher gefolgt sind, wissen Sie also nun, was Sie von unserem Buch erwarten dürfen: Impulse und Inspirationen für ein Führen von Menschen, das menschengerecht und gelingend zugleich ist und das darauf fußt, dass wir als Führungskraft Menschen bewegen. Bevor wir nun den Weg dazu erkunden, möchten wir Ihnen fairerweise aber auch sagen, was Sie von diesem Buch keinesfalls erwarten sollten. Keinesfalls möchten wir uns daran beteiligen, den unzähligen Theorien über Führung eine weitere, neue Theorie hinzuzufügen. Uns liegt ganz im Gegenteil daran, das Thema Führen von den theoretischen Höhenflügen der letzten Jahre und Jahrzehnte herunterzuholen auf ein gesundes Allerweltswissen. Was auf den ersten Blick banal und trivial erscheint, offenbart bei genauerer Betrachtung des Begriffs „Allerweltswissen" einen reichen Fundus: es ist das „Wissen aller Welt", und das ist angefangen von der Antike bis hin zu unseren Tagen nicht wenig, was das Thema Führen angeht. Es kommt eben darauf an, manches Altbewährte wieder transparent zu machen und in neuem Licht zu sehen.

Keinesfalls auch werden wir in diesem Buch neue „Super-Techniken", „Garantierte Erfolgs-Werkzeuge" oder „360-Grad-Tools" des Führens entwickeln, mit denen man sich angeblich in kürzester Zeit „Skills" zum Führen antrainieren kann. Wir belassen es bei der handwerklichen Darreichung von zwei „Premium-Instrumentarien" (Instrumente zur Selbst- und Fremddiagnose von Führungskompetenzen, Werkzeugkasten zur Rhetorik des Führens), deren Anwendung sich über Jahrzehnte hinweg tatsächlich als erfolgreich beim Führen von Menschen erwiesen hat. Unsere Erfahrungen aus den Führungskräfteschulungen der letzten 30 Jahre bestärken uns in der Ansicht, dass zum Führen von Menschen Haltungen im Sinne von Tugenden allemal wichtiger sind als Skills. Skills sind Fähigkeiten, die man einstudiert hat und die man im Bedarfsfall einsetzen kann oder eben auch nicht. Im Gegensatz dazu gehört zu einer Haltung das Zwingende, wer sie hat, kann gar nicht anders, als ihr gemäß zu handeln [6]. Eine Haltung kann man nicht einfach beiseite legen wie ein Instrument, das man gerade nicht mehr spielen möchte. Haltungen lassen sich auch nicht in Kurzzeitseminaren ad hoc erwerben, wie viele Trainer versprechen, wenn sie marktschreierisch „Lerne Führen in drei Tagen" herausposaunen. Haltungen bedürfen der Reifung der Persönlichkeit eines Menschen. Haltungen prägen das, was wir im Gegensatz zur Technik die Kunst des Führens nennen, und dieser Kunst des Führens fühlt sich dieses Buch verpflichtet.

Machen wir uns nun also auf den Weg, um uns den markanten Eckpunkten eines menschengerechten und zugleich gelingenden Führens zu nähern. Gehen wir auf die Schatzsuche, um die kostbaren Kardinaltugenden, die wertvollen Königsdisziplinen und den mystischen evolutionären Beitrag des Führens zu entdecken. Als Schatz werden wir auf dieser Entdeckungsreise „magische Gebote" der Menschenführung bergen , die unser Führungsverhalten fortan bereichern können. „Magisch" benennen wir diese Gebote deshalb, weil Führungskräfte, die sich an diesen Geboten orientieren, oftmals etwas Magisch-Anziehendes an sich haben, gleichsam etwas Mystisch-Faszinierendes, das für uns rational oft ganz unerklärlich ist, das uns aber dennoch in den Bann dieser Menschen zieht. Lassen wir uns also im nun folgenden Teil 2 dieses Buches von dieser „Magie des Führens" inspirieren.

Literatur

[1] Kirschner, J.: Manipulieren – aber richtig! Acht erfolgreiche Strategien, mit denen Sie auf andere Menschen Einfluss nehmen. Hamburg 2012 (1. Aufl. München 1974)

[2] Beck, G.: Verbotene Rhetorik. Die Kunst der skrupellosen Manipulation. Frankfurt a. M. 2005

[3] Braunschweiger Zeitung vom 31. März 2009

[4] Grün, A.: Menschen führen – Leben wecken. 4.Aufl., München 2007, S. 13

[5] Jung, R./Bruck, J./Quarg, S.: Allgemeine Managementlehre. Lehrbuch für die angewandte Unternehmens- und Personalführung. 3., neu bearb. u. erw. Aufl., Berlin 2008, S. 201

[6] Egger, R.: Mut. Kardinaltugend der Menschenführung. Zürich 2007, S. 24

Teil 2

Mentale Einstimmung in das Mysterium des Führens

Zur Magie des Führens – Eine Märchenreise in das Morgenland des evolutionären Managements

1 Einstimmung durch den Erzähler

Wer kennt sie nicht, die arabisch-orientalischen Erzählungen aus Tausend und einer Nacht, mit denen die kluge Scheherazade ihren zukünftigen Gatten, den König von Samarkand, während 1001 Nacht so spannend unterhält, dass der König seinen Vorsatz, Scheherazade töten zu lassen, aufgibt. Und wer kennt nicht auch die berühmteste aus all diesen Geschichten, nämlich „Aladin und die Wunderlampe". Wir haben „Aladin und die Wunderlampe" für Sie, lieber Leser, neu erzählt. Denn ebenso, wie dieses Märchen aus 1001 Nacht etwas Magisch-Anziehendes hat, so haben auch manche Menschen, die sich auf die Kunst des Führens besonders gut verstehen, etwas Faszinierendes an sich, das für uns rational oft ganz unerklärlich ist, das uns aber dennoch in den Bann dieser Menschen zieht. Sich den markanten Eckpunkten dieser „Magie des Führens" anzunähern, davon handelt unser neu erzähltes Märchen.

Dazu laden wir unsere Leser nun ein, sich gedanklich in den geheimnisvollen Orient längst vergangener Jahrhunderte zurück zu versetzen. Und weil die Gelehrten dieser fernen Vergangenheit natürlich noch keine Powerpoint-Präsentationen kannten, mag es nicht verwundern, wenn wir in unserem Märchen statt Charts, 3-D-Balkendiagrammen und Portfolio-Abbildungen wohl eher Papyrus-Schriftrollen, steinerne Gebotstafeln und vergilbte Schatzkarten vorfinden. Wir wünschen Ihnen nun viel Freude bei einer Reise in ein mystisches Land und hoffen, dass Sie trotz allem Märchenhaften auf den einen oder anderen Schatz stoßen mögen, den Sie in ihrer täglichen Gegenwart des Führens von Menschen verwenden können.

2 „Aladin und die Wunderlampe" neu erzählt

Es war einmal vor langer, langer Zeit in einer alten, fernen Stadt in China, da lebte eine arme Schneiderswitwe mit ihrem Sohn. Sein Name war Aladin; er war ein schöner aufgeweckter Jüngling, aber er wollte nichts lernen und auch kein Handwerk ausüben. Den ganzen Tag trieb er sich auf der Straße herum, obwohl seine Mutter so arm war, dass sie noch nicht einmal wusste, wovon sie Öl und Reis kaufen sollte.

Wie Aladin eines Tages wieder einmal durch die winkligen, volkreichen Gassen der Stadt zog, weil er wieder einmal nichts zu tun hatte, traf er auf einen sonderbaren Fremden. Er gab sich als afrikanischer Zauberer zu erkennen und lockte Aladin mit einem Goldstück. „Nun, wenn Du mir einen kleinen Dienst erweisen magst", so sprach der afrikanische Zauberer, „so wird es Dein Schaden nicht sein, denn wir werden dann zu den reichsten Leuten der Welt gehören." „Was für ein Dienst soll das sein?", fragte Aladin voller Neugierde. „Folge mir hinaus aus der Stadt", antwortete der afrikanische Zauberer, „bis weit hinein in ein felsiges Tal. Dort liegt tief unter der Erde ein riesiges, verborgenes Schatzgewölbe mit allen Reichtümern, die Du Dir vorstellen kannst. Allein der Eingang in dieses Gewölbe ist so schmal, dass ich selbst nicht hindurch passe. Aber ein Jüngling wie Du meistert diesen Eingang leicht. Wenn Du hinein gehst, kannst Du Dir von den Reichtümern nehmen, was Dein Herz begehrt. Für mich lass nur eine alte Öllampe, die Du in einer Nische finden wirst."

Aladin ward von den Worten des Zauberers bewegt und so entschloss er sich, dem Fremden hinaus aus der Stadt bis hin zu der bezeichneten Stelle zu folgen. Tatsächlich gelangten sie schon rasch zu einem schmalen Felseingang und Aladin stieg wie ihm geheißen hinab in das unterirdische Gewölbe. Alsbald umgaben ihn prächtige Säle voll des Goldes und mit herrlichsten Edelsteinen gefüllt. Und wie Aladin sich kaum satt sehen konnte an soviel Reichtum, erspähte er in einer Nische die besagte alte Öllampe. Er nahm sie und wollte sie dem Fremden schon hinauf reichen. Da ahnte Aladin, dass es mit dem Ansinnen des Zauberers doch eine böse List auf sich haben könne und er sprach: „Zauberer, lass mich zuerst wieder aus der Höhle hinauf steigen, die Lampe will ich Dir hernach schon rauf ziehen." Da geriet der Zauberer in eine furchtbare Wut, er murmelte allerlei Zaubersprüche, es donnerte und blitzte und eine gewaltige Steinplatte fiel vom Himmel herab auf den Felseingang und verschloss den Zugang zum Gewölbe für alle Zeiten. Der afrikanische Zauberer aber verschwand und ward fortan im Land nie mehr gesehen.

Aladin stand zu Tode erschrocken in der Finsternis des Gewölbes. Alles Rufen und Weinen war vergeblich, Aladin fand keinen Ausgang mehr hinaus in die Welt und niemand eilte zu Hilfe. So saß Aladin verzweifelt drei Tage und drei Nächte ohne Speis und Trank in der dunklen Höhle. Als er begann, mit seinem Leben schon abzuschließen, nahm er gedankenversonnen die alte Lampe und rieb sie ohne irgendeine weitere Absicht zwischen seinen Händen, nur um sich etwas zu wärmen. Da erschien plötzlich ein gewaltiger Geist vor ihm und sprach mit Donnerstimme: „Was willst Du? Ich bin bereit Dir zu gehorchen als Dein Diener!" Aladin erschrak heftig, aber er antwortete mutig: „Wer Du auch sein magst, bring mich sofort hinaus ins Freie und zurück in die Stadt." Und augenblicklich gab es ein gewaltiges Rauschen und Aladin fand sich in den engen, vertrauten Gassen seiner Stadt wieder. Der Geist war verschwunden, aber die Öllampe trug Aladin noch immer fest umklammert in den Händen.

Alexander Breunig

Der Schrecken dieses Erlebnisses saß Aladin noch tagelang in den Gliedern. Wie er sich aber mehr und mehr beruhigte, beschloss er aus Dankbarkeit dafür, dass er dem Tode entronnen war, ein geläutertes Leben zu führen.

Einschub des Erzählers: An dieser Stelle laufen orientalische Märchen meist darauf hinaus, dass der Jüngling ein ordentliches Handwerk erlernt, die scheinbar unerreichbare Tochter des Sultans zur Frau begehrt und mit Hilfe eines Zaubermittels nach vielen Verwicklungen und Irrungen die Sultanstochter tatsächlich heiraten kann. Unser neu erzähltes Märchen nimmt aber hier einen völlig anderen Verlauf.

Aladin besann sich der Begebenheit mit der Öllampe und dem Geist und rieb die Lampe erneut zwischen seinen Händen. Und wieder erschien mit Donnerstimme der Geist und sprach: „Was willst Du? Ich bin bereit Dir zu gehorchen als Dein Diener!“ „Ich will nun ein rechtschaffener Mensch werden“, antwortete Aladin, „ich will ein Handwerk lernen. Aber nicht Irgendeines, nein, ich will die Kunst des Führens lernen und darin ein Meister werden, ach was sage ich, ich will sogar ein Magier des Führens werden, der im ganzen Königreich bekannt ist und zu dem die Menschen aufblicken.“ „Oh, warum konntest Du Dir nicht die Sultanstochter zur Frau wünschen.“, sagte der Geist, „Dein Wunsch führt selbst einen Geist wie mich hart an meine Grenzen, aber es geschehe dennoch, wie Du es wünschst. So höre nun, was mit Dir geschehen wird, damit ein Magier des Führens aus Dir werden kann:

Ich werde Dich in ein fremdes Land hinweg verzaubern, fern von Deiner Heimat und auch fern von Deiner Zeit. Denn die wahren Magier des Führens leben in einer weiten Zukunft, in dem für uns unvorstellbar fernen Jahr 2010 nach christlicher Zeitrechnung. Die Menschen in dieser Zeit sprechen eine Sprache und haben Gebräuche, die Du anfangs nur schwer verstehen wirst. Damit Du nicht völlig verloren bist, achte stets auf die magische Zahl Drei: Drei Dinge nimm mit auf Deine Reise, eine Schatzkarte des Führens, die Öllampe, mit der Du mich dreimal auf Deiner Reise rufen wirst und den Rat von mir, Dir alles, was die Fremden dieses fernen Landes Dir in ihrer Sprache sagen, in Deine Sprache zurück übersetzen zu lassen. Deine Reise wird dreimal drei Jahre dauern und immer, wenn Du kostbare Schätze birgst, wird die magische Drei Dich begleiten. So leg Dich nun zur Ruhe, dass Du noch einmal die Sanftheit des Schlafes kosten kannst, bevor Deine mühsame Zauberreise beginnt!“ Aladin aber tat wie ihm geheißen, legte sich nieder und war alsbald eingeschlafen.

2.1 Auf dem Kontinent der kühnen Ideen

Als Aladin wieder erwachte, sah er sogleich, dass er sich in einem fremden Land befand. Da war er fast froh, dass er sofort die Öllampe bemerkte, die an seinem Gürtel hing, mit dem er seinen Kaftan zusammenband. Die Öllampe und mit ihr das Wissen, dass er bei Gefahr den guten Geist in dieser Lampe rufen könne, ließen ihn die Ungewissheit, was wohl auf ihn zukommen möge, leichter ertragen. Wie Aladin so an seinem Kaftan herunter sah, fiel sein Blick auf eine eingerollte Karte, die sich ebenfalls an seinem Gürtel befand und er erinnerte sich, dass der Geist von eben dieser Schatzkarte des Führens gesprochen hatte. Als Aladin gerade die Schatzkarte aufrollen und ansehen wollte, näherte sich ihm eine sonderbare Gestalt.

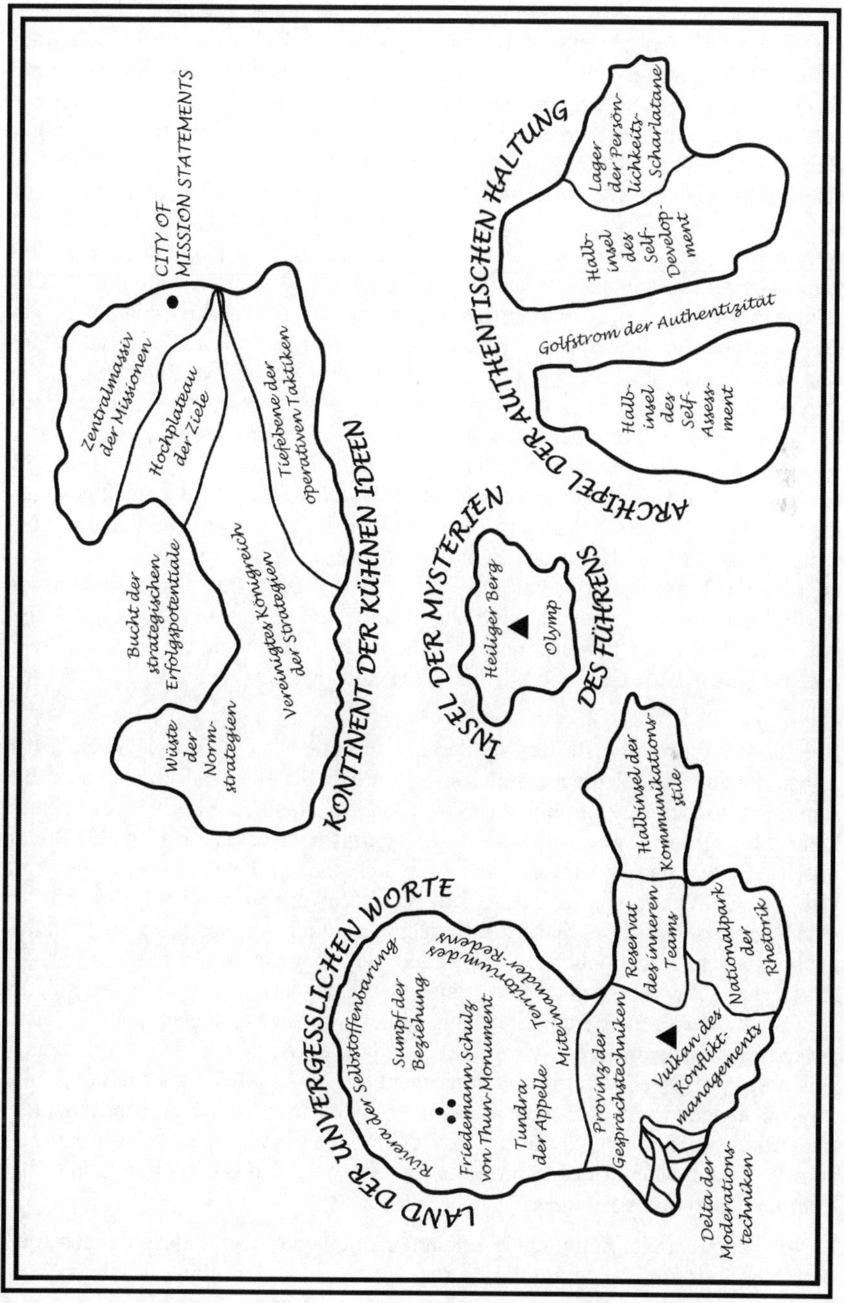
CITY OF MISSION STATEMENTS
Zentralmassiv der Missionen
Hochplateau der Ziele
Tiefebene der operativen Taktiken
Bucht der strategischen Erfolgspotentiale
Vereinigtes Königreich der Strategien
Wüste der Normstrategien
KONTINENT DER KÜHNEN IDEEN
INSEL DER MYSTERIEN DES FÜHRENS
Heiliger Berg
Olymp
ARCHIPEL DER AUTHENTISCHEN HALTUNG
Lager der Persönlichkeits-Scharlatane
Halbinsel des Self-Development
Golfstrom der Authentizität
Halbinsel des Self-Assessment
LAND DER UNVERGESSLICHEN WORTE
Riviera der Selbstoffenbarung
Sumpf der Beziehung
Friedemann Schulz von Thun-Monument
Tundra der Appelle
Territorium des Miteinander-Redens
Provinz der Gesprächstechniken
Vulkan des Konfliktmanagements
Reservat des inneren Teams
Nationalpark der Rhetorik
Halbinsel der Kommunikationsstile
Delta der Moderationstechniken

Es war ein Mensch, soviel konnte Aladin gerade noch erkennen, aber er trug Gewänder, die Aladin nie zuvor gesehen hatte: Keinen weiten, wallenden Kaftan, wie ihn die ehrbaren Kaufleute aus Aladins Stadt als Zeichen ihres Standes anlegten, sondern ein Tuch aus grauem, so gar nicht leuchtendem Stoff, das ganz eng um den Körper gewebt war, so eng, dass beide Arme und beide Beine aus diesem Tuch einzeln heraus stakten. „Hi Al", hob die sonderbare Gestalt zu sprechen an (und Aladin hörte so etwas wie *Hai Äll*), „bist mir schon per icq (Aladin hörte *ai-si-kju*) avisiert worden, wie war Dein Flug, hoffentlich waren die Check-In- und Check-Out-Procedures nicht so lange, bist jedenfalls ganz schön late, dachte schon fast, Dein Flug wäre gecancelled worden." Aladin erinnerte sich, dass der Geist am Abend zuvor von der merkwürdigen Sprache der Menschen in diesem Land geredet hatte. Dennoch nahm Aladin all seinen Mut zusammen und antwortete: „Salemaleikum, hochehrwürdiger Mufti. Ihr seid doch ein Mufti, nicht wahr. Oder seid Ihr gar ein Großmufti?" „Ein orientalischer Gelehrter?", erwiderte der sonderbare Fremde und lächelte dabei sogar, was ihm etwas von seiner Sonderbarkeit nahm, „Nein, das bin ich gewiss nicht. Ich bin ein Manager (Aladin verstand etwa *Mänädschär*)!" „Was ist ein Manager?", fragte Aladin verwundert, „Bist Du am Ende gar ein Magier des Führens?" „Ob ich ein Magier des Führens bin, weiß ich nun wirklich nicht", entgegnete der Fremde, „aber lass uns hier nicht so lange small talk machen, Du weißt doch, time is money, und ich habe heute noch viele andere Meetings. Also komm' endlich, wir fahren in unser Headquarter, schließlich hab' ich von unserem Boss den Auftrag, Dich auf den Weg zum Master of Leadership zu bringen."

Mit diesen Worten zerrte der sonderbare Fremde Aladin in ein Gefährt, das selbst die im Geschichtenerzählen so erfahrene Scheherazade nicht hätte beschreiben können. Es war eine Art Sänfte, so viel stand fest, aber Aladin konnte keine Sklaven entdecken, die diese Sänfte trugen, auch keine Kamele, Pferde oder Elefanten, die die Sänfte vielleicht hätten ziehen können. Dennoch bewegte sich das Gefährt mit einer für Aladin nie zuvor erlebten Schnelligkeit voran. Wie Aladin so in dieser Sänfte saß, dachte er über den sonderbaren Fremden nach. Noch hatte er nicht viel verstanden, der Fremde sprach mit Worten, die Aladin nur schwer deuten konnte, genauso, wie es der Geist vorausgesagt hatte. Auch hatte der Fremde noch nicht mal seinen Namen kundgetan, sondern stattdessen ein merkwürdiges, ganz kleines Stück Papyrus mit den Worten „My Business card" Aladin in die Hand gedrückt. Je länger Aladin aber in der Sänfte saß, umso mehr spürte er, dass er dem Fremden trotz seiner Absonderlichkeit trauen konnte. Schließlich hatte dieser doch auch versprochen, Aladin auf seinem Weg zum Magier des Führens zu helfen, soviel hatte Aladin trotz aller befremdlichen Worte verstanden.

Es verging nicht viel Zeit und sie gelangten an einen großen Palast, der aus edelstem Marmor und anderem kostbaren Gestein (das Aladin allerdings nicht kannte) erbaut war. Aladin wurde geheißen, aus der geheimnisvollen Sänfte auszusteigen. „Phaeton 3.0 V6 TDI“, hörte er den Fremden dabei sagen, „Speed wird bei 250 elektronisch abgeregelt“. Spätestens jetzt überkam Aladin ein beruhigendes Gefühl. Es gehörte wohl zum okkulten, aber gleichwohl harmlosen Ritual der Fremden in diesem Land, ständig irgendwelche Zauberformeln zu murmeln, um damit andere Menschen zu beeindrucken. Fürchten musste man diese Zauberformeln aber sicher nicht. Der Fremde führte Aladin in den Palast hinein. „Unser Headquarter, wir gehen in die Hall of Fame, schließlich sollst Du berühmte Entrepreneure kennenlernen, die für ihre Zeit echt cool waren und Leadership voll drauf hatten.“

In diesem Moment erinnerte sich Aladin an den Rat des Geistes aus der Öllampe, sich die merkwürdige Sprache des fremden Landes unbedingt übersetzen zu lassen. Höflich trug Aladin sein Anliegen dem Fremden vor. „Nun gut“, antwortete der Fremde und seine Stimme wurde mit einem Male sanft und gütig. „Du hast es ja selbst längst erkannt, wir Manager unserer Zeit pflegen bestimmte Rituale, die die ehrbaren Mitglieder unseres Standes einen. Diese Rituale dienen nicht zuletzt auch dazu, dass wir uns unserem Rudel zugehörig fühlen können. Und unsere sonderbare Sprache ist ein wesentlicher Teil dieses Rituals. Aber Du hast Glück, ich bin ein empathischer Manager. Frag’ mich jetzt nicht, was ‚empathisch‘ heißt, Du wirst es auf Deiner Reise schon noch lernen. Für jetzt nur soviel: Ich kann mich in Deine Welt, in Dein Denken und in Dein Fühlen hinein versetzen. Und deshalb werde ich ab jetzt mit Dir in einer Sprache sprechen, die Du verstehst und die für alle Menschen – egal ob sie sich auf ihren Zeitreisen vor oder zurück bewegen – verständlich ist. Nennen wir diese Sprache einfach die ‚zeitlose Sprache‘. Es ist zwar ein bisschen schade, ich hatte so schöne Handouts mit Auszügen aus unserer Powerpoint-Präsentation vorbereitet, aber nun gut, es soll wohl so sein.“

„Komm“, bat der Fremde Aladin nun freundlich in einen dunklen Raum, „erschrick nicht, es ist ein bisschen dunkel hier drin, weil gleich auf der Wand mit Licht durchflutete und bewegte Bilder erscheinen werden. Diese Bilder zeigen Dir Menschen, auf die wir in unserer Welt stolz sind. Ich will Dir diese Menschen vorstellen. So unterschiedlich diese Menschen auch sind, sie haben alle etwas Gemeinsames. Und ich möchte Dich, Aladin, nachher fragen, ob Du dieses Gemeinsame erkennst.“ Auf der Wand erschienen nun wie der Fremde geweissagt hatte, bewegte Bilder, gleichsam so, als befände man sich in einer wiederum gänzlich anderen Welt. Aladin war dem Zauber dieser bewegten Bilder schnell erlegen und lauschte dabei ehrfürchtig den Worten des Fremden.

„Hier siehst Du John F. Kennedy, den charismatischen Präsidenten der Vereinigten Staaten von Amerika, kurz USA. Ihm verdanken wir, dass die Menschheit aufbrach zum Mond. 1961 verkündete er das seinerzeit unvorstellbare Vorhaben, innerhalb eines Jahrzehnts einen Menschen zum Mond und wieder sicher zurück zur Erde zu bringen.“ „Menschen können zum Mond fliegen?“, fragte Aladin ungläubig. „Ja, ja“, antwortete der Fremde fast ein bisschen gelangweilt,

„1969 waren sie zum ersten Mal da oben, Du siehst, das ist schon wieder bald 40 Jahre her."

„Oder schau hier zum Beispiel", fuhr der Fremde fort, „Martin Luther King. Er hat Zeit seines Lebens dafür gekämpft, dass Menschen unabhängig von ihrer Hautfarbe gleich behandelt werden." „Willst Du damit sagen, dass es keine Sklaven mehr gibt?", entfuhr es Aladin augenblicklich. „Nein, schon lange nicht mehr. Aber in den sechziger Jahren des 20. Jahrhunderts war das zumindest in den USA alles andere als selbstverständlich. Man hat Martin Luther King heftigst angefeindet und ein ruchloser Fanatiker hat ihn 1968 sogar ermordet."

Die bewegten Bilder liefen weiter und der Fremde erläuterte: „Willy Brandt, er setzte sich leidenschaftlich für die Annäherung der seinerzeit verfeindeten Blökke in Ost und West ein mit dem Ziel, dass Deutschland dereinst wiedervereint würde. Eine damals wirklich utopische Idee. Willy Brandt wurde dafür 1972 sogar mit dem Friedensnobelpreis ausgezeichnet. Und Deutschland erlangte 1990 seine Einheit wieder." Michael Gorbatschow, Nelson Mandela, Mahatma Ghandi, Albert Einstein, die Geschwister Scholl und, und, und, die Namen und Bilder flogen nur so an Aladin vorbei, aber er hatte längst erkannt, was das Gemeinsame all dieser Großen der Menschheitsgeschichte war.

„Diese Menschen hatten kühne Ideen", hob Aladin nun an, noch bevor der Fremde ihn fragen konnte, „kühne Ideen, mit denen sie die Menschheit bewegten." Und mit einem Blick auf seine Schatzkarte fuhr er fort: „Nun verstehe ich auch, warum der Zauber des Geistes aus der Öllampe mich zuerst auf den Kontinent der kühnen Ideen gebracht hat. „Ja, du erkennst nun, worauf es zuallererst ankommt, wenn man Meisterschaft im Führen von Menschen erlangen will: **Bewege Menschen durch Deine kühnen Ideen**! Das ist das erste Meisterstück, das auch Du, Aladin, anfertigen musst, wenn Du nach Deiner Reise in dreimal drei Jahren zurückkehrst in Deine Heimat." Mit diesen Worten erhob sich der Fremde, schritt zu einem kostbaren Schrein und entnahm diesem Schrein eine ebenso kostbare Papyrus-Schriftrolle. „Nimm diese Schriftrolle, hüte sie wie einen Schatz und bring sie dereinst zurück in das Land Deiner Väter.", sprach der Fremde nun feierlich zu Aladin, „Diese Schriftrolle zeigt Dir das erste Meisterstück des Führens und alles, was Du vollbringen musst, um es anzufertigen. Gehe mit dieser Schriftrolle nun die drei magischen Jahre hinaus auf unseren Kontinent der kühnen Ideen und übe Dich in der Kunst dieser Meisterschaft."

Aladin nahm die Schriftrolle aus der Hand des Fremden entgegen, bedankte sich höflich und verabschiedete sich freundlich. „Sagt mir zum Abschied noch eins", so Aladin „auch wenn es nur Rituale sind, über die wir eigentlich nicht mehr sprechen wollten, aber was hat es mit Eurem merkwürdigen, so farblosen Gewand auf sich, das Ihr tragt?" „Nun", entgegnete der Fremde konsterniert, „das ist doch nichts Merkwürdiges, das ist ein modischer und übrigens sündhaft teurer Business-Anzug. So etwas tragen wir Manager alle. Setz Dich doch mal montags um 8 Uhr in die VIP-Lounge der Lufthansa nach dem Quick-Check-In, da tragen die alle so was.“ Aladin aber zog schmunzelnd von dannen, denn er sah, dass der Fremde in sein scheinbar alltägliches Ritual zurück verfiel.

Aladin hatte sich noch nicht weit von dem Palast des Fremden entfernt, da packte ihn doch die Neugier und er konnte nicht anders, als die ihm mitgegebene Papyrus-Schriftrolle zu öffnen. Und so las er die **Botschaft vom ersten Meisterstück des Führens:**

Erstes Meisterstück des Führens

Bewege Menschen durch
Deine kühnen Ideen!

Dazu ist es Deine Führungsaufgabe, **die Zukunft vorauszudenken**, indem Du

- eine begeisternde Mission formulierst,
- aus dieser Mission klare Ziele ableitest,
- taugliche Strategien zur Erreichung dieser Ziele entwickelst und schließlich
- Wege zur Umsetzung dieser Strategien in operatives Handeln skizzierst.

("Strategisch-konzeptionelle Kompetenz")

Erste Schriftrolle: Das Meisterstück „kühne Ideen“

Nachdem Aladin diese Botschaft gelesen hatte, machte er sich frohen Mutes auf zur Wanderschaft durch den Kontinent der kühnen Ideen. Ihm war nicht bange, was sollte ihm auch passieren. Er hatte die Schriftrolle vom ersten Meisterstück des Führens, die ihm Ratgeber war, auf was er in den nächsten drei Jahren alles achten musste. Er hatte die Schatzkarte, die ihm ein verlässlicher Wegweiser durch das anfangs fremde Land war. Und er hatte schließlich die Öllampe, mittels derer er immer den guten Geist rufen konnte, falls Gefahr drohte oder Aladin nicht mehr weiter wüsste.

So wanderte Aladin nun drei lange Jahre durch die verschiedensten Landschaften, Regionen und Orte. Und überall traf er Meister des Führens, die ihn in der Kunst ihres Standes unterwiesen. Den beschwerlichsten Weg unternahm Aladin gleich zu Beginn seiner Wanderschaft. Er erklomm das hohe und schroffe **Zentralmassiv der Missionen**. Die Meister in dieser Gebirgsregion waren anfänglich besonders abweisend und geheimnisvoll, schienen sie doch davon überzeugt zu sein, dass sie besonders bedeutsame Meister ihrer Zunft waren. Doch nach und nach gewann Aladin das Vertrauen selbst dieser kühlen Meister und er erfuhr, dass Missionen als Leitsätze zu verstehen waren, die die kühnen Ideen von Menschen in einer Art „(Lebens-)Auftrag" bündelten. Aladin lernte, dass diese Leitsätze kurz und mit einfachen Worten formuliert sein müssten, mit anderen Worten so prägnant, dass auch ein 10-jähriges Kind es verstehen könne. Auch sollten diese Leitsätze jederzeit abrufbar sein, selbst in Stresssituationen. Aladin stellte sich vor, er würde mitten in der Nacht von dem afrikanischen Zauberer früherer Tage geweckt und der Zauberer würde ihn auffordern, seinen Leitsatz, eben seine Mission, zu sagen, andernfalls Aladin wieder in das dunkle und verschlossene unterirdische Gewölbe von einst verwunschen würde. Da müsste er ohne zu Zögern in der Lage sein, seine Mission zu formulieren.

Aladin verweilte eine ganze Zeitlang im Zentralmassiv der Missionen, um sich in der Kunst des prägnanten Formulierens von Leitsätzen zu üben. Als er wähnte, sich genügend mit dieser Kunst vertraut gemacht zu haben, überkam ihn Langeweile und er stieg hinab in die **City of Mission Statements**. In dieser Stadt ging es recht lauthals zu. An jeder Gassenecke schallte ihm der Ruf von Marktschreiern (in der Sprache des für Aladin so fremden Landes nannten sie sich „Unternehmensberater" oder viel lieber noch „Consultants") entgegen. „Mission Statements in nur einem Nachmittag", frohlockte etwa der Eine. „Ich dachte, das Finden einer Mission bedürfe einer langen Zeit", sagte Aladin, „so habe ich es jedenfalls bei den Meistern im Zentralmassiv der Missionen gelernt." „Ach wo", erwiderte der Marktschreier, „wir befinden uns in einer schnelllebigen Zeit, da kommt es auf jede Stunde an, da können wir nicht so lange rumtun." Aladin zog verwundert weiter. „Formel für Mission Statement", brüllte ein anderer Marktschreier an der nächsten Weggabelung. „Eine mathematische Formel? Für eine Mission?", fragte Aladin, „Wie soll denn das gehen?". „Zahle nur 900 Taler in unserer Landeswährung (man nannte diese Währung EURO), und ich verrate Dir diese Formel", grinste der Marktschreier listig.

Einschub des Erzählers: Unser armer Aladin konnte die 900 Euro natürlich nicht bezahlen und den Geist in der Öllampe wollte er deshalb auch nicht bemühen. Aladin tat gut daran, denn er hätte sich sicher geärgert, wenn er gesehen hätte, was er für 900 Euro eingekauft hätte. Ein gewisser Christian Richter (Managementtrainer aus München) kassiert sage und schreibe ca. 900 Euro für ein Tagesseminar, in welchem er seinen Teilnehmern folgenden Unfug verkauft:

PL	=	*2xKW*	+	*A*	+	*2xKomW*
(persönlicher Leitsatz)		*(Kernwert)*		*(Adressat)*		*(Komplementärworte)*

Der geneigte Leser mag selbst über die Sinnhaftigkeit solcher Formeln im Zusammenhang mit Missionen nachdenken.

Aladin musste bald erkennen, dass eine ursprünglich gute Idee, nämlich Missionen in prägnanten Leitsätzen zu formulieren (also Mission Statements zu erstellen), durch das Gewerbe der Marktschreier nach und nach verramscht wurde. Und schon bald bestätigte sich Aladins Eindruck. Er bekam im Laufe seines Aufenthalts in der City of Mission Statements viele Leitsätze von wohlhabenden Gewerbetreibenden (sie nannten sich in jenem fremden Land Groups, AG's, Konzerne oder schlicht Unternehmen) zu Gesicht. Die Mission Statements, die Aladin sah, waren meist nicht mehr nur in einem Satz formuliert, sondern füllten manchmal eine ganze Seite einer Papyrus-Rolle aus. Sie waren voller wohlklingender Bekundungen, die wohl das Herz der Marktschreier, die bei der Erstellung der Mission Statements sicher Rat gebend zur Seite gestanden hatten, höher schlagen ließen, wohl kaum aber die Herzen der Menschen, die man mit diesen Leitsätzen eigentlich bewegen wollte.

Aladin verließ die City of Mission Statements alsbald, ein wenig betrübt zwar, aber trotzdem unbeirrt in der Überzeugung, dass das, was er bei den Meistern im Zentralmassiv der Missionen gelernt hatte, richtig war und auch von der Scharlatanerie der Marktschreier nicht zerstört werden konnte. Wie schon erzählt, der Weg durch das Zentralmassiv der Missionen hinab zur City of Mission Statements war eigentlich der beschwerlichste Teil von Aladins dreijähriger Wanderschaft. Dagegen war der Sommeraufenthalt auf dem **Hochplateau der Ziele** die reinste Erholung. Sicher, es hatte eine Zeit gedauert, bis Aladin verstand, warum Ziel*vereinbarungen* mit Menschen, die man mit kühnen Ideen bewegen wollte, besser waren als Ziel*festlegungen*. Auch hatte Aladin überhaupt erst einmal lernen müssen, welche Anforderungen an eine Zielformulierung zu stellen sind, die eine sinnvolle Operationalisierung von Mission Statements darstellen. Dafür war die Präsenz der ansonsten fast allgegenwärtigen Marktschreier auf dem Hochplateau der Ziele aber angenehm gering.

Viel Zeit hatte Aladin während seiner drei Jahre im **Vereinigten Königreich der Strategien** verbracht. Das Entwickeln von Strategien war eine knifflige Sache, das hatte Aladin alsbald begriffen. Da verwunderte es nicht, dass auch die Marktschreier wieder vermehrt zur Stelle waren. Sie versuchten schon seit langer, langer Zeit immer wieder den Menschen fertige Strategielösungen von der Stange zu verkaufen, unabhängig davon, ob diese Lösungen überhaupt passfähig mit den für die Menschen relevanten Missionen und den daraus abgeleiteten Zielen waren. Einmal war auch Aladin den Verlockungen eines solchen Marktschreiers erlegen und es hatte eine ganze Zeit gedauert, bis er wieder den Weg heraus aus der **Wüste der Normstrategien** gefunden hatte. Nach einem solchen Wüstenritt kam der Gang an die kühle **Bucht der strategischen Erfolgspotentiale** mit dem dahinter liegenden lieblichen Küstenlandstrich gerade recht. Hier übte sich Aladin lange in der Kunst, durch planvolles aktives Ausloten aller denkbaren Handlungsoptionen alle Möglichkeiten von Zielrealisierungen im Einklang mit der Mission auszuschöpfen. Wenngleich diese Übung die Komplizierteste von allen auf dem Weg zum ersten Meisterstück des Führens war, so war es Aladin dennoch bewusst, dass die Strategieentwicklung eine Art Königsetappe darstellte, ohne die auch noch so kühne Ideen nicht in die Tat umzusetzen wären.

Am Ende seiner Wanderschaft durch den Kontinent der kühnen Ideen gelangte Aladin schließlich in die **Tiefebene der operativen Taktiken**. Hier ging es gar emsig und geschäftig zu. Jeder, den Aladin antraf, arbeitete von Sonnenaufgang bis Sonnenuntergang, und jeder schien dabei fröhlich und vergnügt zu sein. „Warum sind hier alle so emsig und auch noch so vergnügt?“, fragte Aladin einmal einen Meister der operativen Taktiken. „Ich will Dir meinerseits mit einer Frage antworten“, erwiderte der Meister, „warum bist Du Aladin, just in diesem Moment bei mir und stellst mir eine Frage?“ „Nun, das ist schnell gesagt“, so Aladin, „ich bin hier und befrage Dich, weil ich jetzt gerade fröhlich des Wegs bei Dir vorbei komme, ich Dich glücklicherweise zufällig sehe und weil ich heute sonst eh nichts anderes zu tun hätte.“ „Denk nach“, schalt der Meister, „eine solche Hans-guck-in-die-Luft-Antwort ist eines angehenden Meisters des Führens unwürdig.“ „Vielleicht, weil mein momentanes Hiersein etwas mit meiner Mission zu tun hat“, setzte Aladin nun verlegen und ein wenig kleinlaut fort. „Aber natürlich“, so der Meister, „alles, was Du in einem noch so kleinen Moment tust, muss sich eindeutig nach Deinen Strategien richten, die Du Dir so mühsam aus Deinen Zielen, die Deiner Mission folgen, heraus entwickelt hast. Nur, wenn die gedankliche Kette „Mission – Ziele – Strategien – operatives Tun“ Dein ganzes Leben bis in Deine Alltagsarbeiten hinein quasi durchtränkt, kannst Du ein guter Meister des Führens werden.“ „Dann darf ich fortan also nie mehr einfach nur absichtslos in der Stille sitzen, nie mehr mit Freunden einfach aus Spaß mit unseren Pferden hinaus reiten aus der Stadt und nie mehr die duftend-schwere Süße der Lust mit einer schönen Suleika oder Fatima kosten, und das alles nur, weil es nichts mit meiner Mission zu tun hätte?“, fragte Aladin enttäuscht. „Aber natürlich darfst Du das.“, entgegnete der Meister, „Das alles steht nicht im Widerspruch zu Deiner Mission. Aber frag’ mich jetzt nicht weiter danach, es wird sich für Dich auf einer Deiner weiteren Reisen alles klären.“

Nachdem sich Aladin längere Zeit auch in der Tiefebene der operativen Taktiken in der Meisterschaft des Führens geübt hatte, waren die drei Jahre seiner Wanderschaft durch den Kontinent der kühnen Ideen nun vergangen. Etwas ratlos blickte Aladin drein, denn weder war er nun ein fertiger Meister des Führens noch hätte er sich gar getraut, davon zu sprechen, dass er die Magie des Führens beherrsche. In seiner Not wandte sich Aladin zum ersten mal seit drei Jahren wieder an den Geist aus der Öllampe. „Was willst Du? Ich bin bereit Dir zu gehorchen als Dein Diener!“, vernahm Aladin die Donnerstimme des Geistes. „Ich habe die ersten drei Jahre auf dem Weg zur Meisterschaft des Führens vollbracht. Nun weiß ich nicht recht, wie ich meine Reise fortsetzen soll.“, antwortete Aladin. „Leg Dich abermals zur Ruhe, damit Du wieder die Sanftheit des Schlafes kosten kannst, bevor Deine mühsame Zauberreise weitergeht.“ Aladin tat wie ihm geheißen, legte sich nieder und war alsbald eingeschlafen.

2.2 Im Land der unvergesslichen Worte

Als Aladin wieder erwachte, bemerkte er sofort, dass er sich in einem neuen fremden Land befand. Öllampe, Schatzkarte und die erste Papyrus-Schriftrolle aus dem Kontinent der kühnen Ideen fand er sogleich an seinem Gürtel wieder, was ihm jene Beruhigung bescherte, mit der er einst schon das erste fremde Land betreten hatte. In den drei bisher verbrachten Jahren seiner Reise hatte Aladin schon viel von der Sprache und den Gebräuchen und Ritualen der Menschen in der Zauberwelt des Führens gelernt. Und so erschrak er auch nicht mehr sonderlich, als sich ihm bald nach dem Aufwachen gleichsam wie damals zu Beginn seiner Reise eine fremde Gestalt näherte. „Hi, ich bin Al", begann Aladin mutig das Gespräch, „echt voll cool hier in Eurer Location, aber wo bin ich denn eigentlich?" „Salemaleikum, hochehrwüriger Nachkomme des Mustafa und angehender Großmufti Aladin.", erwiderte der Fremde, „Friede sei mit Dir im Lande der unvergesslichen Worte." Aladin war verwundert, schon lange hatte er niemanden mehr in der Sprache seiner Heimat und damit in der Sprache seines Herzens sprechen gehört. „Warum redet Ihr so komisch mit mir?", fragte Aladin. „Ich bin ein Meister der Empathie.", antwortete der Fremde, „Ich kann mich in Deine Welt hinein versetzen und deshalb eine Sprache sprechen, die Du verstehst." „Oh, so jemanden habe ich doch schon gleich zu Beginn meiner Reise kennen gelernt.", rief Aladin nun freudig, „Dann bist Du also ein Manager. Aber sag', warum trägst Du denn gar keinen Business-Anzug?" Aladin hatte nämlich bemerkt, dass der Fremde doch anders aussah als die Meister auf dem Kontinent der kühnen Ideen. Der Fremde trug einen langen Bart, das obere Teil seines Gewandes war aus anderem, viel gröberem Tuch gewebt als ein Business-Anzug und die Beinkleider waren aus blauem Stoff, der aussah, als hätte man ihn oft mit Steinen gewaschen. „Ich bin kein Manager.", antwortete der Fremde ein wenig ärgerlich, „Ich bin ein Psychologie-Professor". „Was ist ein Psychologie-Professor?", fragte Aladin ungeduldig, „Bist gar Du nun endlich mal ein Magier des Führens?" „Ich glaube, wir müssen erstmal unsere Beziehung zueinander klären, und übrigens, verwende nicht dauernd Du-Botschaften, ich bin dann sehr schnell wütend", entgegnete der Fremde. Aladin verstand kein Wort davon, was der Fremde sagen wollte, aber das war ihm im Moment egal. Ähnlich wie damals, als er den Manager kennen gelernt hatte, fand er zwar auch diesen neuerlichen Fremden ein wenig sonderlich; aber Aladin spürte intuitiv, dass er auch diesem Fremden vertrauen konnte.

Aladin und der Fremde machten sich auf und gelangten nach kurzer Zeit zu einem Palast. Dieser Palast war allerdings viel kärger als der, den Aladin weiland beim Besuch des Managers betreten hatte. Kein Marmor und kein anderes kostbares Gestein zierte dieses Haus. Auch waren sie nicht mit einer schnellen Sänfte hierher gelangt, sondern auf einem merkwürdigen Gefährt, das aus zwei Rädern bestand und das man durch Fußtreten selbst antreiben musste. „Wo sind wir hier?", fragte Aladin. „Wir befinden uns im Institut für Kommunikationspsychologie der Universität unseres Landes", sagte der Fremde ein wenig stolz. „Führst Du mich wieder in die Hall of Fame und zeigst mir schöne Video-Clips?", bohrte Aladin. „Nein, für Video-Clips und Ähnliches hat die Universität kein Geld", antwortete der Fremde, „aber ich gebe Dir ein Buch in die Hand, in dem Du lesen sollst, schließlich bin auch ich – wie seinerzeit der Manager – dazu berufen, Dir ein Wegweiser auf Deiner Reise zur Meisterschaft des Führens zu sein".

„Schau in dieses Buch!", fuhr der Fremde nun fort, „Du liest dort von berühmten Menschen, die man Dir damals schon am ersten Tag auf dem Kontinent der kühnen Ideen gezeigt hat. Doch lass' Dich jetzt nicht von eben den kühnen Ideen dieser Menschen bewegen, sondern achte darauf, was diese Menschen gesprochen haben. Du wirst sehen, dass das Gesprochene dieser Menschen so unterschiedlich ist wie die Menschen selbst unterschiedlich sind. Und dennoch gibt es auch hier wieder etwas Gemeinsames. Wenn Du dieses Gemeinsame entdeckt hast, dann sag es mir, Aladin, denn dann ist der Zeitpunkt gekommen, Dich mit dem zweiten Meisterstück des Führens bekannt zu machen."

Aladin begann in dem Buch zu lesen. Und wirklich, es tauchten nach und nach all jene Großen der Menschheitsgeschichte wieder auf, die er schon auf dem Kontinent der kühnen Ideen kennen gelernt hatte. Unter jedem Bild dieser Menschen stand meistens nur ein einziger Satz geschrieben. Diese Sätze gaben Worte wider, die die Betreffenden tatsächlich gesprochen hatten. So stand etwa zu lesen: John F. Kennedy: „Ich bin ein Berliner." Martin Luther King: „I have a dream." Willy Brandt: „Jetzt wächst zusammmen, was zusammen gehört." Michail Gorbatschow: „Wer zu spät kommt, den bestraft das Leben." Neil Armstrong: „Ein kleiner Schritt nur für einen Menschen, aber ein gewaltiger Sprung nach vorn für die gesamte Menschheit." Aladin brauchte gar nicht erst auf seine Schatzkarte des Führens zu schauen, um erklären zu können, was das Gemeinsame an all diesen Worten war.

„Ich kannte diese Worte schon, bevor Du mir dieses Buch zeigtest.", sprach Aladin sodann zu dem Fremden, „Ich habe diese Worte schon oft auf dem Kontinent der kühnen Ideen gehört. Es sind Worte, die sich der Menschheit eingeprägt haben, es sind Worte, die die Menschheit nie vergessen wird. Und vor allem: Es sind Worte, die einem jedes mal dann, wenn man sie wieder hört, immer wieder von neuem einen Schauer der Ergriffenheit bescheren." „Gut", sagte der Fremde, „nun sei es dann soweit und empfange die zweite Botschaft auf Deinem Weg zur Meisterschaft im Führen: **Bewege Menschen durch Deine unvergesslichen Worte**, deshalb führt Dich der zweite Teil Deiner Reise auch in unser gleichnamiges Land.

Es wiederholte sich nun jene Zeremonie, die Aladin vom ersten Tag seiner Reise schon kannte. Auch jener neuerliche Fremde, der sich Psychologie-Professor nannte, übergab Aladin feierlich eine Papyrus-Schriftrolle und mahnte ihn, diesen kostbaren Schatz gut zu behüten und dereinst mit zurück zu nehmen in das Land seiner Väter. Sodann wünschte der Fremde Aladin Glück und gute Fügungen auf seiner dreijährigen Wanderschaft durch das Land der unvergesslichen

Worte, die nun beginnen sollte. Der Abschied verlief gar merkwürdig. Aladin glaubte, dass der Fremde ihm bei seinen Lebe-wohl-Worten schon gar nicht mehr zuhöre. Wenig später auf seiner Wanderschaft sollte Aladin aber erfahren, dass auch Professoren ihre Rituale pflegen und dass es gar wohl zu diesen Ritualen gehörte, oftmals abwesend und zerstreut zu sein.

Aladin verließ den schmucklosen Palast des Fremden und öffnete mit klopfendem Herzen seine zweite Papyrus-Schriftrolle:

Zweites Meisterstück des Führens

Bewege Menschen durch
Deine unvergesslichen Worte!

Dazu ist es Deine Führungsaufgabe, **die vorausgedachte Zukunft den Beteiligten zu vermitteln**, indem Du

- Kommunikation mit Individuen,
- Kommunikation im Team,
- Kommunikation mit größerem Publikum und gegebenenfalls auch
- Konfliktkommunikation betreibst.

("Interaktive Kompetenz")

Zweite Schriftrolle: Das Meisterstück „unvergessliche Worte"

„Heißa, das scheint mir ein leichtes Meisterstück zu werden.", frohlockte Aladin, nachdem er die Schriftrolle gelesen hatte. „Mit Menschen reden, das kann ein jeder, nichts leichter als das. Das werden lustige drei Jahre werden." Sprachs, und machte sich frohgemut auf zur Wanderschaft. Besonders verlokkend schien ihm auf seiner Schatzkarte des Führens, die ihm natürlich auch diesmal wieder Wegweiser war, ein Landstrich, der nur eine Tagesreise entfernt war und der ein Verweilen versprach, das nur wenig beschwerlich klang. Und so gelangte Aladin noch am Abend desselben Tages in das **Territorium des Miteinander-Redens**.

Gleich am Eingang in das Territorium des Miteinander-Redens erblickte Aladin eine gewaltige Statue, die so groß war, dass sie den Eingang in den ansonsten lieblichen Landstrich fast versperrte. „Was ist das?", fragte Aladin einen vorbei eilenden Reisenden, der das Territorium gerade verlassen wollte. „Das ist das

Friedemann-Schulz-von-Thun-Monument.“, antwortete der Reisende, „Es wurde zu Ehren des Großmeisters der Kommunikationspsychologie errichtet. Wer richtig miteinander reden will, kommt an Friedemann Schulz von Thun nicht vorbei.“ Ungläubig blickte Aladin dem davon trabenden Reisenden nach. Noch immer mochte Aladin sich nicht vorstellen, was denn am Miteinander-Reden so schwer sein solle, dass es dazu der Unterweisung durch einen Großmeister bedürfe. Sein Aufenthalt im Territorium des Miteinander-Redens belehrte Aladin bald eines Besseren. Lange Zeit musste Aladin im **Sumpfgebiet der Beziehungsbotschaften**, an der **Riviera der Selbstoffenbarungen** und schließlich auch in der **Tundra der Appelle** verbringen, bis er begriff, dass das Überbringen von scheinbar unproblematischen Sachinformationen weiß Gott nicht einfach und ungefährlich war. Auf der **Halbinsel der Kommunikationsstile** und im **Reservat des inneren Teams** vertiefte Aladin seine Meisterschaft im Miteinander-Reden, und ehe er sich versah, war ein Großteil seiner dreijährigen Wanderschaft allein durch den Aufenthalt in der Gemeinschaft des Großmeisters Friedemann-Schulz-von-Thun vergangen.

Auch im Land der unvergesslichen Worte konnte es nicht ausbleiben, dass sich alsbald die Marktschreier zu Wort meldeten. Einmal war Aladin gutgläubig einem solchen Marktschreier in die **Provinz der Gesprächstechniken** gefolgt. Zu verlockend hatte aber auch die Zunge des Marktschreiers gesprochen: „Vergiss doch die mühsamen Übungen in der Kommunikationspsychologie, Du siehst doch selbst, wie vertrackt und schwierig es da zugeht. Komm’ zu mir, ich zeige Dir für jede Art von Gespräch eine einfache Gesprächstechnik. Dazu musst Du nur einen Ablaufplan, den ich Dir für jede Gesprächstechnik auf nur einer einzigen Tafel aufschreibe, haargenau befolgen. Wenn Du das mit mir ein bisschen übst, kannst Du schon bald alle Arten von Gesprächen mühelos führen.“ So übte sich Aladin eine Weile lang in Instruktions-, Problemlösungs-, Delegations-, Überzeugungs- und Kritikgesprächen. Schon bald aber merkte er, dass die Gesprächstechniken des Marktschreiers nichts weiter waren als starre Schablonen, die der einzigartigen Individualität von Menschen nicht gerecht wurden.

Da waren die Lehrzeiten im **Delta der Moderationstechniken** und auf dem **Vulkan des Konfliktmanagements** schon eher erquicklich. Im Delta der Kommunikationstechniken lernte Aladin sehr rasch, Kommunikationsprozesse im Team optimal zu gestalten. Und trotz aller Ratschläge des Meisters der Kommunikationspsycholgie war Aladin froh, einige taugliche Werkzeuge, die die Fremden in diesem Land „Moderationsverfahren“ nannten, in die Hand zu bekommen. Auf dem Vulkan des Konfliktmanagements wurde es Aladin, wie man sich ja leicht vorstellen kann, zwar ein ums andere Mal rechtschaffen heiß. Ständig brodelte und köchelte etwas aus dampfenden Konflikt-Fumarolen. Aber es half ja alles nichts. Schnell hatte Aladin im anfänglich so einfach erscheinenden Land der unvergesslichen Worte begriffen, dass er gut beraten war, wenn er einige einschlägige Konfliktbewältigungsstrategien zur Hand hatte. Und diese Strategien des Vermeidens, des Nachgebens, des Durchsetzens, des Kompromiss-Eingehens und der Kooperation im Konfliktfall hatte Aladin bei seinem Tanz auf dem Vulkan hinreichend kennen gelernt.

Mit besonderem Elan verbrachte Aladin den Abschluss seiner dreijährigen Lehrzeit im **Nationalpark der Rhetorik**. „Warum habt Ihr hier einen National-park?“, fragte Aladin sogleich, als er bei den Meistern der Rhetorik eintraf. „Die Rhetorik ist eine über 2500 Jahre alte Kunst, aber wie mit allem Altem ist sie in den Jahren ein bisschen aus der Mode gekommen. Heutzutage bieten die Marktschreier lieber Performance-Trainings an. Da ist es gut, wenn unsere Kunst geschützt wird und die Zeiten überdauert, denn sie wird in ferneren Zeiten wieder dringend gebraucht werden, Du wirst noch sehen.“, bekam Aladin zur Antwort. Mit Muße und Freude übte sich Aladin von da an im sprachlichen Ausdrucksvermögen, in wirkungsvoller Sprechtechnik, in Körpersprache und in der mentalen Einstellung zum Sprechen vor größerem Publikum. Besonderen Wert legte er aber auf Übungen zur gedanklichen Konzipierung von spontanem Sprechen vor Publikum. Die Zeit im Nationalpark der Rhetorik verging Aladin wie im Flug und schon hörte er einen Meister der Rhetorik zum Abschied sagen: „Aladin, es genügt. Du beherrschst nun ein solides Handwerkszeug in der Rhetorik. Tue nicht mehr an diesem Ort, die Rhetorik wird Dir schon bald in anderem Gewande wieder erscheinen, dann wird es gut sein, dass Du an unserer Kunst schon jetzt so viel Freude hattest.“

Die drei Jahre des Übens in der Meisterschaft des Führens im Land der unvergesslichen Worte waren nun schon wieder vorbei und erneut rief Aladin den Geist aus der Öllampe, um zu erfahren, was weiter geschehen solle. Der Leser unseres Märchens kennt die nun folgende Zeremonie aber schon und so können wir ohne ausführliche Schilderung des Frage-Antwort-Rituals zwischen Aladin und dem Geist getrost zu der Stelle vorrücken, wo Aladin sich zur Ruhe legte und in Schlaf verfiel.

2.3 Auf dem Archipel der authentischen Haltung

Als Aladin wieder erwachte, bemerkte er sogleich, dass er erneut in einem fremden Land angekommen war. Der Blick auf Öllampe, Schatzkarte und nunmehr schon zwei Papyrus-Schriftrollen war schon zur Gewohnheit geworden. Und so harrte er zwar gespannt der Dinge, die da kommen sollten. Keineswegs aber hätte ein auch noch so absonderlicher Fremdling Aladin in Erschrecken versetzen können. Zu gefestigt war er nun nach zweimal drei Jahren Wanderschaft schon in der Meisterschaft des Führens. Fast war es sogar ein bisschen so, dass Aladin eher mit innerer Belustigung darauf wartete, in welchem komischen Gewand der neuerliche Fremde denn diesmal daherkommen würde.

Wie Aladin nun so wartete, sah er sich in seiner neuen Umgebung um. Erst jetzt fiel ihm bewusst ins Auge, dass er am Strand eines gewaltigen Ozeans aufgewacht war. Die Wellen des Wassers tosten und tobten und brachen mit ohrenbetäubendem Lärm übereinander zusammen, um schließlich zögerlich sanfter werdend am Strand auszulaufen. Aladin sah dem faszinierenden Spiel dieser Wellen lange zu und so kam er zunächst gar nicht dazu, sich zu wundern, dass gar kein Fremder auftauchte. Wie aber nun mehr und mehr so gar kein Fremder erscheinen wollte, wurde es Aladin trotz seiner anfänglichen Verschmitztheit doch etwas bange. Wohin sollte er aufbrechen, wenn ihm niemand den Weg weisen würde? Und würde eigentlich nicht auch hier eine neuerliche Papyrus-Schriftrolle auf ihn warten? Schlimmer noch, selbst seine Schatzkarte würde ihm im Augenblick nicht helfen, denn er wusste bislang ja noch nicht einmal, in welchem neuen Land er angekommen war.

Aladin überlegte verzweifelt, was er nun tun sollte. Während er so überlegte, war sein Blick angestrengt auf die Wellen des Meeres gerichtet. Aladin glaubte, sich so beim Denken besser konzentrieren zu können. Und wie er nun so auf die Wellen schaute, sah er auf einmal etwas in der Sonne Glitzerndes auf einer Welle blinken. Schnell kam die Welle näher und Aladin konnte erkennen, dass es eine große Glasflasche war, die da auf ihn zu schwamm. Wenige Augenblicke später ward die Flasche an den Strand gespült und Aladin trat neugierig näher. Er traute seinen Augen kaum, als er sah, dass in der Flasche zwei Schriftrollen staken. „Eine Flaschenpost, eine wahrhaftige Flaschenpost.“, jubilierte Aladin laut, „Das kenne ich doch sogar schon aus meiner orientalischen Heimat. Endlich mal kein neuer Fremde, dessen unbekannte Sprache ich erst erlernen muss.“ Mit zitternden Händen nahm Aladin die Flasche auf und fingerte den Korkenstöpsel aus dem Flaschenhals. Immer noch am ganzen Körper zitternd vor Aufregung befreite er die beiden Schriftrollen aus dem Flaschenbauch. Das Herz klopfte ihm bis zum Hals, als er die erste Schriftrolle öffnete und zu lesen begann:

Lieber Aladin, willkommen auf dem Archipel der authentischen Haltung. Wundere Dich nicht, dass Dich kein Fremder persönlich begrüßt. Wir wollten nicht, dass Du durch das äußere Erscheinungsbild, durch die Rituale und durch die vielleicht wieder sonderbare Sprache eines für Dich neuen Menschen beeinflusst und beeindruckt und damit am Ende gar vom eigentlichen Kern unserer Botschaft abgelenkt würdest. In den beiden Welten, die Du zuvor bereist hast, hat man Dir zu Beginn immer große Persönlichkeiten der Menschheitsgeschichte gezeigt und Du musstest erkennen, wodurch diese Persönlichkeiten die Menschheit in ihren Bann gezogen haben. Heute zeigen wir Dir keine Video-Clips mehr und legen Dir auch keine Bücher vor. Du bist in der Meisterschaft des Führens nun schon so weit gereift, dass Du auch so erkennst, was all diese Persönlichkeiten über ihre kühnen Ideen und ihre unvergesslichen Worte hinaus ausmacht: Ihre Haltung! Ihr Einstehen für ihre kühnen Ideen! Ihr bedingungsloses Nichtabrücken von ihrer Mission! Und sei es sogar, dass sie dafür mit ihrem Leben bezahlen! (Denke nur an Martin Luther King, an John F. Kennedy, an die Geschwister Scholl, an Dietrich Bonhoefer und viele andere). Mancher musste für seine Überzeugung ins Gefängnis gehen, wie etwa Nelson Mandela, der 25 Jah-

re in Gefangenschaft verbrachte, aber kein Jota von seinem Vorhaben der Abschaffung der Apartheid abwich.

Du ahnst nun vielleicht schon, worum es zur Vervollkommnung Deiner Meisterschaft im Führen geht: Wenn Du schon ein Meister der kühnen Ideen und der unvergesslichen Worte geworden bist, dann ***bewege*** *nun schließlich* ***Menschen durch Deine authentische Haltung****. Siehst Du die weitere Schriftrolle in der Flasche? Es ist die dritte Schriftrolle, die Dir zur Erlangung der Meisterschaft im Führen noch fehlt. Sie sagt Dir, auf was Du in den nächsten drei Jahren achten musst. Halte diese Rolle wie schon die beiden anderen in Ehren und hüte diesen kostbaren Schatz sorgfältig und bring ihn dereinst zurück in das Land Deiner Väter!*

Du wirst übrigens nie erfahren, wer Dir diese Flaschenpost geschickt hat. Nur soviel: Wir sagen Dir ein „Friede sei mit Dir“ von der Insel der Mysterien der Führung. Die Meisterschaft des Führens wird Dir nicht mehr lange verwehrt bleiben, doch so langsam näherst Du Dich dahin, ein Magier des Führens zu werden. Der Tag ist nicht mehr fern, wo Du den Fuß auf unsere Insel setzen wirst.

Aladin zitterte noch immer, als er nun die weitere Schriftrolle aus der Flasche öffnete und die Botschaft zum dritten Meisterstück des Führens in Empfang nahm:

Drittes Meisterstück des Führens

Bewege Menschen durch Deine authentische Haltung!

Dazu ist es Deine Führungsaufgabe, **die vorausgedachte Zukunft glaubhaft vorzuleben**, indem Du eine Führungshaltung einnimmst, die von größtmöglicher Authentizität geprägt ist. Hierfür ist es erforderlich, dass Du Deine Führungshaltung kontinuierlich

- auf den Prüfstand stellst und (=Self-Assessment)
- auf sinnvollen Wegen der Persönlichkeitsentwicklung reifen lässt (=Self-Development)

("Authentizitäts-Kompetenz")

Dritte Schriftrolle: Das Meisterstück „authentische Haltung“

Aladin begann seine erneute dreijährige Wanderung. Wenngleich ihm vor nichts bangte, ging er doch diesmal weitaus weniger beschwingt los als etwa noch damals mit heiterem Gemüt im Land der unvergesslichen Worte. Zum ersten Mal spürte Aladin deutlich, dass Führen auch Schwere mit sich bringen kann. So wanderte Aladin zunächst von der Meeresküste aus ins Landesinnere und erreichte verwundert schon am Abend des ersten Tages erneut eine Küste. Ein Blick auf seine Schatzkarte belehrte Aladin, dass er sich auf einer Inselgruppe (daher ja auch „Archipel") von zwei Hauptinseln befand, die beide durch den breiten **Golfstrom der Authentizität** getrennt wurden.

Am Morgen des nächsten Tages bestieg Aladin ein kleines Boot, das er am Ufer fand und befuhr damit den Golfstrom der Authentizität. Das Wasser hatte eine sonderbare Strömung und so wurde Aladin ohne sein Zutun immer wieder zwischen den beiden Hauptinseln hin und her getrieben. Da das Wasser des Golfstroms zudem eine wohltuende Wärme mit sich brachte, war dieses Treiben Aladin nicht unangenehm, und er konnte ungehindert seinen Gedanken nachgehen.

Es ging also darum, Haltung zu zeigen und dabei authentisch, also glaubwürdig, echt und wahrhaft zu sein. War das nicht eine Führungsaufgabe, die man auch mit dem Satz „Autorität haben, ohne autoritär zu sein" umschreiben konnte? War dann Authentizität am Ende gar der positive Superlativ von Autorität? Und was musste man tun, um sich diesem Optimum zu nähern? Aladin konnte weder auf dem Golfstrom der Authentizität noch auf den beiden Inseln, die der Golfstrom verband, irgendeinen Meister erblicken, den er hätte befragen können. Aladin war mit dieser Aufgabe ganz auf sich allein gestellt.

Und so kam es, dass aus Stunden Tage, aus Tagen Wochen und aus Wochen Monate wurden, die Aladin mit seinem Boot auf dem Golfstrom der Authentizität fuhr. Und je länger er sich treiben ließ, umso deutlicher wurde ihm offenbar, dass es auf dem Archipel der authentischen Haltung weniger darum ging, neue Werkzeuge und Instrumente des Handelns kennen zu lernen und deren Gebrauch einzuüben (wie es auf den beiden ersten Reisen oft der Fall gewesen war). Vielmehr war es wichtig, eine innere Bereitschaft zu entwickeln, sich in seiner Meisterschaft des Führens ständig selbst zu hinterfragen und zu reflektieren und sich davon ausgehend einem weiteren Reifen dieser Meisterschaft positiv zu stellen.

Zur Selbstdiagnose und zur Selbstreflexion verweilte Aladin, wenn er denn sein Boot auf dem Golfstrom mal verließ, gern auf der **Halbinsel des Self-Assessment**. Meister gab es wie gesagt auf dieser Halbinsel nicht. Zumindest jetzt nicht. Die Halbinsel musste aber in früheren Zeiten einmal bewohnt gewesen sein. Jedenfalls fand Aladin in einer verlassenen Kate eines Tages eine Art Tagebuch eines Meisters, der die Insel vor vielen Jahren verlassen haben musste (dieser Meister war vor langer Zeit schon aufgebrochen zur Insel der Mysterien des Führens, aber das konnte Aladin ja nicht wissen). Dieses Tagebuch, das der frühere Meister „Leadership Diary" genannt hatte, enthielt Aufzeichnungen aller

Art über die Reflexionen des Meister über seine eigene Meisterschaft des Führens. Und schon bald war es auch Aladin zu einer lieben Übung geworden, seine eigenen Reflexionen in einem Leadership-Diary festzuhalten.

Die zweite der beiden Inseln des Archipels, die **Halbinsel des Self-Development**, betrat Aladin nur gern, um im **See der persönlichen Kreativität** zu baden. Hier fand er Stille und Kraft zugleich, seine Entwicklung der Meisterschaft des Führens eigenverantwortlich voran zu treiben. Meist kam er hierher, wenn er zuvor längere Zeit auf der Halbinsel des Self-Assessment verweilt hatte und neue Erfordernisse des Weiterreifens entdeckt hatte. Den nach außen gelegenen Teil der Halbinsel des Self-Development mied Aladin hingegen tunlichst. Er hatte sich eines Tages eher unwissentlich dieser Gegend zu sehr genähert und schon von der Ferne ein lautes Stimmengeschrei vernommen. Als er näher kam, traute er einmal mehr seinen Augen fast kaum: Da waren sie doch tatsächlich wieder, die Marktschreier! Doch das Gute daran war: Die früheren Bewohner der beiden Halbinseln mussten diese Marktschreier irgendwann einmal sicher hinter Schloss und Riegel weggesperrt haben. Jedenfalls erblickte Aladin einen hohen Zaun, der das Gelände vom Rest der Halbinsel abteilte und er las eine große Steintafel, auf der eingemeißelt stand: **Lager der Persönlichkeits-Scharlatane**. Was es dort nicht alles an Hasardeuren gab! Aladin hatte diesem Treiben eine Weile in der Gewissheit des sichernden Zaunes zugeschaut. Da gaben Schein-Meister vor, dass man Führen durch Hundeschlittenfahren erlernen könne. Aus einer anderen Ecke tönte es laut: „Trainiert Horse-Riding, dann seid ihr die Magier des Führens." „Komm zu mir und übe Dich im Smile-Management", gurrte eine hübsch anzusehende Marktschreierin, „dann wird Dir die Welt zu Füßen liegen." „Nein, hierher", schrie ein Anderer; „mach unter meiner Anleitung eine Heldenreise in Dein früheres Leben und erlebe bei der Rückkehr ins Diesseits ein Rebirthing, nur dann erfährst Du etwas über Dich selbst." Aladin wandte sich mit Schrecken ab und eilte wieder auf sein Boot auf dem Golfstrom der Authentizität, das ihm während seines dreijährigen Aufenthalts zu einer wahren Heimat geworden war.

Die drei Jahre vergingen schnell und eines Tages erschrak Aladin sehr heftig, denn die Donnerstimme des Geistes aus der Öllampe ertönte, obwohl Aladin die Öllampe gar nicht berührt hatte. „Ich hatte Dich noch gar nicht gerufen.", sprach Aladin zu dem Geist.

„Das macht nichts, ich bin Dein Diener auch ungerufen dann, wenn die Zeit reif ist", erwiderte der Geist. „Und die Zeit ist jetzt reif.", fuhr der Geist fort, „Sieh Dich an, Aladin. Aus dem zarten Jüngling von einst ist ein veritabler Mann geworden. Dreimal drei Jahre warst Du in fernen Landen unterwegs und hast Dich in der Kunst des Führens geübt. Und wahrlich, heute kann ich Dir verkünden: Du bist zu einem Meister des Führens herangereift." „Ein Meister nur, noch immer kein Magier?", fragte Aladin enttäuscht. „Nun, mit vielem, was Du erlernt hast, ziehst Du schon heute Menschen in ihren Bann. Aber zum Magier, da fehlt noch etwas. Gleichwohl, ich will Dir dieses Geheimnis nun nicht länger vorenthalten. Du bist reif dazu, dass ich Dich auf die Insel der Mysterien des Führens verzaubere. Wenn Du dort ankommst, mach Dich sogleich auf zum heiligen Berg Olymp, warte nicht erst lange, ob Dir vielleicht ein Fremder begegnet und Dir den Weg weist. Du findest den Weg mit Deiner Schatzkarte auch allein. So lege Dich nun erneut zur Ruhe, dass Du wieder die Sanftheit des Schlafes kosten kannst, bevor Deine Reise Dich zum Höhepunkt Deiner Wanderschaft führt.“ Aladin tat wie ihm geheißen und war alsbald eingeschlafen.

2.4 Auf der Insel der Mysterien des Führens

Als Aladin erwachte, merkte er sofort, dass er wieder in einem neuen fremden Land angelangt war. Mochte er auch noch so schlaftrunken sein, so erinnerte er sich dennoch sofort des Vorabends und an das, was der Geist aus der Öllampe ihm offenbart hatte. Aladin rieb sich noch einmal den Schlaf aus den Augen und war mit einem Male hellwach. Er erblickte ein Gebirgsmassiv, wie es ihm monumentaler und strahlender noch nie zu Gesicht gelangt war. Das musste er sein: der Heiligste aller Berge, der Olymp! Und Aladin tat, wie ihm geheißen. Er machte sich auf, ohne lange zu warten, ob ihm etwa jemand begegnen würde, der ihm den Weg wiese.

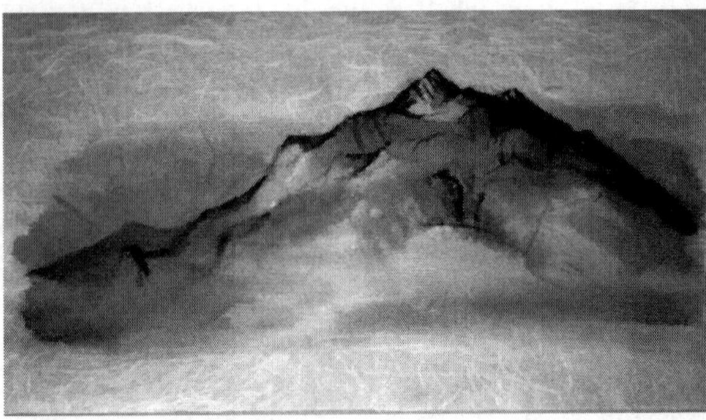

Auch ohne seine Schatzkarte hätte Aladin den Weg leicht gefunden. Von dem majestätischem Berg ging eine magische Anziehungskraft aus, der sich niemand hätte entziehen können. Und so begab es sich, dass Aladin leichten Fußes begann, den Gipfel des Olymp zu erklimmen, obwohl dieser Weg eigentlich eine mühsame Tortur ist. Es war etwa nach einer halben Tagesreise und Aladin hatte reichlich drei von vier Vierteln auf dem Weg zum Gipfel des Olymp zurückgelegt, da verfinsterte sich der Himmel. Sturm kam auf und alsbald war die Gipfelspitze des Olymp von Furcht erregenden Wolkentürmen umgeben. Aladin ward von einem beklemmenden Gefühl ergriffen, und als auch noch Blitz und Donner begannen, den Olymp endgültig in eine Szenerie des Grauens zu verwandeln, beschloss Aladin, auf dem eben gerade noch erreichten Hochplateau zu verweilen. Urplötzlich aber erschien ein grelles Licht auf dem Gipfel des Olymp und Aladin vernahm eine kräftige, sonore-dunkle, aber gleichsam gütige Stimme, die da sprach:

„Fürchte Dich nicht, Meister des Führens Aladin. Zu Dir spricht Zeus, der Herrscher auf dem Olymp und der Gott aller Götter und Magier. Du wurdest zu mir geschickt, um das Geheimnis der Magie des Führens zu erfahren, auf dass Du dieses Geheimnis mitnimmst in das Land Deiner Väter, um Euer Land in eine glorreiche Zukunft zu führen. So vernimm nun die magischen drei Gebote der Magie des Führens. Diese Gebote sind absolut heilig für einen Meister des Führens und als Zeichen dieser Heiligkeit werde ich Dir die drei Gebote auf Steintafeln überreichen, so wie weiland schon Moses die heiligen Gebote Gottes auf dem seinerzeit heiligen Berg Sinai in Steintafeln empfing."

Abermals erfüllte Donnergrollen den Berg und vom Himmel senkte sich in helles Licht getaucht eine erste steinerne Gebotstafel zu Aladin herab. „Lies", befahl die Stimme vom Gipfel des Olymp, und Aladin las die Inschrift auf der ersten Gebotstafel.

Erstes Mysterium des Führens

Bewege Menschen durch
Dein evolutionäres Credo!

Dazu entwickle Deine Dir eigene Einzigartigkeit zur Vollkommenheit bis hin zur Genialität und bekenne Dich dazu, mit Deiner Einzigartigkeit zum bewussten Fortschritt der Evolution beizutragen.

Erste Gebotstafel: Das evolutionäre Credo

„Ebenso wie seinerzeit der Gott auf dem Berg Sinai möchte ich Dir einige Erklärungen geben, damit Du das erste Mysterium des Führens besser verstehst", sprach Zeus und fuhr fort: „Hast Du Dich eigentlich bei der Formulierung Deiner Mission damals einmal gefragt, woher denn eigentlich die kühne Idee kommen soll, mit denen Du Menschen bewegen willst? Das erste Mysterium des Führens gibt Dir die Antwort.

Du sollst Deine **Einzigartigkeit** entdecken, entwickeln und pflegen. Deine Dir mitgegebenen und im Laufe Deines Lebens erworbenen Gaben zur Vollkommenheit bis hin zur Genialität zu bringen, ist Deine eigentliche Lebensaufgabe. Wenn Dir dies gelingt, verfügst Du über eine Besonderheit, die sonst niemand auf der Welt hat. Wäre es dann nicht verantwortungslos, diese Besonderheit der Welt vorzuenthalten? Als Magier des Führens hast Du die Verpflichtung, diese Deine Besonderheit in die Welt einzubringen, um zum bewussten **Fortschritt der Evolution** beizutragen."

„Kannst Du mir ein Beispiel sagen, damit ich Deine Worte besser verstehe?" fragte Aladin. „Nimm zum Beispiel Wolfgang Amadeus Mozart.", antwortete Zeus, „Seine Gabe, Musik in höchster Klangschönheit zu komponieren, ist bis heute unerreicht. Mozart hat seine Einzigartigkeit bis zur Genialität vervollkommnet. Deshalb sagen wir ja auch heute im Zusammenhang mit der Entwicklung der Einzigartigkeit noch oft, es gehe darum, die **Mozartfähigkeiten** zur Geltung zu bringen. Mozart hat seine Fähigkeiten aber der Welt nicht vorenthalten, sondern ihr seine unvergleichlich schöne Musik geschenkt. Er hat damit zur Evolution beigetragen, indem er eine Ästhetik in das Leben der Menschheit brachte, die noch viele Jahrhunderte überdauern wird und die sogar hinaus ins Universum getragen wird, weil diverse Raumsonden, die auf die Reise in ferne Galaxien geschickt wurden, Mozarts einzigartige Musik an Bord haben."

„Bedenke aber noch dies", fuhr Zeus fort, „ein **Credo** ist ein Glaubensbekenntnis. Das bedeutet, dass Du Dich zu Deiner Einzigartigkeit und Deinem evolutionärem Beitrag **bekennen** sollst, etwas, was für viele Menschen weiß Gott nicht selbstverständlich ist und von daher den Magiern des Führens vorbehalten bleibt. Credo heißt aber auch **glauben**, das heißt, Du ‚glaubst', dass dieses oder jenes Deine Einzigartigkeit sei und damit Deinen evolutionären Beitrag determiniere. Egal, was nun einer glaubt, ob an eine Religion oder an den Atheismus, die letztendliche Ungewissheit, ob die ‚geglaubte' Einzigartigkeit der ‚tatsächlichen' Einzigartigkeit entspricht, wird eines der ewigen Geheimnisse des Lebens bleiben. Aber dabei geht es ja bei der Magie des Führens gerade. Menschen, die ein evolutionäres Credo haben und dieses Credo auch sichtbar und erfahrbar für andere Menschen leben, üben jene faszinierende Anziehungskraft aus, die die Magie des Führens ausmacht."

Wiederum erfüllte Donnergrollen den Berg und in helles Licht getaucht senkte sich eine zweite steinerne Gebotstafel vom Himmel herab zu Aladin. „Lies", befahl die Stimme vom Gipfel des Olymp, und Aladin las die Inschrift auf der zweiten Gebotstafel.

Zweites Mysterium des Führens

Bewege Menschen durch
Deine emotionale Rhetorik!

Dazu übe Dich in der Jahrtausende alten Kunst des rhetorischen Ausdrucks und berühre mit dieser Kunst die Ur-Sehnsüchte der Menschen, um sie für Deinen evolutionären Beitrag zu begeistern.

Zweite Gebotstafel: Die emotionale Rhetorik

„Hast Du Dich nicht gewundert," hob Zeus erneut zur Erklärung an, „warum Dir seinerzeit schon im Land der unvergesslichen Worte die Rhetorik soviel bedeutet hat? Weil Du schon damals ahntest, welche Kraft diese über 2500 Jahre lang erprobte **Kunst** haben kann, wenn es Dir gelingt, mit dieser Kunst nicht nur die Köpfe, sondern auch die Herzen und damit die **Emotionen** der Menschen zu erreichen. Deshalb übe Dich weiter in dieser Kunst. Sie ist – in der Begriffswelt unserer heutigen Tage ausgedrückt – eine Kernkompetenz für einen Magier des Führens. Lege die **Konzeption** Deiner rhetorischen Beiträge so an, dass Du nicht nur Sachberichte vermittelst, sondern Kernbotschaften aussprichst, die auf die **Ur-Sehnsüchte** der Menschen **im Sinne von Werten** wie Freiheit, Frieden, Gerechtigkeit, Fortschritt, Aufbruch zu neuen Ufern, Bewahren des Bewährten usw. treffen. Achte darauf, dass auch **Deine Sprache, Deine Sprechtechnik, Deine Körpersprache und Deine mentale Einstellung zum Sprechen mit Deiner emotionalen Botschaft harmonisiert.** Auch das Wirken einer solchen emotionalen Rhetorik wird für immer ein Geheimnis bleiben, deshalb macht auch dieses zweite Mysterium einen großen Teil der Magie des Führens aus."

Wiederum erfüllte Donnergrollen den Berg und in helles Licht getaucht senkte sich eine dritte steinerne Gebotstafel vom Berg herab zu Aladin. „Lies", befahl die Stimme vom Gipfel des Olymp, und Aladin las die Inschrift auf der dritten Gebotstafel.

Drittes Mysterium des Führens

Bewege Menschen durch
Deine faszinierende Dramaturgie

Dazu übe Dich in der klassischen Kunst des Inszenierens und verleihe mit dieser Kunst Deinem Handeln einen Zauber, dem sich Menschen nicht entziehen können und der sie anstiftet, mit Leidenschaft an Deinem evolutionärenBeitrag mitzuwirken.

Dritte Gebotstafel: Die faszinierende Dramaturgie

„Hast Du auf dem Archipel der authentischen Haltung einmal darüber nachgedacht“, so hob Zeus wiederum zu sprechen an, „warum den Menschen so sehr daran gelegen ist, dass sich Meister des Führens eindeutig positionieren, also eben eine Haltung einnehmen sollen? Führung wird von Menschen, die selbst nicht führen können oder wollen, sehnlichst gewünscht. Das bedeutet im Umkehrschluss, dass ein Meister des Führens das **Führen** nicht nur können sondern **vor allem auch wollen** muss. Schon allein diese Einstellung verleiht dem Meister des Führens wiederum etwas Magisches, denn die meisten Führenden verstehen Führen als eine Last, dem sie kein ‚Führenwollen‘ abgewinnen können.

Führung will mit allen Sinnen von den Geführten erlebt werden. Deshalb beherrsche die **Kunst des Inszenierens**. Wähle geschickt die Akteure aus, die bei Deinem Auftritt mitwirken sollen: Die Helden ebenso wie die Schurken, die Komparsen ebenso wie die Souffleure. Achte auf die Zeiten, wann was geschehen soll ebenso wie auf die Orte, wo etwas vollzogen werden soll. Wähle die Symbole und Rituale, die Dein Handeln begleiten sollen, wohlüberlegt aus und schaffe gerade mit solchen Symbolen und Ritualen Wiedererkennungsmerkmale, die Deine Einzigartigkeit versinnbildlichen. Bedenke aber auch, dass Deine Inszenierung nicht zur Selbstübersteigerung und zum Kitsch verkommen darf. Die Kunst des Inszenierens ist eine schmale Gratwanderung. Wer sie beherrscht, der schafft einen Zauber, dem sich Menschen nicht entziehen können. Eine Kunst, die einem Magier des Führens wahrlich gut zu Gesicht steht.“

Zeus hatte seine letzten Worte gerade zu Ende gesprochen, da ward es wieder Licht um den Gipfel des Olymp. Finsternis, Sturm und Wolkentürme wichen und goldene Sonnenstrahlen umfluteten den Berg. Aladin war müde von den aufregenden Erlebnissen auf der Insel der Mysterien des Führens. So legte er sich nieder neben seinen drei Schriftrollen, den drei steinernen Gebotstafeln, seiner Schatzkarte und der Öllampe. Es dauerte nicht lange, und Aladin ward vom Schlaf übermannt. In der Nacht träumte ihm, er müsse nun drei Jahre lang auf der Insel der Mysterien des Führens auf Wanderschaft gehen. „Du irrst.", bedeutete ihm der Geist aus der Lampe im Traum, „Um Dich in der Magie des Führens zu üben, wirst Du ein ganzes Leben lang auf Wanderschaft sein. Aber nicht hier auf der Insel, das ist nur der Ort der Weisheit, an dem Dir die Mysterien des Führens verkündet wurden. Dich üben in der Magie des Führens musst Du Dich an den Orten, die Dir für Deine eigentliche Führungstätigkeit bestimmt sind."

Und so kam es, dass Aladin am anderen Morgen nach vielen, vielen Jahren der Abwesenheit wieder in seiner orientalischen Heimat erwachte. Groß war die Freude des Wiedersehens mit seiner Familie und seinen Freunden. Drei Tage und drei Nächte lang wurde dieses Wiedersehen mit einem rauschenden Fest gefeiert. Aladin wurde schon bald einer der geachteten Muftis im ganzen Morgenland. Und es dauerte nicht lange, da erhob man Aladin zum König in seinem Land. Er führte sein Land in lang anhaltenden Wohlstand und Frieden. Und an der Seite der schönen Sultanstochter, die er natürlich längst zur Frau genommen hatte, führte er ein langes und erfülltes Leben.

2.5 Und die Moral von der Geschicht' ...

Unser Märchen ist nun aus, und es hat ja auch – wie in den meisten Märchen – ein Happyend gefunden. Nun hat aber jedes Märchen eine übergeordnete „Kernbotschaft", die über die diversen inhaltlichen Einzelbotschaften des Märchens hinaus geht. Es ist das, was der Volksmund in diesem Zusammenhang gern „die Moral von der Geschicht'" nennt. Für unsere „Moral von der Geschicht'" sind uns zwei Überlegungen wichtig:

Wir unternahmen eine Märchenreise in das **Morgenland** des evolutionären Managements. Der Begriff des „Morgenlands" war von uns bewusst doppeldeutig gewählt. Zum einen hat eine orientalische Erzählung aus dem Morgenland eben jenes *magische* Ambiente, dass wir uns für unsere Erzählung zur *Magie* des Führens gewünscht haben. Zum anderen verstehen wir unter „Morgenland" aber einfach auch „das Land von morgen". Wir sind zutiefst davon überzeugt, dass die Schriftrollen und Gebotstafeln, die unser Aladin im Märchen mit auf den Weg bekam, die wichtigsten Kernkompetenzen des Managers der Zukunft widerspiegeln.

Wenn wir den Titel unseres Beitrags noch einmal aus einem anderen Blickwinkel lesen, dann haben wir aber auch eine Märchenreise in das Morgenland des **evolutionären Managements** unternommen. Zu den Fragen „Was ist gutes

Führen?“ und „Wie geht gutes Führen?“ existieren in Wissenschaft und Praxis ja die unterschiedlichsten Managementkonzeptionen. Mit den Grundpfeilern unserer Konzeption (eben jene Schriftrollen und Gebotstafeln aus dem Märchen) sehen wir uns am ehesten in der Nähe des Ansatzes des „evolutionären Managements“ (ein durch und durch wunderbares und bis zur letzten Zeile lesenswertes Buch zu diesem Managementansatz hat übrigens Sonja Radatz unter dem Titel „Evolutionäres Management. Antworten auf die Management- und Führungsherausforderungen im 21. Jahrhundert“ herausgegeben). Mit dem ersten Mysterium des Führens („Bewege Menschen durch Dein evolutionäres Credo“) möchten wir dem Ansatz des evolutionären Managements eine weitere Facette hinzufügen:

Wir lenken den Blick gezielt darauf, dass gute und verantwortliche Führung sich als bewusstes Gestalten der Evolution versteht. Wir möchten, dass die Führungskräfte der Zukunft ihre Aufgabe als einen evolutionären Auftrag verstehen, ganz im Sinne von Ervin Laszlo (seinerzeitiger Mitbegründer des legendären Club of Rome und jetziger Präsident des Club of Budapest), der einmal gesagt hat:

„Der evolutionäre Manager ist wahrscheinlich
der einzige Retter unseres Planeten!“

Teil 3

Konzeptionelles Basisdesign zum Führungshandeln und Führungsverhalten

Königsdisziplinen und Kardinaltugenden transformationaler Führung

Auf der Suche nach dem Geheimnis menschengerechter und zugleich gelingender Führung sollten wir zu Beginn vielleicht einen weiseren Ratgeber als die Managementwissenschaft befragen. Wir denken, dass z.B. die Geschichte der Menschheit bei der Thematik des Führens ein kluger Lehrmeister sein kann. Was Führen wirklich heißt, können wir erahnen, wenn wir unseren Blick auf große Führungspersönlichkeiten der Zeitgeschichte richten. Auf John F. Kennedy zum Beispiel. Mit seiner kühnen Idee vom Aufbruch zum Mond schuf Kennedy zu seiner Zeit bei Millionen von Menschen eine Begeisterung, die in der Geschichte des 20. Jahrhunderts einzigartig bleiben wird. Oder etwa Martin Luther King: Mit seinen unvergesslichen Worten „I have a dream" zeichnete er die Vision von einer Gesellschaft ohne Trennung von „Schwarz" und „Weiß" und ebnete damit den Weg zur Aufhebung der Rassendiskriminierung. Und schließlich Mahatma Ghandi: Mit seinem mitreißenden Vorbild des von ihm gelebten gewaltlosen Widerstandes lehrte er die damaligen britischen Kolonialherren das Fürchten und führte eine ganze Nation in die Unabhängigkeit.

Kühne Ideen, unvergessliche Worte und mitreißendes Vorbild: das sind die drei Pole, aus denen sich jene Faszination großer Führungspersönlichkeiten herleitet, die wir manchmal auch Charisma nennen. Kennedy, King, Ghandi und viele andere große Führungspersönlichkeiten der Menschheitsgeschichte haben Führungsstärke gezeigt, indem sie einen Sog der Faszination erzeugten, der die Menschen magisch anzog. Auf den Punkt gebracht: sie haben Menschen bewegt. „Führen heißt: Menschen bewegen!", das ist die Kernbotschaft des von uns vertretenen Ansatzes von transformationaler Führung. Das Verb „bewegen" hat sprachlich eine doppelte Bedeutung: 1. jemanden emotional zu berühren („das hat mich sehr bewegt"), 2. jemanden in Bewegung zu setzen („ich habe mich von A nach B bewegt"). Um Menschen im doppelten Sinne dieses Wortes zu bewegen und damit zu führen, muss sich eine Führungskraft zunächst fragen: „Was muss ich tun? Welche Handlungen muss ich ergreifen?" Diese Handlungen haben wir die „Königsdisziplinen" des Führens genannt, weil sie den Schlüssel zu erfolgreicher und zugleich menschengerechter Führung bilden.

Die Königsdisziplinen des Führens

Im Forschungsansatz der transformationalen Führung basieren die von uns so genannten Königsdisziplinen des Führens auf bestimmten Kompetenzen, die eine transformationale Führungskraft haben muss. Verdichtet man diese Kompetenzen zu Kernkompetenzfeldern, so sind es insbesondere die Konzeptionelle Kompetenz, die Kommunikative Kompetenz und die Authentizitäts-Kompetenz, die eine transformationale Führungskraft auszeichnen. Zur Erläuterung dieser Kompetenzfelder wollen wir an dieser Stelle bewusst nicht auf akademische Begriffsdefinitionen zurückgreifen, sondern weiterhin strikt die erforderliche Handlungsorientierung von Führungskräften im Auge behalten. Deshalb haben wir in der Abb. 1 die genannten Kompetenzfelder mit ihren Entsprechungen in unterschiedlichen Ebenen der hochschuldidaktischen Darstellung umschrieben. Im Kern geht es dabei um die originären Aufgaben von transformationalen Führungskräften und um eingängige, daher plakative Zuspitzungen dieser Führungsaufgaben.

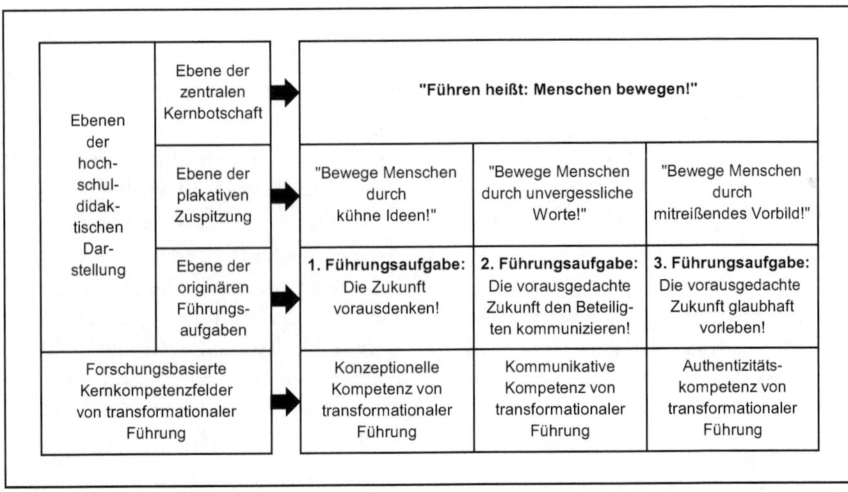

***Abbildung 1** Forschungsbasierte Kernkompetenzfelder von transformationaler Führung und ihre Entsprechungen in unterschiedlichen Ebenen der hochschuldidaktischen Darstellung*

Werfen wir nun einen Blick auf die Königsdisziplinen des Führens im Einzelnen. Die erste dieser Disziplinen richtet sich auf die Führungsaufgabe, die Zukunft vorauszudenken. Die Abb. 2 zeigt dazu erste Ansatzpunkte einer Handlungsorientierung:

ERSTE KÖNIGSDISZIPLIN DES FÜHRENS

Bewege Menschen durch Deine kühnen Ideen!

Dazu ist es Deine Führungsaufgabe, die Zukunft vorauszudenken, indem Du

- eine begeisternde **Mission** formulierst,
- aus dieser Mission klare **Ziele** ableitest,
- taugliche **Strategien** zur Erreichung dieser Ziele entwickelst und schließlich
- Wege zur Umsetzung dieser Strategien in **operatives Handeln** skizzierst.

Abbildung 2 *Handlungsorientierte Beschreibung der „Konzeptionellen Kompetenz" von transformationaler Führung*

Zur Bewältigung der Führungsaufgabe „Zukunft vorausdenken" wie auch zur Lösung der noch in den weiteren beiden Königsdisziplinen des Führens zu zeigenden Führungsaufgaben bietet die wissenschaftliche Managementlehre nun eine Vielzahl von einschlägigen Instrumenten bzw. Werkzeugen an. An dieser Stelle grenzen wir unsere Konzeption von Führung aber ganz bewusst ab von den Managementtheorien und Managementschulungen vieler Management-Trainingsinstitute, die das Führen von Menschen oftmals fast ausschließlich als Anwendung von Führungs"techniken" missverstehen. Im Konzept des transformationalen Führens widmen wir uns stattdessen vielmehr der inneren Haltung, die eine Führungskraft zu ihren Führungsaufgaben haben sollte. Wir möchten deshalb zu jeder Königsdisziplin des Führens jeweils ein Beispiel für einen Denkanstoß formulieren, der dazu beitragen soll, die innere Haltung zur jeweiligen Führungsaufgabe exemplarisch zu reflektieren.

Für die erste Königsdisziplin des Führens lautet unser exemplarischer Denkanstoß: Warum, lieber Leser, tun Sie just in diesem Augenblick eigentlich das, was Sie gerade machen (nämlich im Moment gerade das Lesen dieses Artikels)? Vielleicht antworten Sie: „Das Wetter ist heute draußen schlecht, dann lese ich halt mal irgendetwas". Falls Sie Student sind, antworten Sie vielleicht: „ Ich *muss* diesen Artikel lesen, ob ich will oder nicht, mein Professor hat es mir so aufgegeben". Sie ahnen sicherlich bereits, dass diese Antworten „suboptimal" sind. Aus der inneren Haltung einer transformationalen Führungskraft darf die Antwort nur lauten: „Ich lese diesen Artikel, weil sich mein momentanes operatives Handeln (nämlich das Lesen des Artikels) klar aus übergeordneten Strategien, Zielen und einer zugkräftigen Mission ableitet!". Prüfen Sie deshalb, wie stringent sich Ihre Mission als Führungskraft über Ziele und Strategien bis in das operative Handeln „herunter bricht". Dass sich Ihre Mission auch in den kleinsten Dingen des „Alltagsgeschäfts" widerspiegelt, muss Teil Ihrer inneren Haltung als transformationale Führungskraft sein.

Die Abb. 3 verdeutlicht die zweite Königsdisziplin des Führens, nämlich die Führungsaufgabe, die voraus gedachte Zukunft mit den Beteiligten zu kommunizieren. Die Ansatzpunkte zur Handlungsorientierung spiegeln dabei unterschiedliche Kommunikationssituationen wider, denn es ist sowohl instrumentell als auch von der inneren Haltung her ein Unterschied, ob Führungskräfte mit Menschen im geschützten Zweier-Dialog, in kleineren Teams oder vor größerem Publikum kommunizieren, zumal wenn es sich um den Sonderfall der Konfliktkommunikation handelt.

ZWEITE KÖNIGSDISZIPLIN DES FÜHRENS

„Bewege Menschen durch Deine unvergesslichen Worte!"

Dazu ist es Deine Führungsaufgabe, die vorausgedachte Zukunft den Beteiligten zu vermitteln, indem Du

- Kommunikation mit Menschen **im Dialog**,
- Kommunikation mit Menschen **im Team**,
- Kommunikation mit Menschen **im größeren Publikum** und
- gegebenenfalls auch **konfliktäre** Kommunikation mit den zuvor skizzierten Zielgruppen

Abbildung 3 *Handlungsorientierte Beschreibung der „Kommunikativen Kompetenz" von transformationaler Führung*

Für die zweite Königsdisziplin des Führens lautet unser exemplarischer Denkanstoß:

Stellen Sie sich bitte vor, Sie kommen eines schönen Abends nach Hause und Ihre Frau/Ihr Mann/Ihre Lebenspartnerin/Ihr Lebenspartner möchte Sie mit einem mehrgängigen Abendessen überraschen, das sie/er extra für Sie gezaubert hat. Der Tisch ist festlich gedeckt, Sie nehmen Platz und als erster Gang wird eine Suppe gereicht. Sie nehmen einen ersten Löffel, kosten kurz und sagen dann: „Was ist denn das Grüne in der Suppe?". Ihr Gegenüber antwortet schnippisch: „Wenn's Dir bei mir nicht schmeckt, kannst Du gern woanders essen gehen". (Dieses humorvolle klassische Beispiel einer misslungenen Kommunikation verdanken wir F. Schulz von Thun, siehe Literaturliste). Wir sehen also, dass Kommunikation eben nicht nur „miteinander reden" ist. Kommunikation vollzieht sich außer auf der für jedermann offensichtlichen Sachebene auch auf ganz subtilen Beziehungs-, Selbstoffenbarungs- und Appellebenen. Die innere Haltung einer transformationalen Führungskraft sollte an dieser Stelle geleitet sein von Empathie und einem hohen Maß an Bereitschaft, die eigenen kommunikationspsychologischen Verhaltensmuster kontinuierlich und kritisch zu reflektieren.

Die dritte Königsdisziplin des Führens zeigt auf, dass eine transformationale Führungskraft die vorausgedachte Zukunft authentisch, also glaubhaft vorleben muss, um Menschen zu bewegen (siehe Abb. 4).

DRITTE KÖNIGSDISZIPLIN DES FÜHRENS

„Bewege Menschen durch Dein mitreißendes Vorbild!“

Dazu ist es Deine Führungsaufgabe, die vorausgedachte Zukunft glaubhaft vorzuleben, indem Du eine Führungshaltung einnimmst, die von

- der Lebendigkeit,
- der Dramaturgie,
- der Autorität und schließlich
- der hinreichenden Portion Ver"rückt"heit

Deines Führungshandelns geprägt ist.

Abbildung 4 *Handlungsorientierte Beschreibung der „Authentizitäts-Kompetenz“ von transformationaler Führung*

Für die dritte Königsdisziplin des Führens lautet unser exemplarischer Denkanstoß: Klopfen Sie die zentralen Begriffe dieser Königsdisziplin einfach mal auf ihre tiefere Bedeutung ab. In „Lebendigkeit“ steckt das Wort „Leben“. Welche Assoziationen verbinden Sie mit einer Führungskraft, die für ihre Mitarbeiter „belebend“ wirkt und die durch ihr Führen Mitarbeiter „zum Leben erweckt“? Den Begriff der „Dramaturgie“ verorten wir wohl zunächst in der Kunst des Theaters. Welche Assoziationen haben Sie, wenn Sie an die Aufführung eines Bühnenstücks denken? Vielleicht „Gestaltung von Spannungsverläufen“, „Besetzung der Rollen“, „Ausgestaltung des Bühnenbilds“? Was würde dies alles für die Umsetzung in Führungshandeln bedeuten? Im Begriff der „Autorität“ schwingt stets eine Doppeldeutigkeit mit, die wir am ehesten mit dem Satz „Als Führungskraft sollten wir Autorität haben, ohne autoritär zu sein“ umschreiben könnten. Wie gelingt es uns als Führungskraft, (positive) Autorität zu haben, ohne auf (negatives) autoritäres Gehabe angewiesen zu sein? Und schließlich die Verrücktheit, die wir ganz bewusst in der Schreibweise Ver„rückt“heit darstellen. Eine Führungskraft, die ver„rückt“ ist, hat ihren ursprünglichen Standpunkt verlassen und eine neue Position bezogen, sie hat ihren Ausgangspunkt im wahrsten Sinne dieses Wortes eben ver„rückt“. In welchen Situationen ist dieser Positionswechsel für Führungskräfte wichtig und erforderlich? Was bedeutet das für die Sogwirkung, die eine Führungskraft entfalten muss, um die Mitarbeiter zu „bewegen“, auf die neue Position zu folgen? Dies alles sind Fragestellungen, die zur Reflexion der inneren Haltung von transformationalen Führungskräften bei der dritten Königsdisziplin anregen können und die sich allein schon aus den Begriffsassoziationen ergeben.

Nachdem wir nun die Königsdisziplinen des Führens konzeptionell skizziert haben, wollen wir einen kurzen Check machen, ob unsere Konzeption von transformationaler Führung schon hinreichend genug ist, um Menschen zu bewegen, so wie es ja in unserer Kernbotschaft formuliert war. Dazu betrachten wir zwei „Top-Führungskräfte" und prüfen, ob diese beiden Führungskräfte im Wesentlichen zu den Handlungen befähigt sind, die wir laut unseren oben benannten Kernkompetenzfeldern von einer transformationalen Führungskraft erwarten. Bei den beiden „Top-Führungskräften" handelt es sich um einen Heiratsschwindler und einen Mafiaboss. Sind diese beiden von „kühnen Ideen" geleitet in dem Sinne, dass sie ihr operatives Handeln klar nach übergeordneten Missionen, Zielen und Strategien ausrichten? Können sie zielgerichtet kommunizieren? Ist ihr Handeln von Lebendigkeit, Autorität und Dramaturgie gekennzeichnet? Wir würden alle diese Fragen wohl mit einem klaren „ja" beantworten. Und dennoch kämen wir wirklich nie ernsthaft auf die Idee, einen Heiratsschwindler oder Mafiaboss in eine „hall of fame" zu stellen, quasi als herausragende Vorzeige-Führungskräfte. Unsere Gesamtkonzeption ist demnach noch unvollständig, es fehlt noch ein wesentlicher Baustein für gelingende und menschengerechte transformationale Führung. Dies führt uns nun direkt zu den Kardinaltugenden des Führens.

Die Kardinaltugenden des Führens

Obwohl sie sich allen Kernkompetenzen unserer bisherigen Konzeption entsprechend verhalten, stört uns am Heiratsschwindler und am Mafiaboss wohl doch am meisten, dass sie nicht „das Gute" tun. Die Frage nach dem „Guten" und dem „Bösen" bewegt die Menschheitsgeschichte von deren Beginn an bis heute. Insbesondere die Wissenschaften der Philosophie und der Theologie haben sich dieser Thematik schon seit über 2500 Jahren gewidmet und dazu eine lange währende Diskussion über die „Werte" des menschlichen Verhaltens geführt. Die grundlegende Idee in dieser Diskussion besteht darin, dass es bestimmte Werte gibt, die universelle Bedeutung haben, die also quasi für alle Menschen in der Welt gemeinsam gelten. Unter einer „Tugend" versteht die Philosophie in diesem Kontext die Fähigkeit bzw. die Kraft, sich den allgemein anerkannten Werten gemäß zu verhalten. „Kardinal"tugenden stellen plausiblerweise auf solche Werte ab, die als besonders wichtig gelten.

Der Forschungsansatz der transformationalen Führung postuliert in neuerer Zeit, Kardinaltugenden auch zur Grundlage jeglichen Führungshandelns zu machen. Die Abb. 5 zeigt in einer verhaltensorientierten Beschreibung die damit verbundene Führungsaufgabe. Die dort dargestellten sieben Kardinaltugenden spiegeln diejenigen Tugenden wider, die in Philosophie und Theologie trotz z. T. jahrhunderter langer kontroverser Diskussionen auch ganz aktuell heute noch als die wichtigsten Tugenden gelten. Insofern erscheint es sinnhaft, sie auch in das konzeptionelle Gesamtdesign von transformationaler Führung mit einzubeziehen.

DIE SIEBEN KARDINALTUGENDEN DES FÜHRENS

„Bewege Menschen durch Deine Kraft, Dich den wichtigen Werten gemäß zu verhalten!"

Dazu ist es Deine Führungsaufgabe, eine innere Haltung einzunehmen, die Dich befähigt, bei der Ausübung der Königsdisziplinen des Führens „das Gute" im Sine eines universell gültigen Wertekanons des Menschseins mit innerer Neigung (d. h. leicht und mit Freude) zu tun. Übe Dich dazu in den Kardinaltugenden

- des Mutes
- der Weisheit
- der Gerechtigkeit
- der Mäßigung

Kardinaltugenden der Philosophie

- des Glaubens
- der Hoffnung
- der Liebe

Kardinaltugenden der Theologie

Abbildung 5 *Verhaltensorientierte Beschreibung der Kardinaltugenden von transformationaler Führung*

Ähnlich wie schon zuvor bei den Königsdisziplinen wollen wir auch bei den Kardinaltugenden des Führens einen exemplarischen Denkanstoß zur Reflexion der inneren Haltung einer transformationalen Führungskraft geben: Erfahrungen aus den Führungskräfteschulungen der letzten 25 Jahre bestärken uns in der Ansicht, dass zum Führen von Menschen Tugenden allemal wichtiger sind als Führungs„techniken" oder Skills. Skills sind Fähigkeiten, die man einstudiert hat und die man im Bedarfsfall einsetzen kann oder eben auch nicht. Im Gegensatz dazu gehört zu einer Tugend das Zwingende, wer sie hat, kann gar nicht anders, als ihr gemäß zu handeln. Eine Tugend kann man nicht einfach beiseite legen wie ein Instrument, das man gerade nicht mehr spielen möchte. Tugenden lassen sich auch nicht in Kurzzeitseminaren ad hoc erwerben, wie viele Trainer versprechen, wenn sie marktschreierisch „lerne Führen in drei Tagen" hinausposaunen. Tugenden bedürfen der Reifung der Persönlichkeit eines Menschen. Tugenden prägen das, was wir im Gegensatz zur Technik die Kunst des Führens nennen, und dieser Kunst des Führens fühlt sich unser Ansatz verpflichtet.

Königsdisziplinen und Kardinaltugenden des Führens gemeinsam bilden abschließend nun das Grundgerüst für unseren Ansatz einer Gesamtkonzeption von transformationaler Führung.

Conclusion: Ein Ansatz für eine Gesamtkonzeption transformationaler Führung

Führen im Sinne von „Menschen bewegen" erfordert das Ergreifen ganz bestimmter Führungshandlungen und das Einnehmen eines ganz bestimmten Führungsverhaltens. Das ist die zentrale Aussage unseres Ansatzes für eine Gesamtkonzeption von transformationaler Führung. Die transformationalen Führungshandlungen spiegeln sich in den Königsdisziplinen des Führens wider und werden vereinfacht gesagt durch die Fragestellung „Was muss ich tun?" determiniert. Das transformationale Führungsverhalten wird durch die Kardinaltugenden des Führens zum Ausdruck gebracht (vereinfachte Fragestellung „Wie muss ich sein?"). Die Abb. 6 zeigt unsere Gesamtkonzeption im abschließenden Überblick mit den jeweiligen Ansatzpunkten der Handlungs- bzw. Verhaltensorientierung.

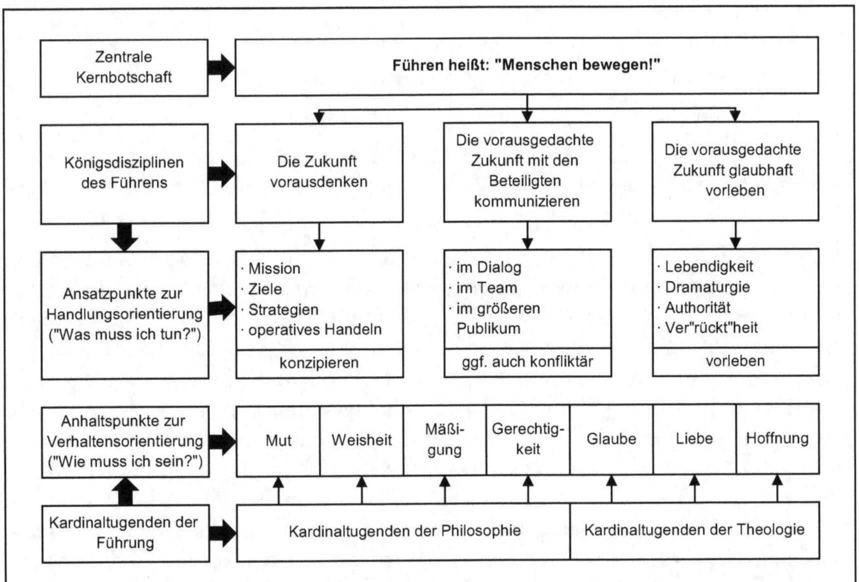

Abbildung 6 *Konzeptionelles Design von transformationaler Führung im Gesamtüberblick*

Literatur

R. Egger, Mut. Kardinaltugend der Menschenführung. Zürich 2007

D. Goleman, Social Intelligence: the New Science of Human Relationship. New York 2006

A. Grün, Menschen führen – Leben wecken. München 2006

M. Hughes, L. Patterson, J. Terell, Emotional Intelligence in Action: Training and Coaching Activities for Leaders and Managers. San Francisco 2005

J. Kouzes, B. Posner, The Leadership Challenge. San Francisco 2007

J. Naisbitt, Mindset: Reset your Thinking and See the Future. New York 2006

F. Schulz von Thun, Miteinander reden. Allgemeine Psychologie der Kommunikation. 1. Aufl. Reinbek bei Hamburg 1981

H. Strunz, M. Dorsch, Management. München/Wien 2009

R. Wunderer, Führung und Zusammenarbeit. Eine unternehmerische Führungslehre. München/Neuwied 2003

G. Yukl, Leadership on Organizations. New York 2002

Teil 4

„Anstiftung“ zur Selbstdiagnose von Führungskompetenzen

Sieben Impulsbausteine zur Reflexion über Ihre eigenen Selbstführungskompetenzen

Im Folgenden wollen wir Sie „anstiften“, mehr Transparenz über Ihre eigene innere Führungshaltung zu erlangen. „Anstifter“ bringen wir für gewöhnlich inhaltlich mit „Revolutionen“ in einen Zusammenhang. Und in der Tat könnten Sie eine persönliche (R)evolution für sich selbst auslösen, wenn Sie sich auf unsere nachfolgenden Impulse einlassen. Die „sieben Impulsbausteine zur Reflexion über die innere Führungshaltung“ werden vom Erstautor des vorliegenden Kompendiums seit vielen Jahren in der Personalentwicklung von Top-Führungskräften zur Initiierung von individuellen Coachingmassnahmen angewendet. Um die Authentizität der Originalmaterialien zu wahren, haben wir an dieser Stelle die „Ich-Form“ in der schriftlichen Darstellung belassen.

Impulsbaustein 1: Es ist Ihre Entscheidung: Was wollen Sie sein? „Sarastro“ oder „braver Soldat Schweijk“?

Zu Beginn meines ersten Impulsbausteins möchte ich Ihnen von zwei Menschen erzählen, die ich persönlich sehr gut kenne. Es geht dabei um zwei Arbeits- und damit aber auch um zwei Lebenswelten, wie sie unterschiedlicher nicht sein könnten.

Der eine Mensch, von dem ich Ihnen erzählen möchte, ist ein international sehr bekannter Bassist (also Opernsänger) an der Deutschen Staatsoper in Berlin (seinen Namen verschweige ich an dieser Stelle dezent, um nicht den Verdacht aufkommen zu lassen, ich wolle mit der persönlichen Bekanntschaft zu einem weltbekannten Künstler kokettieren). Als ich einmal bei ihm zu Besuch war, hatte ich das Glück, einen seiner typischen „Arbeitstage“ beobachten zu können. Für den Abend stand die Aufführung der „Zauberflöte“ von Mozart in der Deutschen Staatsoper auf dem Programm. Mein Bekannter hatte in dieser Aufführung den Part des „Sarastro“ zu spielen, eine Rolle, die ihm quasi auf den Leib geschneidert ist und die kaum ein anderer Bassist auf der Welt besser geben kann als er.

Meinen Bekannten (nennen wir ihn doch von nun an einfach nach seiner Paraderolle, nämlich „Sarastro“) an diesem Tag zu erleben, war für mich ein beeindruckendes Erlebnis. Warum? Weil er mir einen „Arbeitstag" vorgelebt hat, wie ich ihn vielen Menschen wünschen würde. Sarastro wird Ihnen in wenigen Augenblicken seinen Tag gleich selbst einmal schildern. Lassen Sie mich zuvor aber noch einige Worte zu einem anderen Bekannten von mir sagen.

Der andere Mensch, den ich Ihnen kurz vorstellen möchte, ist jemand, von dem seine Umwelt sagt, er sei sehr erfolgreich. Glücklich verheiratet, zwei Kinder, Eigenheim im Grünen, zwei Autos, zweimal jährlich einen tollen Urlaub im Ausland und einen Job bei einem weltweit tätigen Münchener Unternehmen. Dort gilt er als anerkannter Experte seines Fachs und es versteht sich von selbst, dass er ein wirklich respektables Einkommen erzielt, um das ihn so manch einer beneidet.

Nennen wir meinen zweiten, hier kurz vorgestellten Bekannten von nun an ganz einfach den „braven Soldaten Schweijk" (Sie werden schon bald verstehen, warum. Im übrigen ist dieser Nickname kein Lächerlichmachen oder gar eine Beleidigung, vielmehr hat mein Bekannter sich diesen Namen in einer langen, gemeinsamen Nachtdiskussion nach einem guten Glas Wein – o.k., es können auch zwei oder drei oder vier Gläser gewesen sein – einmal selbst gegeben).Auch der typische Arbeitstag des „braven Soldaten Schweijk" ist mir durch meine Freundschaft zu ihm gut bekannt. Ebenso wie „Sarastro" lasse ich nun auch „Schweijk" selbst zu Ihnen sprechen. Beide werfen einige Schlaglichter auf ihre typische Arbeitswelt:

Welt des „Sarastro"	**Welt des „braven Soldaten Schweijk"**
Nach dem Aufstehen: Ich freue mich schon auf diesen großen, spannenden Tag, kann's kaum erwarten, dass es los geht.	Nach dem Aufstehen: Scheiße, schon wieder Werktag, das Wochenende ist noch drei Tage entfernt, es hilft ja alles nichts, aufraffen und ab „auf Arbeit".
Beim Rasieren: Womit fange ich heute zuerst an? Stimmübungen, Textsprechproben, Atemtechnik? O.k., ich seh's ein: Doch erst mal ein Frühstück, aber dann: los geht's!	Im Büro angekommen: erst mal Kaffee kochen und die Zeitung raus; der Chef kommt eh nicht vor 09.00 Uhr, bis dahin interessiert mich mein Job einen „Sch…".
Meine Aufgabe: Eine einzigartige Darbietung/ein Akt grenzenloser Leidenschaft/meine „persönliche Handschrift".	Meine Aufgabe: Ich mache, was man mir aufträgt. Das, was der Boss anschafft. Mit einem Wort: Ich mache meinen Job!
Mein Engagement: Ich komme nicht eher zur Ruhe, bis ich mein „Handwerk" meisterhaft beherrsche. Ich konzentriere mich auf meine Fähig-	Mein Engagement: Ich leiste „akzeptable Arbeit". Aber Arbeit ist Arbeit. Dafür reiße ich mir kein Bein aus. Immerhin bin ich fleißig mit

keiten. Ich beabsichtige, auf einem Gebiet (Sarastro!) einzigartig zu sein.

Mein Zeitempfinden: Schon Mittag? Ich habe doch gerade erst angefangen! Zeit wie im Flug vergangen!

Meine Prioritäten: Früher Nachmittag, noch sechs Stunden bis zur Vorstellung am Abend, diese Zeit werde ich jetzt nutzen, um mich mental voll und ganz auf Sarastro einzustellen. Alles andere ist momentan nebensächlich. Ich beginne jetzt, wie Sarastro zu denken, zu fühlen, zu sprechen. Ich „bin“ Sarastro.

Der Höhepunkt des Arbeitstages: (Auftritt des Sarastro in der Zauberflöte): Ich **lebe** für mein Publikum. / Ich bin jetzt voll und ganz Sarastro. / Ich sehe das leuchten in den Augen meiner Zuhörer. / Ich liebe mein Publikum. / Es geht alles so leicht von der Hand. /. Ja, das ist meine „Berufung“. / Ich stehe im wahrsten Sinne des Wortes auf den „Brettern, die die Welt bedeuten“!

Das Ende des Arbeitstages: Großartig, das Publikum verlangt eine Zugabe, ich genieße es. / Ich habe zwar an einem Abend 3 Kilo abgenommen (Wasserverlust eines Sängers an einem Konzertabend!) und es ist auch schon 23.00 Uhr, aber ich bin so fit und lebendig wie nur irgendwas.

Der „Feierabend“: Ich lebe. / Ich bin aufgedreht. / Ich kann jetzt unmöglich (obwohl schon bald Mitternacht) gleich schlafen gehen. / Ich gehe mit Freunden und Mitstreitern noch auf einen Schoppen und wir durch“leben“ unseren Auftritt noch einmal, auch wenn es sehr spät wird,

dem Abarbeiten des Auftragseingangsfachs.

Mein Zeitempfinden: Endlich Mittag! Hat sich mal wieder elend lang hingezogen, dieser Vormittag!

Meine Prioritäten: Früher Nachmittag, Chef für zwei Stunden außer Haus. Endlich Gelegenheit, vom Büro aus diverse wichtige Privatdinge zu organisieren. (Anruf beim Finanzamt, Verabredung für’s Wochenende managen, telefonisch einige Preisvergleiche für die neue Stereo-Anlage einholen etc.)

Der Höhepunkt meines Arbeitstages: (Präsentation vor „Publikum“, wie z. B. Kunden, Mitarbeitern, Vorgesetzten etc.): Wenn es nur schon wieder vorbei wäre. / Eigentlich sind sie mir alle zuwider. / Mein Gott, ist das alles wieder mühsam. Hätte ich doch einen anderen Beruf ergriffen! / Scheiß Job!

Das Ende des Arbeitstages: Hört denn das gar nicht auf, schon zehn Minuten nach Feierabend, jetzt könnte der Kunde aber langsam abzischen. / Es ist zwar erst 16.00 Uhr, aber ich bin fix und fertig nach so einem anstrengenden Arbeitstag.

Der „Feierabend“: Ich bin „tot“. / Bloß nichts Anstrengendes mehr heute. / Am besten etwas Seichtes vor der Glotze. / Ich will bald ins Bett, weil ich todmüde bin, schließlich habe ich morgen wieder einen schweren Tag vor mir.

so macht Leben Spaß, auch morgen wieder.

Die Lebensarbeitszeit: Hoffentlich bleibt mir mein „Kapital“, also meine Stimme, noch viele lange Jahre erhalten.

Die Lebensarbeitszeit: In meinem Büro hängt schon jetzt ein Maßband, damit zähle ich die Jahre bis zur Rente und ich schneide jedes Jahr freudig einen Zentimeter von diesem Maßband ab.

Die Lebensphilosophie: Ich lebe jeden Moment meines Lebens (also auch des sogenannten Arbeitslebens) bewusst, sinnvoll und mit vollem Genuss.

Die Lebensphilosophie: Mein Leben findet hauptsächlich am Wochenende und im Urlaub statt. Und wenn ich später mal in Rente gehe, dann geht das Leben erst so richtig los.

Mein Credeo: Es mag Daniel Barenboim (dem Intendanten der Deutschen Staatsoper, also dem „Chef“) zwar nicht gefallen, aber: besser nach vollendeter (und umjubelter) Tat um Verzeihung bitten, als vorher um Erlaubnis!

Mein Credo: Ich mach’ mich doch nicht unbeliebt! Tritt niemandem auf die Füße! Ich sichere mich lieber zuerst dreifach nach oben ab, bevor ich selbständig handle

Zwei Welten wie sie wirklich verschiedener nicht sein können! Sarastro „lebt“, ist schöpferisch, gestaltet und genießt in vollen Zügen. Schweijk führt gehorsam aus, was „die da oben“ ihm auftragen, manchmal lacht er sich ins Fäustchen, wenn er mit seiner Schlitzohrigkeit die Obrigkeit mal wieder ausgetrickst oder sich ein bisschen privaten Freiraum ergaunert hat (jetzt verstehen Sie vielleicht, warum mein Bekannter sich selbst den Namen „braver Soldat Schweijk“ verpasst hat). Aber ansonsten: er „verschiebt sein Leben“ (im gleichnamigen Film „bis nach dem Krieg um 14.00 Uhr in unserer Stammkneipe“, im wahren Leben „aufs Wochenende“ und „bis nach der Pensionierung“).

Warum erzähle ich Ihnen von „Sarastro“ und von „Schweijk“? Warum schildere ich Ihnen ihre Welten? Weil am Anfang der Erkundung der eigenen Führungshaltung die Frage beantwortet werden muss „Wo will ich hin?“: In eine schöpferische Gestaltung der Zukunft oder in Brot und „Beschäftigung“? Will ich in ein spannendes, aufregendes und in jedem Moment voll gelebtes Leben oder in ein zwar äußerlich erfolgreiches Leben, das aber ca. ein Drittel der Lebenszeit für eine lästige Notwendigkeit ver(sch)wendet?

Oder eben ganz einfach:

Was will ich sein: „Sarastro“ oder „braver Soldat Schweijk“?

Diese Frage für sich selbst zu beantworten (oder zumindest: mit der Beantwortung anzufangen), dazu möchte ich Sie anstiften! Lassen Sie mich einige Anregungen formulieren, wie Sie anfangen können, die Entscheidung über diese Frage ab heute in Ihr Leben zu integrieren:

1. Beobachten Sie in Ihrer ganz persönlichen Umgebung Menschen vom „Typ Sarastro" und Menschen vom „Typ braver Soldat Schweijk". Sprechen Sie mit diesen Menschen. Finden Sie heraus, was ihnen wichtig ist, wofür sie sich einsetzen, eben wofür sie „leben".
2. Beginnen Sie ab sofort (Ja, ab heute!) sich zu fragen: Welches sind meine besonderen Fähigkeiten/Begabungen/Talente? Stellen Sie sich diese Frage täglich!
3. Falls Ihnen der „Sarastro" von seinem Beruf (Opernstar) her nicht schmecken sollte, ersetzen Sie ihn durch: begnadeter Fußballprofi, Stardesigner bei Ferrari, Chefkoch im Hotel Adlon/Berlin, Hollywood-Filmstar, Skiflugweltrekordhalter oder ganz einfach durch das, wovon **Sie** träumen und fragen sich dann: wie kann mein tägliches Tun dem meines (am besten eigenen) Traumbildes ähnlicher werden? Ganz konkret! Heute! Gehen Sie ins Detail!
4. Stellen Sie (entweder alleine oder mit Freunden / Partnern) eine Liste von 20 Merkmalen auf (nicht weniger!), mit denen Sie selbst „sinnvolle Arbeit" charakterisieren würden. Sind wenigstens fünf Merkmale darunter, die Sie in Ihrem gegenwärtigen Tun (heute, diese Woche, nächste Woche!) wieder finden? Wenn nicht, was sagt es Ihnen?

Und vergessen Sie nicht: im Kern geht es bei alledem um die Frage, die ein Ausspruch des Bildhauers Henry Moore so treffend widerspiegelt, dass ich dem nichts hinzu zu fügen habe.

„Das Geheimnis des Lebens besteht darin, eine Aufgabe zu haben,
etwas, dem Du Dich ganz widmest. Und das Wichtigste dabei ist,
es muss etwas sein, was unmöglich zu schaffen ist."
Henry Moore, Bildhauer

P.S.: Wenn es jetzt in Ihnen brodelt und die ersten Widersprüche hochkommen (z.B. „es kann doch nicht jeder Opernstar, Kinoheld etc. werden" oder z.B. „man kann doch nicht nur für die Arbeit leben, wo bleiben denn da Familie, Freunde, überhaupt Freizeit ...") oder, oder, oder: gemach, in den nächsten Impulsbausteinen werden Sie sehen, dass sich alles zusammenfügt.

Impulsbaustein 2: Was soll auf Ihrem Grabstein stehen

„Sagt ihnen, dass ich versuchte, die Hungrigen zu nähren.
Sagt ihnen, dass ich versuchte, die Nackten zu kleiden.
Sagt ihnen, dass ich versuchte, anderen zu helfen."
Martin Luther King

Die hier zu Beginn wiedergegebenen Worte hat Martin Luther King einst als seinen eigenen Nachruf verfasst und seinem engen Freund Harry Belafonte anvertraut, der sie für die Nachwelt erhalten hat. Es ist schon mehr als ungewöhnlich, dass ein Mensch seinen eigenen Nachruf selbst formuliert. Umso mehr, als Martin Luther King die zitierten Zeilen nicht etwa in Vorahnung seines eigenen Todes schrieb. Wie man weiß, wurde er ja für alle Welt unfassbar im Alter von nur 39 Jahren durch ein Mordattentat aus dem Leben gerissen. Wenn also nicht die Vorahnung des eigenen Todes, was dann bewog Martin Luther King zur Formulierung seines eigenen Nachrufs?

Wenn ich als Führungskräftecoach für Unternehmen Assessment-Center durchführe, stelle ich den Kandidaten oftmals die sogenannte „Grabsteinfrage": „Nehmen Sie an, Sie müssten morgen sterben, was soll dann auf Ihrem Grabstein stehen?" In den allermeisten Fällen löst diese Frage Verblüffung, Überraschung oder auch eine gewisse Beklemmung aus. Und typische Antworten sind dann etwa:

- „Ist ja echt makaber, diese Frage!"
- „Mein Gott, damit hab' ich mich wirklich noch nie im Leben befasst!"
- „Ich hatte eigentlich noch nicht vor, so bald zu sterben, die Frage kommt ein bisschen zu früh für mich!"
- „Was soll schon draufstehen auf dem Stein, vielleicht er war ein netter Kerl oder sie alle mochten ihn!"

Ich wende die „Grabsteinfrage" im Assessment-Center nicht etwa an, um meine Kandidaten zu verunsichern oder um sie in eine Stresssituation zu bringen (Stress etwa dadurch, dass die Teilnehmer nicht spontan und fundiert genug antworten können). Und schon gar nicht geht es mir darum, ein „schon bald nahendes Ende" zu suggerieren (nach dem Motto: „Seid bereit, es könnte Euch schon morgen treffen!"). Wenn es das wäre, dann wäre diese Assessment-Center-Übung wirklich makaber (und unanständig, und taktlos, und unsinnig, und, und, und ...!).

Mir geht es um etwas anderes: Es geht mir im Kern um diesselbe Frage wie in meinem Impulsbaustein 1: Was wollen wir sein (und damit meine ich beileibe keine Berufsbezeichnung!)? Welches Leben wollen wir führen? Die schockierende Frage nach der eigenen Grabsteininschrift zeigt den allermeisten Menschen auf, dass sie **jetzt, sofort, spontan, ohne zu zögern, klar und präzise** eben nicht sagen können, was sie sein und welches Leben sie führen wollen.

Denn sonst könnten sie ja unverzüglich benennen, was auf ihrem Grabstein stehen soll. Wie gut, dass die Grabsteinfrage nur eine schockierende Annahme ist! Nach einigen Momenten der Nachdenklichkeit können wir in die beruhigende Gegenwart zurückkehren (es war ja nur eine Annahme, dass morgen „schon alles vorbei ist"). Aber vielleicht sollten wir aus dem kurzfristigen „Schockerlebnis" mitnehmen, dass wir die Fragen nach unserem Lebens„erfolg" **ab jetzt, ab heute, eben sofort** in unser Leben integrieren müssen. Denn es wäre tragisch, wenn sich die Grabsteinfrage irgendwann einmal „final" stellt und wir dann nicht (wie in der schockierenden „Simulationsfrage") sagen könnten: „O.k., bis jetzt war's mir nicht so klar, was mein Leben sein soll, aber Gott sei Dank liegt ja noch ein gutes Stück Leben vor mir."

Im Impulsbaustein 1 habe ich die Frage, wie ein „erfolgreiches" Leben aussehen kann, anhand zweier unterschiedlicher Lebensgeschichten beleuchtet (Sarastro und braver Soldat Schweijk). Heute möchte ich die Quellen einer erfolgreichen Lebensführung etwas umfassender (wenn Sie wollen, auch: etwas akademisch-wissenschaftlicher) betrachten. Die gleich anschließend zu erläuternden „Erfolgskomponenten" sind das Ergebnis langjähriger eigener Überlegungen/ Erfahrungen, Diskussionen mit den unterschiedlichsten Menschen, Literaturstudien etc. und bilden mittlerweile einen festen Bestandteil in all meinen Führungskräfte-Coachings. Wenn ich hier von Erfolgskomponenten spreche, dann verstehe ich darunter die Quellen, aus denen sich die „Wertschöpfung" des Unternehmens „Ich selbst" speist. Diese Analogie zu jeglichen „normalen" Unternehmen ist deshalb naheliegend, weil auch dort die einzelnen Determinanten der Wertschöpfung als Erfolgskomponenten bezeichnet werden. Lassen Sie uns nun einen gemeinsamen Blick auf die einzelnen Komponenten werfen:

- **Erlebniswerte:** Das, was wir vielleicht am ehesten mit einem „guten" Leben in Verbindung bringen, wie etwa Reisen in ferne Länder, der Besuch eines Open-Air- Festivals, das Mit-dabei-sein als Zeuge eines historischen Ereignisses (sei es via Fernsehen bei der Mondlandung oder als Stadionbesucher beim Endspiel zur Fußballweltmeisterschaft), das Genießen einer kulinarischen Köstlichkeit in der Toskana, oder einfach nur das Bewundern einer Pflanze in der freien Natur – unzählige weitere Beispiele könnten beleuchten, wie das bewusste Wahrnehmen von Erlebnissen und das „Sich-ganz-darauf-Einlassen" unsere Lebensqualität verbessern.

- **Sozialer Austausch:** Wer wüsste es nicht, dass Kontakt und Kommunikation mit Menschen unser Leben ungemein bereichern. Nicht umsonst kannten (und kennen leider immer noch) barbarische Staatssysteme dieser Welt das Mittel der „Isolationshaft" als eine besonders grausame Folter: Das Abgeschnittensein von jeglichem sozialen Austausch macht auf Dauer krank und verödet das Leben.

- **Zugehörigkeit / Verankerung:** Die Geborgenheit als Kind bei unseren Eltern ist eine Ur-Erfahrung, die wir als Menschen machen (hoffentlich!).Später wird der Bezugspunkt „Eltern" ersetzt durch Partnerschaft / Ehe, eigene Familie, fester Freundeskreis, Stammtischrunde, Mitgliedschaft bei Vereinen, politischen Gruppierungen, Religionsgemeinschaften etc. Was auch immer es ist, die feste Verankerung in einer sozialen Gemeinschaft, zu der man selbst zu den turbulentesten Zeiten des Lebens immer dazugehört , ist eine wichtige Quelle für ein erfolgreiches Leben.

- **„Der verborgene Autopilot":** Ein überaus komplexes System von Einstellungen, Werten und für als „richtig" erkannten Denk- und Verhaltensmustern, die wir im Laufe unserer individuellen Sozialisation bewusst und (zum größeren Teil) unbewusst entwickelt haben und die unsere Aktionen und Reaktionen in jedem Moment unseres Lebens steuern. Beispiel: Wenn wir in unserem bisherigen Leben etwa immer wieder erfahren haben, dass bei „Bedrohungen" (sei es ein verbaler Angriff durch andere Menschen, ein drohender Partnerverlust durch Scheidung etc. , eine Zurücksetzung am Arbeitsplatz oder was auch immer) das „Kopf-in-den-Sand-stecken" die für uns „richtige" Strategie war, dann werden wir auch bei künftigen Bedrohungen immer wieder zu dieser Vogel-Strauß-Politik neigen, unabhängig davon, ob diese Politik in einer zukünftigen Situation wirklich sinnvoll ist. Ich nenne dieses Geflecht von Einstellungen, Werten etc. und den daraus resultierenden Verhaltensweisen gerne „den verborgenen Autopiloten", weil bisherige Lebenserfahrungen unser Handeln in der Gegenwart ohne unseres bewusstes Zutun (also „automatisch") steuern und weil diese Steuerung uns nur in den seltensten Fällen wirklich transparent ist (deshalb: „verborgen"). Gerade in Lebenskrisen zeigt sich, ob unser verborgener Autopilot zur Verbesserung unserer Lebensqualität beiträgt, indem er uns etwa bei Gefahrensituationen dennoch ressourcenorientiert denken und handeln lässt und uns damit überflüssige Stresszustände erspart.
- **Körperliche Leistungsfähigkeit:** Alle bisher genannten Eckpfeiler wären hinfällig, wenn es die „hardware" für das Unternehmen „Ich selbst" nicht gäbe. Deswegen sind Aufbau und Erhaltung einer angemessenen körperlichen Leistungsfähigkeit eine strategische Aufgabe . Eigentlich banal, aber dennoch messen viele Menschen dieser Aufgabe nur untergeordnete Bedeutung zu und erkennen nicht, dass exzessives körperliches Wohlbefinden entscheidend zu einem „erfolgreichen" Leben beiträgt.

Die eben erläuterten Erfolgskomponenten stehen natürlich nicht isoliert nebeneinander, sondern sind alle jeweils miteinander verbunden. So leuchtet es z.B. unmittelbar ein, dass mehr „Erlebniswerte" (z.B. Reisen, Konzertbesuche etc.) einen intensiveren „sozialen Austausch" (z.B. das Kennenlernen neuer Menschen) auslösen können, wie auch umgekehrt ein hohes Maß an „sozialem Austausch" (z.B. nachhaltige Pflege eines bestimmten Freundeskreises) die Chance auf weitere „Erlebniswerte" (z. B. Einladungen zu Veranstaltungen) eröffnet. Generell werden der Aufbau und die Erhaltung einer jeden einzelnen Erfolgskomponente immer positiv auf die jeweils anderen Erfolgskomponenten einwirken.

So plausibel die bisher skizzierten Erfolgskomponenten auch sind, das eigentlich Wichtige kommt jetzt:

Der Kern meiner heutigen „Anstiftung"!

Denn: Ebenso, wie ein „klassisches" Unternehmen auf Dauer nicht ohne eine einzigartige Kern-Kompetenz überleben kann, die es am Markt unverwechselbar macht, so kommt auch das Unternehmen „Ich selbst" eben nicht ohne diese profilbildende Kern-Kompetenz aus.

Das heißt im Klartext: Die bisher skizzierten Erfolgskomponenten („Erlebniswerte", „Sozialer Austausch" etc.) können so gut ausgeprägt sein wie nur irgendetwas: Ohne eine einzigartige, unverwechselbare Kern-Kompetenz ist das Unternehmen „Ich selbst" auf Dauer zum Scheitern verurteilt. Eine vielleicht harte Aussage, aber leider (oder auch: Gott sei Dank!) wahr! Ein „Beweis" dazu etwas weiter unten! Doch zunächst: **Was ist die Kern-Kompetenz des Unternehmens „Ich selbst"?**

Es geht zum einem darum, dass jeder Mensch seine ihm einzigartige Fähigkeit (oder auch: seine ihm einzigartige Begabung, sein Talent, sein begnadetes Können) entdeckt, entwickelt und zur Meisterschaft bringt. Gerhard Mann, Managementberater und Bestsellerautor (als ehemaliger Controller namhafter Industrieunternehmen übrigens absolut „unverdächtig", irgendwelchen „softigen" Trends in der Managementszene zu folgen), hat die Kern-Kompetenz des Menschen auch als seine **Mozart-Fähigkeit** bezeichnet (in Analogie zu der begnadeten einzigartigen Fähigkeit Wolfgang Amadeus Mozarts). Genau das ist es: die eigene „Mozart-Fähigkeit" aufspüren! Was kann ich ganz besonders gut? Was ist meine ausgeprägte Spezialität? Worin bin ich unschlagbar? Was macht mir keiner nach?

In der Regel scheuen wir davor zurück, uns selbst eine „Mozart-Fähigkeit" zuzugestehen. Wir meinen, es sei arrogant, größenwahnsinnig oder schlicht „abgehoben". Und dennoch: Ist nicht jeder Mensch wirklich einzigartig? Hat nicht jeder Mensch etwas, was ihn von allen (!) anderen Menschen auf dieser Erde unterscheidet? Anders gesagt: sollte nicht für jeden Menschen dereinst eine Grabsteininschrift stehen, die eben genau von seiner einzigartigen Unverwechselbarkeit Auskunft gibt? (und eben nicht nur „ er war ein netter Kerl" oder „alle mochten ihn", denn diese Charakterisierungen gibt man posthum fast allen Toten, getreu dem altrömischen Grundsatz: „de mortuis nil nisi bene", zu deutsch: über Tote sollst Du nichts Ungutes sagen).

Bei der Frage nach der Kern-Kompetenz des Unternehmens „Ich selbst" geht es zum anderen aber auch darum, ob und wie ein Individuum seine „Mozart-

Fähigkeiten“ in seine „Umwelt“ einbringt. Was wäre die geniale musikalische Kreativität W.A.Mozarts wert gewesen, wenn er sie nicht in unvergleichliche Kompositionen umgesetzt und diese Werke auch durch Uraufführungen der Öffentlichkeit zugänglich gemacht hätte? Die eigene „Mozart-Fähigkeit“ wird erst dann zur Erfolgskomponente, wenn sie „zum Nutzen anderer“ beiträgt. Der „Nutzen“, den Mozart stiftete, ist die Freude und der Genuss an einer Musik, die die Menschen noch Jahrhunderte später begeistert. Wir könnten sagen, die individuelle „Mozart-Fähigkeit“ wird dann zu einer Kern-Kompetenz, wenn sie „einen Nutzen stiftet“, oder wenn sie „zur Verbesserung der Gesellschaft beiträgt“, oder „wenn sie den Fortschritt in der Welt beschleunigt“, oder wenn sie „ein Geschenk an unsere Nachwelt ist“, oder. oder, oder...,Sie können es bezeichnen, wie Sie wollen. Ich selbst nenne diesen Teil der individuellen Kern-Kompetenz gern den **evolutionären Beitrag**, weil ich denke, dass die Summe aller „Mozart-Fähigkeiten“ der Menschen die Evolution bewusst voranbringt. Aber nochmal: die Benennung ist eigentlich egal, wenn man nur erkennt, dass man sein unverwechselbares Können „einbringen“ muss, damit es zu einer Erfolgskomponente für das Unternehmen „Ich selbst“ wird.

Ich bin Ihnen noch einen „Beweis“ dafür schuldig, warum die Entwicklung der eigenen Kern-Kompetenz für den Erfolg des Unternehmens „Ich selbst“ wirklich überlebenswichtig ist:

Zunächst mag uns hier die Analogie zu einem „klassischen“ Unternehmen helfen. Es ist ganz einleuchtend: Ein Unternehmen, das keine klar erkennbaren Kern-Kompetenzen hat, die es auf dem Markt einbringen kann, überlebt auf Dauer nicht. Da helfen keine tollen Events auf internationalen Messen (= „Erlebniswerte“), keine regen Gespräche mit Kunden, Lieferanten, Kapitalgebern etc. (= „Sozialer Austausch“), keine von den Mitarbeitern als cool angesehenen Leitbilder der inneren Unternehmenskultur (= „Verborgener Autopilot“), auch keine Mitgliedschaft in einem renommierten Unternehmensverband (= „Zugehörigkeit/ Verankerung“) und keine moderne Firmenausstattung (= „Körperliche Leistungsfähigkeit“): ohne Kern-Kompetenz, die überhaupt erst die Daseinsgrundlage des Unternehmens am Marktdefiniert, ist alles andere nichts.

Im Unternehmen „Ich selbst“ ist es genauso! Kennen Sie Menschen, die – ungefähr in ihrer Lebensmitte – von sich selbst sagen, dass sie zwar alles erreicht haben (intakte Ehe und Familie, angemessener Wohlstand, Haus, Auto(s), einträglicher und angesehener Beruf etc.), die aber dennoch eine gewisse „innere Leere“ beklagen? Häufig fragen diese Menschen: „Was, das soll schon alles im Leben gewesen sein? „oder „Was mache ich eigentlich, wenn die Kinder erwachsen und aus dem Haus sind?“ Manche wollen „aussteigen“ („ich bin reif für die Insel“), andere beklagen einfach die „midlife crisis“ und wieder andere sprechen davon, daß sie „ihre innere Mitte noch nicht gefunden haben“. Wir sehen: diese „innere Mitte“ zu kennen und ihr entsprechend zu leben, ist durchaus „lebenswichtig“.

Martin Luther King wusste zeit seines Lebens genau, wofür er lebte. Deshalb konnte er seinem Freund Harry Belafonte auch spontan sagen, welchen Nachruf er sich einmal wünschen würde . Wir sollten die von uns gewünschte Grabsteininschrift auch kennen und ein Leben lang an der Verfeinerung dieser Inschrift arbeiten. Nicht in makabrer ständiger Vorausbeschäftigung mit unserem Tod, sondern in kraftvoller Ausschöpfung all unseres Lebens.

Impulsbaustein 3: „Ich bin mir meiner selbst bewusst, also bin ich selbstbewusst!“

Über das Wesen des „Selbst“ haben Philosophen aller Kulturen über die gesamte Menschheitsgeschichte hinweg schon immer nachgedacht. Statt dieser philosophischen Diskussion nachzugehen, wollen wir uns der Thematik eher von einer sehr praxisorientierten-pragmatischen Seite her nähern. Von Führungskräften erwarten wir heutzutage fast selbstverständlich, dass sie über eine gesunde Portion an Selbstbewusstsein verfügen sollen. Doch was ist Selbstbewusstsein eigentlich? Ist ein selbstbewusster Mensch jemand, der ständig und überall im Mittelpunkt steht, der immer alle anderen übertönt und sich stets und überall durchsetzt? Oder ist ein selbstbewusster Mensch nicht vielmehr eine Persönlichkeit, die sich ganz einfach „ihrer selbst bewusst ist“? Die Zerlegung des Substantivs „Selbstbewusstsein“ in seine determinierenden Komponenten zeigt uns in der Tat den eigentlichen Sinngehalt von Selbstbewusstsein auf und führt uns damit auch zum Kern der Betrachtungen unseres „Selbst“. Wenn ein Mensch von sich sagen kann: „ich bin mir meiner selbst bewusst“, dann ist er selbstbewusst und zwar auf eine natürlich-sympathische Art, die ihn angenehm von einem aufgesetzten und zur Schau gestellten Pseudo-Selbstbewusstsein unterscheidet.

Was müssen wir also nun über unser Selbst „wissen“, damit wir sagen können: Wir sind uns unserer Selbst „bewusst“? In dem Wort „bewusst“ steckt verdächtigerweise von der Sprachwurzel her das Wort „Wissen“ drin. Somit nochmals: Was müssen wir über unser Selbst „wissen“? Zuerst sollten wir doch wohl überhaupt einmal über unsere Stärken und Schwächen Bescheid wissen, denn unsere Stärken und Schwächen machen uns ganz wesentlich in unserem Selbst aus.

Ihre Aufgabe in diesem Impulsbaustein besteht somit darin, Ihre **eigenen Stärken und Schwächen auszuloten**. Dies klingt zunächst einmal recht banal, gestatten Sie mir deshalb noch einige Hinweis zu dieser Aufgabenstellung:

1. Wenn ich für Unternehmen oder sonstige Institutionen Assessment-Center-Veranstaltungen durchführe, frage ich die Kandidaten auch dort regelmäßig nach ihren Stärken und Schwächen. Die wenigsten Menschen können aber dann sofort aus dem Stand heraus (d. h. ohne erst lange darüber nachdenken zu müssen) ihre Stärken und Schwächen benennen. Hand aufs Herz: Wären Sie in der Lage, ohne zu zögern Ihre drei größten Stärken und Ihre drei

größten Schwächen aufzuzählen? Diese Frage scheint also doch gar nicht so selbstverständlich beantwortbar zu sein, wie man auf den ersten Blick vermuten mag.

2. Wie eben schon angedeutet zählt die Frage nach den eigenen Stärken und Schwächen zu den Klassikern in Bewerberauswahlverfahren. In solchen Verfahren sucht man dann sinnvollerweise nach taktisch klugen Antworten. So benennt man bei den Stärken die gewünschten „üblichen Verdächtigen", wie etwa Teamfähigkeit, Kommunikationsstärke, Flexibilität, Kreativität, Durchsetzungsvermögen u. v. a. m. Und bei den Schwächen greift man zu geschraubten Kunstformulierungen wie etwa: „Bei meiner klaren Zielorientierung, die ich all meinem beruflichen Handeln stets zugrunde lege, bin ich oftmals zu ungeduldig mit Menschen, die weniger zielorientiert handeln."

Für die Beantwortung der Aufgabenstellung legen Sie bitte die eben skizzierte Vordergründigkeit der Personaler-Szene völlig beiseite. Beantworten Sie die Frage nach Ihren eigenen Stärken und Schwächen **authentisch (!)**, wohl wissend, dass Sie die gefundenen Antworten einem „Personaler" vielleicht nie sagen dürfen.

Impulsbaustein 4: „Please tell me, what's your mission?!"

Zu Beginn dieses Impulsbausteins möchte ich Ihnen eine kleine Episode aus meinem eigenen Leben erzählen.

Bei einem längeren Studienaufenthalt in Kalifornien (USA) widerfuhr mir einmal die folgende Situation:

Ich war mit dem Auto unterwegs und fuhr an eine Tankstelle. Während ich den Wagen auftankte, kam ich mit einem Mann an der Nachbarzapfsäule ins Gespräch. Er fragte mich, wo ich herkomme und obwohl ich glaubte, in einem halbwegs passablen Englisch zu antworten, identifizierte er mich nach nur wenigen Worten als Deutschen. Es entwickelte sich rasch eine recht freundliche Unterhaltung, da mein Gesprächspartner sich sehr interessiert an Deutschland und den Deutschen zeigte. Mitten im Gespräch überreichte er mir plötzlich sehr stolz und freudig seine Visitenkarte (Business Card) und fragte mich mit einem erwartungsfrohen Lächeln: „Please tell me, what's your mission?" Während ich einigermaßen verdutzt über den Sinn dieser Frage rätselte, warf ich einen kurzen Blick auf die überreichte Business Card und sah neben den üblichen Kommunikationsdaten ein „Mission Statement" auf der Visitenkarte: Ein einziger kurzer Satz, der knapp und prägnant etwas über eine Art „Berufung" oder sogar etwas über einen „Lebensauftrag" meines Gesprächspartners aussagte.

Solche Karten sind in Deutschland weitgehend unbekannt. Bei uns hat der Begriff „Mission" eher den schalen Beigeschmack von religiöser Bekehrung. Ganz anders im anglo-amerikanischen Kulturraum: Dort meint „Mission" einen „besonderen Auftrag", eine „Sendung", eine „innere Berufung" (man sagt ja auch:

„er/sie hat eine wichtige Mission zu erfüllen“). Eine Mission ist mehr als nur ein Ziel. Von einer Mission geht jener Sog der Begeisterung aus, der uns bewegt, jeden Morgen wieder neu mit Freude unseren Ar... aus dem Bett zu kriegen, weil wir es kaum erwarten können, weiter an unserer Mission zu arbeiten (sorry für diese drastisch-vulgäre Wortwahl, aber ich denke, so wird's vielleicht am deutlichsten).

Spätestens an dieser Stelle erahnen Sie die **Frage**, die ich Ihnen nun stelle: **Was ist Ihre momentane Mission?** Was ist es, was Sie jeden Morgen neu antreibt? Was ist Ihr momentaner „Lebensauftrag“, den Sie mit Stolz und Freude zu erfüllen versuchen? Ich weiß, dass diese Fragestellung mega-schwer ist. Ich erwarte von Ihnen in diesem Baustein auch keine perfekte ein- bis zweiseitige Ausarbeitung. Ich möchte Ihnen lediglich den Impuls geben, einmal bewusst darüber nachzudenken, was Ihr Leben wirklich antreibt. **Als Antwort genügt ein kurzes „Mission Statement“, soviel bzw. sowenig, wie eben gerade auf eine Visitenkarte draufpasst.** Aber authentisch soll es sein!

In diesem Sinne: Please tell me, what's your mission!

Impulsbaustein 5: Über missionsadäquate Ziele, Strategien und über unsere „Zeitdiebe“

Im vorausgegangenen Impulsbaustein Nr. 5 hatte ich Sie darum gebeten, Ihre persönliche Mission in einem prägnanten „Mission Statement“ zu formulieren. Eine tragfähige Mission ist die Grundlage für daraus abgeleitete Ziele, Strategien und operative Tätigkeiten. Im nächsten Schritt des „sich selbst führens“ geht es somit folgerichtig darum, zu überprüfen, ob unser „Ziel-Strategie-Handlungs-System“ stimmig im Sinne von missionsadäquat ist. Dazu möchte ich Ihnen die folgenden Anregungen geben:

1. Formulieren Sie so konkret wie möglich Ihre **Ziele** für
   - die nächsten drei Monate
   - das nächste Jahr
   - die nächsten fünf Jahre
   - und stellen Sie jeweils explizit den **Zusammenhang zu Ihrem Mission Statement** her.
2. Formulieren Sie für die unter Punkt 1 genannten Ziele so konkret wie möglich Ihre **Strategien**. Stellen Sie bitte diesen Formulierungen eine **kurze Erläuterung** darüber voran, **was Sie unter „Strategie“ verstehen**.
3. Wenn wir die Logik-Kette der ersten Königsdisziplin des Führens konsequent zu Ende denken, dann müsste unser gesamtes operatives Handeln (also alles, was wir so den lieben langen Tag über tun) sich stets eindeutig aus den zuvor formulierten Strategien ableiten. Aber Hand aufs Herz: wir alle wissen

nur zu gut, dass dies eine Illusion ist. Zum Einen widmen wir jeden Tag unserer Familie, unseren Freunden und Bekannten und auch anderen Menschen Zeit, die vielleicht nicht unbedingt etwas mit unserer Mission zu tun haben, und das ist auch gut so. Zum Anderen brechen jeden Tag aufs Neue plötzliche Ereignisse über uns herein, die dann ad hoc unsere Aufmerksamkeit erfordern, egal was unsere Mission ist, und auch dagegen ist nichts einzuwenden. Aber wenn wir ehrlich sind, wissen wir, dass es jeden Tag auch Ereignisse, Ablenkungen und auch Menschen gibt, die uns unsere Zeit wirklich nur stehlen. Oftmals treten wir diesen Ereignissen und Menschen nicht entschieden genug entgegen, sei es aus Bequemlichkeit, aus falsch verstandener Höflichkeit oder auch einfach nur aus (meist nicht so bewusster) Unkenntnis darüber, dass es sich um unsere „Zeitdiebe" handelt. Deshalb die Anregung: Machen Sie sich so konkret wie möglich Ihre **alltäglichen „Zeitdiebe"** bewusst.

Impulsbaustein 6: „Was tun Sie, wenn's mal Zoff gibt?!"

Im Impulsbaustein Nummer 6 geht es inhaltlich um eine wichtige Komponente der zweiten Königsdisziplin des Führens. Im Mittelpunkt dieser Königsdisziplin steht die Kommunikation zwischen Menschen. Und innerhalb des Kommunikationsgeschehens wiederum gibt es einen Teilbereich, der für das Selbstmanagement von Führungskräften von besonderer Bedeutung ist, nämlich die Kommunikation im Konfliktfall. In der Sprache des normalen Alltags möchte ich Sie deshalb heute fragen: „Wie ticken Sie eigentlich, wenn Sie Zoff mit jemand haben?" und Sie mit dieser Frage zur Selbstreflexion Ihres **eigenen Konfliktverhaltens** inspirieren.

Etwas „akademischer" formuliert, lautet der heutige Impuls:

1. Welche **grundlegenden Konfliktbewältigungsstrategien** sind Ihnen bekannt?
   Sind Ihnen diese Strategien auch „geläufig" in dem Sinn, dass Sie unterschiedliche Strategien zielorientiert bei **unterschiedlichen Eskalationsgraden** von Konflikten einsetzen?
2. Unsere Urahnen in der Steinzeit hatten ein sehr einfaches Muster, mit Konflikten umzugehen: wenn ihnen z.B. auf freier Wildbahn ein Säbelzahntiger begegnete, hatten Sie nur die Wahl zwischen „kämpfen" (den Tiger erlegen) oder „flüchten" (weglaufen, so schnell man nur kann). Dummerweise ist dieses archaische Konfliktbewältigungsmuster als Ergebnis der Evolution auch heute noch in unserem Verhalten verankert. Das limbische System unseres Gehirns sorgt dafür, dass auch wir Gegenwartsmenschen in Konfliktfällen reflexartig zwischen „kämpfen" und „flüchten" wählen, auch wenn unsere „Gegner" heute nicht mehr Säbelzahntiger heißen, sondern einfach nur Lehrer, Eltern, Ehepartner, Freundin/Freund, Mitstudenten oder Professor.

Machen Sie sich Ihre archaischen Verhaltensmuster transparent, indem Sie **Beispiele von Konflikten** aufzeigen, **in denen Sie tendenziell eher „kämpfen" oder „flüchten"**. Ich wünsche Ihnen ein gutes Gelingen bei der Selbstreflexion Ihres persönlichen Konfliktverhaltens!

Impulsbaustein 7: „Was macht Sie eigentlich einzigartig?"

Dies ist nun unser letzter Impuls im Rahmen unserer siebenteiligen Bausteinreihe. Und da ein Schlusspunkt ja immer so etwas wie das absolute „highlight" sein sollte, habe ich mir natürlich das Schwierigste (aber vielleicht auch das Interessanteste) bis zum Schluss aufgehoben. Ich möchte Sie heute nämlich ganz einfach fragen: **„Was macht Sie eigentlich einzigartig"?**

Jeder Mensch auf dieser Welt ist einzigartig. Schon allein aufgrund seiner genetischen und biologischen Konstitution. Wir können Menschen aufgrund ihres „einzigartigen" Fingerabdrucks identifizieren, jeder Mensch zeichnet sich durch den „einzigartigen" Klang seiner Stimme aus usw. Aber diese eher genetisch-biologischen Determinanten meinen wir hier nicht, wenn wir von Einzigartigkeit sprechen. Einzigartigkeit in dem von uns verstandenen Sinn umschreibt eher eine (oder natürlich auch mehrere) besonders ausgeprägte Kernkompetenz(en) in Kombination mit ebenso besonders ausgeprägten Tugenden. Jeder von Ihnen, liebe Leserin und lieber Leser, hat eine solche Einzigartigkeit! Dabei müssen Sie den Begriff „einzigartig" vielleicht noch nicht einmal mögen. Falls dieser Begriff Ihnen zu prosaisch erscheint, sagen Sie halt (in Frageform formuliert): **„Was macht mich anders als andere"? „Was macht mich unterscheidbar von anderen"? „Was ist mein Alleinstellungsmerkmal"?** „Was macht mich (im positiven Sinn natürlich) zu einem „Typen" mit Ecken und Kanten"? „Was ist mein USP"? So würde man es wohl im Marketing nennen (wobei ich persönlich diese Wortwahl für unsere Zwecke etwas merkwürdig fände. Ein USP kann man hervorragend einer Klopapiermarke zuordnen, aber „USP" für einen Menschen???).

Wie auch immer Sie es nennen: es geht mir darum, dass Sie damit beginnen, sich die Kombination aus Ihren ganz spezifischen Stärken („Kernkompetenzen" als Gesamtaggregat solcher Stärken) mit Ihren ebenso spezifischen Tugendausprägungen transparent zu machen. Als Teil des heutigen Impulses geht es nun natürlich auch darum, für sich selbst zu diagnostizieren, wie stark ausgeprägt man über die einzelnen Kardinaltugenden verfügt.

Die Kenntnis bzw. die Transparenz über die eigene Einzigartigkeit ist die Grundlage für jenes „natürliche" Selbstbewusstsein, das für eine gute Führungskraft unverzichtbar sein sollte. Ein Selbstbewusstsein, das auf authentischer Einzigartigkeit fußt, wird von den anderen Menschen als (positive!) Autorität wahrgenommen. Es unterscheidet sich damit wohltuend von jenem zur Schau getragenen „Selbstbewusstsein" mancher Führungskräfte, die auf (negatives!) autoritäres Gehabe angewiesen sind und oftmals dadurch einfach nur arrogant wirken.

Erkennen Sie die Rückbezüge zu den vorhergehenden Impulsbausteinen und insbesondere zum „Eröffnungsimpulsbaustein 1“? Wir sehen: der Kreis schließt sich. Ich hoffe, Sie hatten viel Freude an der Entdeckung Ihrer eigenen Selbstführungskompetenz.

Teil 5

Methoden zur Fremddiagnose von Führungskompetenzen

Max und Moritz
im Assessment-Center

Assessment-Center machen heute
keinem Menschen wirklich Freude.
Drum zeigt der Beitrag unverdrossen
mit welchen oftmals dreisten Possen
so manch' Assessment-Center spielt,
wenn es bewusst und ganz gezielt
beim Kandidat, der still schon flucht,
„Persönlichkeitsprofile" sucht.

Damit man nicht noch mehr verzagt,
ist Transparenz jetzt angesagt:
Assessment-Center sind banal,
wenn man nur klar das Ritual,
das hinter dieser Sache steht,
genau erkennt und auch versteht.
Ach, lieber Leser sei gewiss,
mit „Wissenschaftlichkeit" nix is'
bei dieser „Super-Top-Methode",
sie ist nur heutzutag' halt Mode.

Wir lüften nun den Nebel-Schleier,
auf dass Bewerber dann viel freier
in ihr Assesssment-Center geh'n
und die Komödie gut besteh'n.

Einstimmung – Über die Kernbotschaft dieses Beitrags

Assessment-Center haben keinen guten Ruf! Das wird jedem Betrachter sofort deutlich, der den im heutigen Internet-Zeitalter gängigen Weg der Informationsbeschaffung einschlägt, wenn es darum geht, sich einen ersten Eindruck über etwas Neues zu verschaffen. Also: „Assessment-Center“ in die Google-Suchmaschine eingeben, 0,10 Sekunden warten und dann die ersten vier bis fünf von ungefähr 1,1 Millionen angezeigten Seiten ein bisschen durchklicken! Sie sehen, lieber Leser, es dauert nicht lange, bis Sie auf Einschätzungen etwa der folgenden Art stoßen: härtestes Personalauswahlverfahren der Welt, Horrortrip, schlimm, gefürchtet, tagelanger Stress mit fast unmenschlicher Konzentration etc., etc.

Da verwundert es nicht, dass sich seit vielen Jahren eine ganze Reihe von Büchern auf dem Markt etabliert hat, die den Kandidaten für ein Assessment-Center,wohl gemeinte Tipps und Strategien zum Bestehen dieses Auswahlverfahrens an die Hand geben wollen. Darüber hinaus gibt es mittlerweile zahllose Anbieter von so genannten „Assessment-Center-Trainings“, in denen Bewerber durch ein intensives Coaching so „fit“ gemacht werden sollen, dass sie ein Assessment-Center nicht mehr fürchten müssen.

Macht bei dieser Ausgangslage ein weiterer Beitrag zum Thema Assessment-Center Sinn? Nun, wir wollen nicht den 16. Milchladen in einer Einkaufsstraße mit bereits 15 bestehenden Milchläden aufmachen. Unser Beitrag ist anders! Zwar wollen auch wir dem potentiellen Kandidaten für ein Assessment-Center ein praktischer Ratgeber sein. Unser Rat fußt aber auf einer Basis, die wirklich an's Eingemachte geht: unter den Mitstreitern in der „AC-Szene“ (Coaching-Anbieter, freiberufliche Moderatoren, Personalberatungsagenturen und viele andere mehr) existiert bezüglich der angewandten AC-Methodik eine einschlägige, aber in der Öffentlichkeit weitgehend nicht publizierte Informationsbasis, die wir getrost als „Herrschaftswissen“ bezeichnen dürfen. Als Herrschaftswissen umschreibt man ja üblicherweise ein etwas nebulöses Geflecht von Wissen und Halbwissen, das man eben deshalb nicht so gerne preisgibt, um nicht den Nimbus des Geheimnisvollen zu verlieren. Hier aber setzt unser Beitrag an: wir wollen das Assessment-Center ein wenig „entzaubern“, indem wir zumindest ein gutes Stück von der Spitze des Eisbergs des Herrschaftswissens aufdecken wollen.

Zu diesem Zweck liegt unserem Beitrag eine zentrale Kernbotschaft zugrunde, die sich knapp gefasst in drei Sätzen unseren eigentlichen Ausführungen zum Thema voran stellen lässt. Wir wollen diese Sätze nun formulieren und aus dieser Kernbotschaft auch einige praktische Folgerungen für die Strukturierung unseres Beitrags ableiten. Denn unsere Kernbotschaft zieht sich natürlich wie ein roter Faden durch alles Weitere.

1. **Der oftmals postulierte Anspruch der hohen Wissenschaftlichkeit auf der Basis gesicherter Forschungsergebnisse muss der Assessment-Center-Methode klar und eindeutig abgesprochen werden!**

Ganze Heerscharen von AC-Befürwortern preisen diese Auswahlmethode deshalb so sehr, weil sie angeblich auf wissenschaftlich gesicherter Basis exakte Prognosen vom Verhalten eines Menschen in künftigen Arbeitssituationen erlauben würde. Wir werden uns mit der Haltbarkeit dieser Behauptung im Prolog (P 7) detaillierter auseinandersetzen. Nur soviel vorweg: diese so gern proklamierte Wissenschaftlichkeit der AC-Methode ist nach nunmehr fast 40 Jahren der gezielten Forschung auf diesem Gebiet absolut nicht mehr haltbar.

Praktische Schlussfolgerung für unseren Ratgeber: wenn es denn keine valide Prognose für zukünftiges Verhalten im Bereich der so genannten Sozialkompetenzen am Arbeitsplatz abgeleitet aus heutigen Momentbeobachtungen im Assessment-Center gibt, dann macht es auch keinen Sinn, ein bestimmtes und vermeintlich Erfolg versprechendes Verhalten für das Bestehen eines Assessment-Centers zu „trainieren". Folgerichtig verzichten wir in unserem Beitrag auf oftmals zu lesende, aber eben irrige Ratschläge wie etwa: „Trainieren Sie zu Hause vor dem Spiegel für Ihre freie Rede eine dynamische Gestik; eine kräftig-ausdrucksvolle Körpersprache wird im Assessment-Center positiv bewertet".

2. **Trotz erwiesener „Nicht-Wissenschaftlichkeit" der Assessment-Center-Methode umgeben sich die Betreiber dieses Auswahlverfahrens mit dem Nimbus der Wissenschaftlichkeit.**

Ein Assessment-Center hat für jenen, der es noch nicht selbst erlebt hat, etwas Geheimnisvolles, ja manchmal sogar etwas Furcht erregendes. Furcht erregen können aber nur solche Situationen, über die man nichts oder nur wenig weiß. So wie es eben mit wissenschaftlichen Zusammenhängen oftmals der Fall ist (Oder könnten Sie, verehrter Leser, wenn Sie denn nicht gerade Atomphysiker sind, locker aus dem Stand heraus die Heisenbergsche Unschärferelation für Otto-Normalverbraucher verständlich erklären? Der Autor dieses Beitrags könnte es mit Sicherheit nicht!) Ohne den Betreibern von Assessment-Centern eine Absicht zu unterstellen, muss man dennoch erkennen, dass sich im Laufe der Zeit in vielen Assessment-Center-Veranstaltungen aus dem Dunstkreis der vermeintlichen Wissenschaftlichkeit heraus geradezu „Rituale" gebildet haben, die oftmals sogar in regelrechte Schikanen ausarten können.

Praktische Schlussfolgerung für unseren Ratgeber: Rituale und Schikanen verschaffen den Betreibern von Assessment-Centern-Veranstaltungen einen Waffenvorsprung, den wir ganz im Sinne von potentiellen Kandidaten eines Assessment-Centers positiv ausgleichen wollen. Um die Aufdeckung der Rituale und Schikanen für die Betreiber von Assessment-Centern „sozial verträglich" zu gestalten, greifen wir in unserem Beitrag zu dem Mittel des Humors. Das ist auch der Grund, warum wir unseren Ratgeber in Anlehnung an Wilhelm Busch in sieben Streichen formuliert haben und die beiden Lausbuben Max und Moritz mitspielen lassen. Wilhelm Busch hätte in der zu seiner Zeit gebräuchlichen Sprache statt von Schikanen wohl eher von „Possen“ gesprochen. So altbacken dieser Begriff auf den ersten Blick klingt, er ist für unsere weiteren Überlegungen gar nicht so untauglich. „Posse“ deckt nämlich ein ganzes Spektrum von Ausprägungen einer Schikane ab. Wir haben dies in der folgenden Abbildung 1 einmal (wissenschaftlich!) skizziert, indem wir das Impressionskontinuum des Begriffs der Posse im konzeptionellen Zusammenhang zu schikanösen Praktiken im Assessment-Center dargestellt haben.

Die linguistische Betrachtung zum Begriff der „Posse“ ist für uns beileibe kein Selbstzweck. Wir leiten daraus nämlich ein „Messinstrument“ ab, mit dem wir jeweils operational ausdrücken wollen, welchen Intensitätsgrad einzelne Schikanen im Assessment-Center haben können. Wir haben dieses Messinstrument „das AC-Possenthermometer“ getauft. Wie Sie der Abbildung 2 entnehmen können, handelt es sich hierbei um eine achtstufige Skala, die ein Maßstab für die Intensität von Schikanen im Assessment-Center ist.

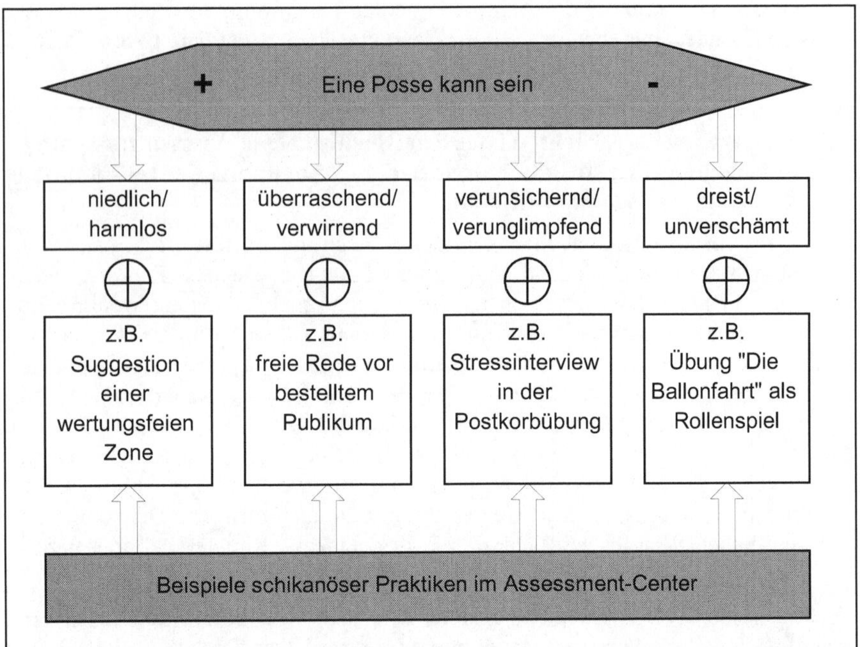

Abbildung 1 *Das Impressions-Kontinuum des Begriffs der „Posse“ im konzeptionellen Zusammenhang zu schikanösen Praktiken im Assessment-Center*

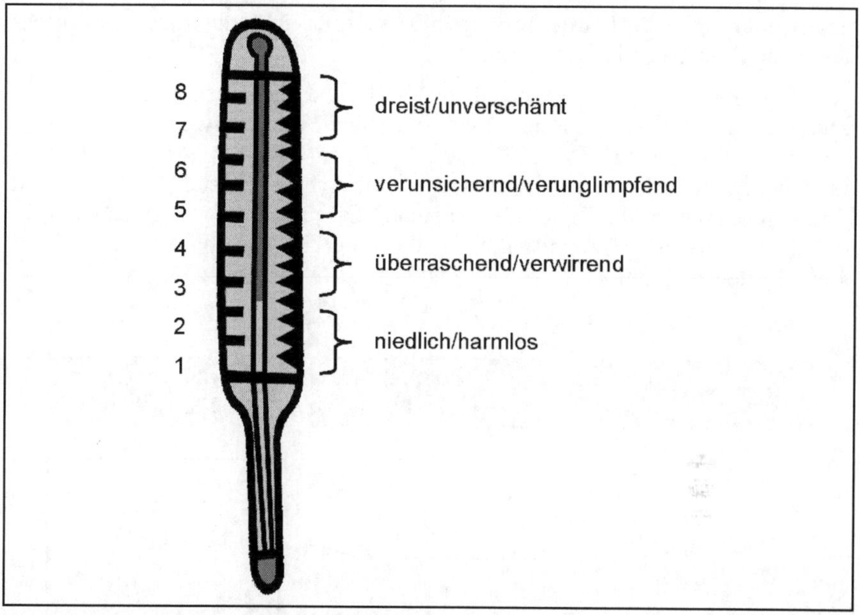

***Abbildung 2** Das achtstufige AC-Possenthermometer*

3. Die wesentlichen Messen, was AC-Inhalte, -Abläufe und Anforderungsprofile im AC angeht, sind gesungen!

Immer wieder wird geradezu gebetsmühlenhaft beteuert, dass ja jedes Assessment-Center ein Unikat sei. Abhängig von der jeweils ausgeschriebenen und zu besetzenden Stelle im Unternehmen würden immer ganz individuelle Anforderungsprofile erstellt und es würden aus diesen Anforderungsprofilen logischerweise auch ganz individuelle Asssessment-Center-Verfahren entwickelt. Wir wollen diesen Anspruch der Individualität gar nicht in Frage stellen; aber es haben sich eben doch z. B. bestimmte Grundtypen von Assessment-Center-Übungen herausgebildet, es gibt häufig sehr ähnliche Dramaturgiemuster für den Ablauf eines Assessment-Centers und schließlich ist auch der Kriterienkatalog von Merkmalen zur Beobachtung von Sozialkompetenzen weitgehend bekannt. Sicher, es gibt bei jedem einzelnen Assessment-Center individuelle Verschiebungen in den Gewichten einzelner Übungen, Abläufe und Kriterien. Aber dennoch wird das Rad nicht jedes Mal neu erfunden.

Praktische Schlussfolgerung für unseren Ratgeber: Es geht darum, den wesentlichen Ablauf sowie die einschlägigen Anforderungsprofile des Assessment-Centers transparent zu machen. Dieses „Transparentmachen" scheint uns der klügere Weg zum Erfolg im Assessment-Center zu sein, als das „Antrainieren" bestimmter Verhaltensweisen. Wer die denkbaren Abläufe im Assessment-Center sowie die möglichen Überraschungen gut kennt, der ist nicht mehr darauf angewiesen, seine **authentische Persönlichkeit** für ein vermeintlich gewünschtes Beobachtungsergebnis zu verbiegen.

Aus den drei Hauptsätzen unserer Kernbotschaft können wir nun auch die wesentliche Strukturierung unseres Beitrags ableiten. Dazu verweisen wir Sie auf die folgende Abbildung 3. Sie sehen, dass wir dem eben postulierten „Transparentmachen" jeweils in den Kapiteln „So läuft's" bzw. „Darum geht's" großen Raum gewähren. In den jeweiligen Kapiteln „Oft passiert's" versuchen wir, ein bisschen von dem geheimnisvollen Schleier der Ritualhaftigkeit des Assessment-Centers zu lüften.

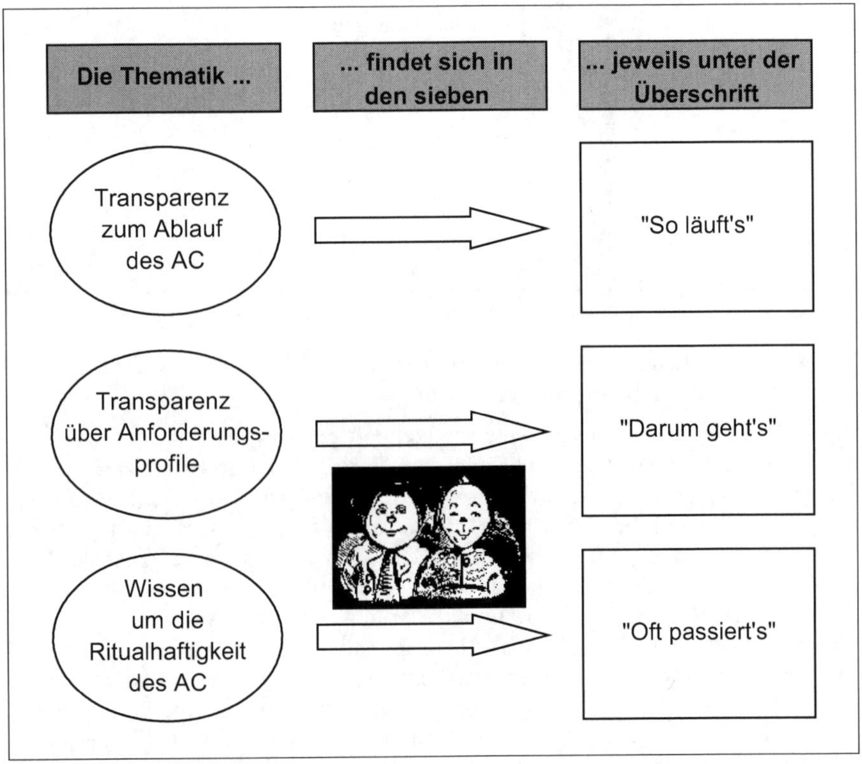

Abbildung 3 *Wegweiser durch die Konzeption der sieben Hauptteile dieses Beitrags*

In den Kapiteln „Oft passiert's" geben wir dem potentiellen Kandidaten für ein Assessment-Center jeweils unsere so genannten **„Rezepturen der authentischen Gelassenheit"** mit auf den Weg. Wie unsere Bezeichnung schon andeutet, handelt es sich hierbei um aus unserer Sicht plausible Handlungswege, die von dem alles leitenden Grundgedanken der Authentizität des Kandidaten ausgehen.

Eine kleine Besonderheit muss noch zu den jeweiligen Kapiteln „Darum geht's" angemerkt werden: Wir haben an diesen Stellen die in Assessment-Centern gebräuchlichen Anforderungsprofile in Form von Checklisten–Tableaus abgebildet. Wir denken, dass diese Checklisten-Tableaus für sich sprechen. Wir haben deshalb bewusst darauf verzichtet, den Leser noch lange mit umschreibenden Textpassagen von den eigentlichen Checklisten abzulenken. Bei der ersten im Beitrag vorkommenden Checkliste steht schlicht und ergreifend eine kleine Anweisung, wie damit zu verfahren ist.

Schließlich sei dem Autor dieses Beitrags noch ein persönliches Wort gestattet: Vielleicht mag der Leser beim Durcharbeiten unserer Ausführungen den Eindruck gewinnen, als würden wir einige kräftige Hiebe auf die Macher von Assessment-Centern austeilen. Nun, der Autor dieses Beitrags ist seit vielen Jahren auf beiden Seiten des „Schlachtfelds Assessment-Center" tätig: als Hochschullehrer widmet er sich der wissenschaftlichen Auseinandersetzung mit der Thematik des AC ebenso wie als externer Moderator von Assessment-Centern im Unternehmen eben auch der praktischen Anwendung dieser Methode. Insofern praktizieren wir in unserem Beitrag eine Form von Humor, die die eigene Person bewusst mit einbezieht, ganz im Sinne Herrmann Hesses, der einmal gesagt hat:

„Der eigentliche Humor beginnt,
wenn man sich selbst nicht mehr so ernst nimmt".

Prolog

Statt akademischer Grundlagen in epischer Breite: Die sieben W-Fragen zum schnellen Einstieg in das Assessment-Center

Akademische Hochschullehrer frönen immer dann, wenn sie mit der Darstellung einer neuen Thematik beginnen, einem geradezu heiligen professoralen Ritual: Am Anfang darf ein wissenschaftlicher Grundlagenteil in einer quälend langwierigen epischen Breite nicht fehlen. Für unsere Thematik „Assessment-Center" würde das bedeuten, dass wir zunächst eine Schlacht um die in der Managementliteratur bislang angehäuften Definitionen des Begriffs des „Assessment-Centers" führen müssten. Sodann dürfte ein historischer Rückblick auf mögliche Vorläufer dieses Potentialdiagnoseverfahrens bis hin in die neuere Steinzeit auf keinen Fall fehlen. Ein umfangreiches Spiegelbild der vielfältigen Lehrmeinungen über Vor- und Nachteile des Assesment-Center-Verfahrens würde einen solchen wissenschaftlich-akademischen Grundlagenteil hervorragend abrunden.

Der Nutzen einer solchen Darlegung ist für einen Bewerber, der eine Einladung zu einem Assessment-Center erhalten hat und dazu in etwa 14 Tagen antreten muss, wohl sehr gering. Deshalb haben wir uns getreu der Kernbotschaft unseres Beitrags natürlich dazu entschlossen, Ihnen, lieber Leser, einen schnellen praktikablen Einstieg in die Thematik des Assessment-Centers zu ermöglichen. Dazu möchten wir nun die folgenden sieben W-Fragen beantworten:

1 Was ist ein Assessment-Center?

Das Wort „Assesment-Center" stammt aus dem anglo-amerikanischen Sprachraum und bedeutet wörtlich übersetzt soviel wie „Beurteilungs- bzw. Einschätzungs-Zentrum". Diese deutsche Übersetzung ist ein wahres Begriffsungetüm, weshalb man zurecht das Wort „Assessment-Center" beibehalten hat; es geht halt viel leichter über die Lippen.

Ein Assesment-Center ist eine eintägige bzw. manchmal auch mehrtägige Seminarveranstaltung, die zum Zweck der Bewerberauswahl oder zur Auslotung von Potentialentwicklungsmaßnahmen von Führungskräften im Unternehmen dient. Durch diese Seminarveranstaltung sollen Stärken und Schwächen der so genannten sozialen Kompetenz von Bewerbern bzw. Führungskräften im Unternehmen analysiert werden.

Zu diesem Zweck findet in dem Seminar eine Reihe von Übungen statt, wobei das Verhalten der Bewerber bzw. Führungskräfte in diesen Übungen durch „Beobachter" registriert wird. Art und Inhalte dieser Übungen werden wir in diesem Beitrag später ganz konkret und genau beschreiben.

Wir wollen unsere Betrachtungen im Folgenden auf die Funktion des Assessment-Centers zur Bewerberauswahl konzentrieren. Wir tun dies aus Vereinfachungsgründen, um in der Benennung nicht dauernd umständlich von „Bewerbern" bzw. „Führungskräften" im Unternehmen in einem Potentialdiagnoseseminar" sprechen zu müssen. In der Sache laufen die Seminarveranstaltungen zu beiden Funktionen – also sowohl zur Bewerberauswahl als auch zur Auslotung von Potentialentwicklungswegen für Führungskräfte im Unternehmen – nahezu identisch ab, so dass unsere Vereinfachung durchaus gerechtfertigt erscheint.

2 Wer sind die Beteiligten in einem Assessment-Center?

Zu einer Assessment-Center-Veranstaltung werden immer mehrere Bewerber gleichzeitig eingeladen. In der Regel handelt es sich hier um einen Personenkreis von etwa sechs bis acht Bewerbern. Wenn Sie als Bewerber eine Einladung zu einem Assessment-Center erhalten, können Sie sich beglückwünschen. Sie haben damit bereits eine erste Hürde der Vorauswahl im Vorfeld des Assessmet-Centers genommen (siehe dazu auch die nachfolgende dritte W-Frage).

Quantitativ etwa gleichstark zur Zahl der Bewerber im Assessment-Center ist die Fraktion der Beobachter. Bei sechs bis acht Bewerbern müssen Sie also durchaus mit etwa ebenfalls sechs bis acht Beobachtern in der AC-Veranstaltung rechnen. Von ihren Funktionen ausgehend setzt sich die Beobachtercrew meist wie folgt zusammen:

- ein (meist externer) Moderator, der die eigentliche Durchführung der Seminarveranstaltung übernimmt
- ein bzw. mehrere Vertreter aus dem Personalbereich des Unternehmens (in der Regel aus der Leitungsebene des Personalwesens)
- der unmittelbare Vorgesetzte des zukünftigen Mitarbeiters, den man aus den Bewerbern gewinnen möchte
- häufig auch ein bzw. mehrere unmittelbare Kollegen des zukünftigen Mitarbeiters
- in gut geführten Assessment-Center-Veranstaltungen in aller Regel auch Vertreter aus der Geschäftsleitung bzw. dem Vorstand des Unternehmens
- je nach mitbestimmungsrechtlicher Situation ein Vertreter des Personal- bzw. Betriebsrats.

Wiederum in gut geführten AC-Veranstaltungen sind die Beobachter in einem speziellen Training durch den AC-Veranstalter (externer Moderator) auf ihre Beobachterfunktion vorbereitet worden. In diesem Vorbereitungstraining geht es hauptsächlich um die Frage, wie bestimmte Merkmale der zu beobachteten sozialen Kompetenz der Bewerber so operational wie möglich erfasst werden können.

3 Was passiert im Vorfeld eines Assessment-Centers?

In der Regel haben Sie den ersten Kontakt zu dem Unternehmen, bei dem Sie sich bewerben, durch einen mehr oder weniger konventionellen Bewerbungsvorgang ausgelöst: sei es als Reaktion auf eine Stellenausschreibung oder sei es in Form einer „Blindbewerbung". Der Einladung zu einem Assessment-Center geht im Unternehmen natürlich eine Sichtung aller eingegangenen Bewerbungen voraus. Im Ergebnis dieser Sichtung ergibt sich eine Selektion derjenigen Bewerber, die zur Seminarveranstaltung „Assessment-Center" eingeladen werden. Eigentlich alles ganz banale Vorgänge, die keiner besonderen Beschreibung bedürften. Wäre da eben nicht eine erste Verunsicherung bzw. Verwirrung, die aus dem Einladungsschreiben zu einem Assessment-Center resultieren kann. Nur in den seltensten Fällen wird das Wort „Assessment-Center" von den einladenden Unternehmen verwendet. Manche Unternehmen vermeiden den Begriff, um beim Bewerber nicht unwillkürlich jene negativen Assoziationen hervorzurufen, mit denen der Begriff des Assessment-Centers heutzutage häufig besetzt ist. Andere Unternehmen hingegen wollen ihre Bewerber ganz bewusst im Unklaren darüber lassen, um was für eine Art von Veranstaltung es sich tatsächlich handelt. Dies führt uns unmittelbar zu unserer nächsten W-Frage.

4 Welche Tarnungen werden für das Wort „Assessment-Center" verwendet?

Die Palette der Wortschöpfungen zur Umschreibung des Begriffs des Assessment-Centers ist mittlerweile sehr facettenreich. Bei folgenden Umschreibungen sollten Sie hellhörig werden:

- Personalentwicklungsseminar
- Führungspotentialbeurteilung
- Mitarbeiterpotentialanalyse (MPA)
- Qualifikationsseminar
- Trainingsseminar für akademische Nachwuchs-kräfte
- Mitarbeiterentwicklungsprogramm (MPE)
- Auswahltag
- Kennenlerntag

Die zuletzt genannte Umschreibung („Kennenlerntag") klingt dabei besonders harmlos, ja fast niedlich: das hört sich doch eher nach einem lockeren Zusammentreffen bei Kaffee und Kuchen an als nach einem harten Assessment-Center.

Aber wie gesagt, lassen Sie sich weder von dieser noch von allen anderen Umschreibungen täuschen.

5 Was sind Anforderungsprofile und welche Bedeutung haben sie im Assessment-Center?

Geradezu ein Schlüsselwort für jedes Assessment-Center ist der Begriff des Anforderungsprofils. Er geistert wie ein schicksalhaftes Damoklesschwert in den Köpfen der Bewerber (sofern sie jemals einen Ratgeber für Assessment-Center zur Hand genommen haben) herum. Ausgangspunkt für jenes ominöse Anforderungsprofil ist die Stellenbeschreibung der vom Untenehmen angebotenen Position. Diese Stellenbeschreibung beinhaltet im Optimalfall einen umfassenden Katalog von fachlichen und sozialen Kompetenzen, die ein bestgeeigneter Bewerber für diese Position mitbringen soll. Für die Entwicklung des Anforderungsprofils aus dieser Stellenbeschreibung heraus ist in der weiteren Abfolge lediglich der Bereich der sozialen Kompetenzen relevant. Wenn Sie zum Assessment-Center eingeladen sind, können Sie getrost davon ausgehen, dass man Ihnen aufgrund Ihrer Bewerbungsunterlagen (Lebenslauf, Zeugnisse etc.) die nötige Fachkompetenz bereits zuerkannt hat; sonst hätten Sie die Einladung zum Assessment-Center gewiss nicht erhalten.

Das Anforderungsprofil ist letztlich also nichts anderes als ein Spiegelbild der für die ausgeschriebene Position gewünschten sozialen Kompetenz. Dabei wird das Anforderungsprofil als ein „Soll-Profil“ verstanden, d. h., es handelt sich hier um jene Kriterien, die der Bewerber möglichst erfüllen „soll“. In den seltensten Fällen ist die optimale Erfüllung des Soll-Profils durch einen Bewerber gewährleistet. Das von ihm in den betreffenden Anforderungskriterien mitgebrachte „Ist-Profil“ wird zumin-dest punktuell vom optimalen Soll-Profil abweichen. Hier geht es im Assessment-Center darum, den Bewerber mit den geringstmöglichen Abweichungen zwischen gewünschtem Soll-Profil und angebotenem Ist-Profil zu finden.

Wir verzichten an dieser Stelle ganz bewusst darauf, Beispiele von Anforderungsprofilen zu zeigen. Unser Beitrag ist in den sieben Hauptteilen nämlich ganz wesentlich dadurch geprägt, dass jeweils unter der Teilüberschrift „Darum geht's“ eben jene Anforderungsprofile exakt ausgeleuchtet werden, um Ihnen als Bewerber größtmögliche Transparenz über solche Profile zu verschaffen.

6 Was kostet ein Assessment-Center?

Ein Assessment-Center ist für das ausrichtende Unternehmen wahrlich nicht billig! Die Kosten, die für ein Assessment-Center anfallen, betreffen insbesondere:

- Honorare der externen Moderatoren

- Kosten für Raummieten
- Übernachtungskosten für Bewerber
- Verpflegungskosten
- Reisekosten (auf deren Erstattung Sie als Bewerber einen Anspruch haben)
- Kosten für Materialien im Assessment-Center
- etc.

Es gibt eine Faustregel, wonach sich momentan (Stand Dezember 2012) die Kosten eines Assessment-Centers auf ca. 7.500,- € pro teilnehmendem Bewerber belaufen. Bei einem Assessment-Center mit sechs Bewerbern ist dann immerhin eine Summe von 45.000,- € fällig. Kritikern, die die Höhe dieses Betrages bemängeln, wird oft entgegengehalten, dass die Kosten bei der Auswahl eines „falschen" Mitarbeiters exorbitant höher seien und bis in die Hunderttausende von Euro reichen könnten (z. B. Kosten für Arbeitsgerichtsprozesse, Kosten für Abfindungen, Kosten für gerichtlich erstrittene Fortbeschäftigung etc.).

7 Wie aussagekräftig sind die Ergebnisse eines Assessment-Centers aus wissenschaftlicher Sicht?

Die Behauptung, mit einem Assessment-Center könne man wissenschaftlich exakt den gegenwärtigen Stand Ihrer sozialen Kompetenz diagnostizieren und künftige Entwicklungspotentiale derselben prognostizieren, können Sie getrost vergessen. Befürworter des Assessment-Centers verweisen in der Literatur immer wieder auf die hohe prognostische Validität (es werden Werte zwischen 0.40 und 0.75 genannt; dies sind Werte, die im sozialwissenschaftlichen Bereich als ungewöhnlich hoch gelten). Somit verwundert es nicht, dass das Assessment-Center häufig mit einer Aura der Wissenschaftlichkeit umgeben ist. Design und Einsatz von Assessment-Centern erfolgen angeblich unter „wissenschaftlichen Gesichtspunkten", Argumente wie überlegene Objektivität, Zuverlässigkeit und Validität berufen sich auf „zentrale Gütekriterien psychologisch-wissenschaftlicher Testkonstruktionen". An diesem Punkt setzen aber auch die von messtheoretisch beschlagenen Kritikern vorgetragenen überzeugendsten Gegenargumente an. Wenn die Befürworter von Assessment-Centern mit wissenschaftlich definierten Begriffen propagieren, wäre es also eigentlich notwendig, diesen Argumenten mit wissenschaftlicher Strenge auf den Grund zu gehen.

Wenn Sie sich die Kernbotschaft unseres Beitrags noch einmal verinnerlichen, ist es aber natürlich nicht unsere Aufgabe, uns detailliert und mit aller Kraft auf das Schlachtfeld der eben angerissenen wissenschaftlichen Diskussion zu begeben. Deshalb verweisen wir an dieser Stelle gerne auf einen wissenschaftlichen Autor, der besagte Schlacht schon einmal ausführlich und mit profunder Fachkenntnis geführt hat.

Bernd Vaassen hat in einer brillanten Fachpublikation[1] unter dem bezeichnenden Titel „Ist das Assessment-Center ein gutes Orakel?“ die angebliche Wissenschaftlichkeit von Assessment-Centern genauestens unter die Lupe genom-men und mehr oder weniger ad absurdum geführt.

Der beeindruckende Fachaufsatz von Vaassen sei nicht nur demjenigen Leser empfohlen, der gerne einmal in die Tiefen einer wissenschaftlichen Diskussion eintauchen möchte. Ganz besonders legen wir die Ausführungen Vaassens auch denen ans Herz, die vielleicht eines Tages einmal in der misslichen Lage sein werden, in einem Assessent-Center „verloren zu haben“.

Aufgrund der scheinbaren wissenschaftlich gesicherten Objektivität des Assessment-Center-Verfahrens erleben abgelehnte Kandidaten ihren Misserfolg im Assessment-Center häufig als tiefe, persönliche Niederlage. Unternehmensinterne Kandidaten erfahren sogar nicht selten einen deutlichen Ansehens- und Motivationsverlust. Ihre Karrierechancen im Unternehmen können binnen eines Tages auf null sinken. Deshalb ist es absolut wichtig zu wissen, **dass ein Assessment-Center-Befund keinerlei Objektivität hinsichtlich der „wahren Persönlichkeit“ eines Menschen beanspruchen kann**.

Was übrig bleibt, ist eine rein pragmatische Überlegung: Wenngleich also eine wissenschaftlich gesicherte Aussagefähigkeit des Assessment-Centers keinesfalls gegeben ist, so erfreut sich diese Methode dennoch in der Unternehmenslandschaft nach wie vor allergrößter Beliebtheit. Warum das so ist, wäre wiederum ein Feld für vielerlei wissenschaftliche Diskussionen. Auch hier widerstehen wir der Verlockung, in diese Diskussion einzutauchen. Eine Ahnung über mutmaßliche Gründe für die fortwährende Beliebtheit von Assessment-Centern in deutschen Unternehmen mag uns eine Aussage von Oswald Neuberger geben, aus der der Leser dann seine eigenen Schlüsse ziehen mag. Neuberger (ebenfalls ein provokanter und süffisanter Kritiker der Assessment-Center-Szene) sagt:

> *„Assessment-Center haben unter organisationskulturellen Perspektiven auffallende Ähnlichkeiten mit uralten Bewährungsproben und Mannbarkeititen, wie sie früher in Tournieren, Zweikämpfen, Mutproben der rituellen Zufügung von Wunden usw. arrangiert waren. Auch heute treten die Kandidaten gegeneinander unter den Augen der „alten Männer“ an, die mit wissendem Schweigen, geheimnisvollen Strichlisten, abgeschirmten Beratungen und orakelhaften Kommentaren den Nimbus archaischer Seherkunst in Anspruch nehmen.“*

Nun, wenn denn die Rollen so verteilt sind, wie es Neuberger so treffend dargestellt hat, dann ist es Zeit, das Waffenarsenal der Kandidatenseite aufzurüsten. Gehen wir es also an, und treten in die sieben Hauptteile unseres Beitrags ein.

---

[1] Bernd Vaassen: Kritik und Ausblick-Ist das AC ein gutes Orakel? in: JOB FIT – Erfolgreich bewerben, Band 4, Assessment Center Training, Monographie, 1993

Erster Streich

Ach, wer hätte je gedacht,
welch Müh' ein Kaffee macht,
den man zu des Morgens Stunde,
oft serviert kriegt in der Runde
derer, die 's AC gestalten,
und die gern sich unterhalten
noch vor'm Start in das AC.
(Wem's beliebt, der kriegt auch Tee,
Apfelsaft und Wasser auch,
so ist halt nun mal der Brauch.)

Müh' macht diese Prozedur,
weil man hier mit viel Bravour,
Small-Talk dauernd führen muss,
was schon kräftig zum Verdruss
beim Bewerber führen kann,
schließlich soll er hier ja dann,
eifrig über's Wetter quatschen
und nicht in den Fettnapf patschen,
wenn der Moderator fragt,
wie denn dies und das behagt.

Max und Moritz, diese beiden,
können Small Talk gar nicht leiden.
Als wär dies nicht schon genug,
sollen sie jetzt auch noch klug,
nach der ersten Viertelstunde
vor der ganzen Kaffeerunde

einen schlauen Vortrag halten
und dabei ihr „Selbst" entfalten.
„Selbstpräsentation" heißt dies,
Max und Moritz wird's schon mies.
Ach, du Schreck, oh je, oh Graus,
hoffentlich geht gut das aus!

Nun, hier geht's ja heiter los!
Wie geht das nur weiter bloß?
Doch es hilft ja alles nix,
drum bewältigen jetzt fix
Max und Moritz diesen Streich,
denn der zweite folgt sogleich.

Erster Steich

„Warming up“ und Selbstpräsentation

1.1 *So läuft's:* Vom Ankommen über lockeren Small-Talk bis zum ersten **eigenen** Auftritt

Wie hatte es doch gleich wieder in dem Einladungsschreiben, das Sie vor 14 Tagen erhalten hatten, geheißen? „Beginn der Assessment-Center-Veranstaltung: 9.00 Uhr“. Als gewissenhafter Mensch haben Sie Ihre Zeitplanung natürlich so gestaltet, dass Sie rechtzeitig vor 9.00 Uhr an der vom Veranstalter bezeichneten Örtlichkeit sind. Sie betreten das Unternehmensgebäude und am Eingang weist man Ihnen freundlich den Weg, damit Sie den Seminarraum, in welchem das Assessment-Center stattfindet, auch gut finden können. Auf den Gängen und Fluren nähern Sie sich diesem Seminarraum und halten unwillkürlich im Schritt inne, denn Sie stehen vor Ihrem ersten Entscheidungsproblem des Tages:

Es ist 8.45 Uhr, eigentlich hätten Sie also noch eine Viertelstunde Zeit, aber Sie befinden sich nur noch wenige Meter vor dem besagten Seminarraum. Nehmen wir an, dies sei der Punkt, den wir in unserer Abbildung 4 mit „Standort 1“ bezeichnet haben. Die Tür zum Seminarraum steht offen, und Sie hören aus dem Raum ein leicht gedämpftes Stimmengewirr herausschallen. Sie können daraus intuitiv schließen, dass sich bereits einige Personen (Sie schätzen deren Anzahl auf etwa fünf bis acht) in dem Raum befinden. So banal es erscheinen mag, so stellt sich nun dennoch das Entscheidungsproblem: Was tun? Wir bieten Ihnen als mögliche Lösungen folgende Optionen an:

1. An die offen stehende Tür des Seminarraums herantreten, kurz anklopfen und in den Raum eintreten.
2. Sich leise an die Tür heranpirschen und versuchen, einen Blick nach innen zu erhaschen, dann aber doch sicherheitshalber erst einmal in den weiteren Gängen und Fluren des Gebäudes verschwinden.
3. Zielsicher den Toilettenraum aufsuchen, der in unmittelbarer Nähe des Seminarraums schon zu erspähen ist.
4. Die verführerische Pausenzone ansteuern, die dem Seminarraum gegenübergelagert ist und die mit Bistrotischen, Kaffeeautomaten etc. geradezu zum Verweilen einlädt.
5. Einfach noch einmal aus dem Gebäude herausgehen, denn Sie wissen ja nun den Weg und können dann rechtzeitig Punkt 9.00 Uhr wieder in den Seminarraum zurückkehren.
6. An dem Punkt, den Sie nun erreicht haben, wie angewurzelt stehen bleiben und darauf warten, dass irgendjemand aus dem Seminarraum herauskommt und Sie hereinbittet.

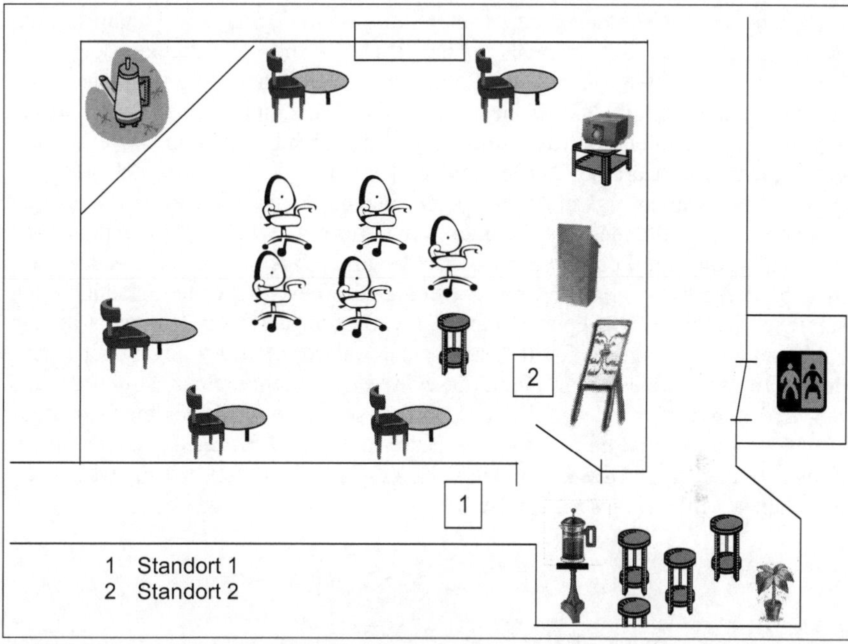

Abbildung 4 *Die typische Umgebungsarchitektur im Assessment-Center*

Vielleicht mag Ihnen die vorstehende Aufzählung wie eine Karikatur erscheinen, denn natürlich ist völlig klar, dass ausschließlich die Möglichkeit Nr. 1 das einzig Richtige in dieser Situation ist. Wenn der Autor Ihnen dennoch einige andere Möglichkeiten (und seien sie auch noch so skurril) aufgezählt hat, dann deshalb, weil er in seinen fast 1.000 Assessment-Center-Veranstaltungen, die er bis zum Erscheinen dieses Beitrags schon durchgeführt hat, die wahrhaft unmöglichsten Verhaltensweisen in dieser Ankommensphase des AC gesehen hat.

Lassen Sie uns diese Ankommensphase noch für eine kurze Weile betrachten. Vergewissern Sie sich, dass für Sie das AC in diesem Moment (in unserem Beispiel also um 8.45 Uhr) richtig beginnt. Streichen Sie unbedingt aus Ihrem Kopf die Suggestion, es ginge erst um 9.00 Uhr „richtig" los und die noch verbleibende Viertelstunde bis dahin sei lediglich ein unangenehmes Warten und Vorgeplänkel.

Sie treten nun also auf natürliche Art (d.h. keineswegs kräftig nassforsch aber auch nicht trippelnd-ängstlich) an die Tür heran, klopfen an und sprechen ... den ersten Satz in Ihrem Assessment-Center! Dies kann etwa eine kurze Grußformel sowie die höflich-freundliche Frage sein, ob Sie hier im richtigen Raum für die geplante AC-Veranstaltung sind. Selbstverständlich wird jemand aus dem Kreis der Moderatoren und Beobachter, die sich in diesem Raum befinden, auf Ihre Frage reagieren und Sie freundlich bitten, hereinzukommen. In unserer Abbildung 4 haben Sie nun den Punkt erreicht, den wir als „Standort 2“ markiert haben. Nun können Sie erstmals einen Blick in die Räumlichkeit der AC-Veranstaltung werfen. Eine solche Räumlichkeit hat in aller Regel eine ganz bestimmte „Architektur“. Sie sehen in der Mitte des Raumes einen Kreis aus ca. acht bis zehn Stühlen. Vor den Stühlen befinden sich bereits fein säuberlich angefertigte Namenskärtchen der teilnehmenden Kandidaten, Tische stehen in diesem Stuhlkreis allerdings nicht. Hingegen finden Sie eine Vielzahl von kleineren Tischen an den Wänden des Seminarraums verteilt. Wie Sie später bemerken werden, ist dies die Position der Beobachter im AC. An der Stirnseite des Raumes bemerken Sie allerlei Utensilien, die auf bevorstehende Präsentationen schließen lassen: z. B. Flipchartständer, Overheadprojektoren, Whiteboards, ein Rednerpult, Rollwagen mit Moderationsmaterial etc. Auf der gegenüberliegenden Seite des Raumes sehen Sie in dieser Anfangssituation einen Tisch mit Kaffee- und Teekannen, allerlei Tassen, Untertassen, Löffel, Milchkännchen, Zukkerwürfel und schließlich eine ganze Batterie der so genannten „Konferenzgetränke“ (das sind diese unheimlich ergiebigen 0,000-Irgendetwas-Liter-Fläschchen Mineralwasser, Apfelsaft etc.).

Nachdem Sie nun also in den Seminarraum eingetreten sind, wird Ihnen einer der Moderatoren/Beobachter sicherlich einen Kaffee oder ein anderweitiges Getränk anbieten (s. dazu Kapitel 1.3, da haben wir das ausführlich beschrieben). Und man wird Sie dann mit inhaltlich so hoch interessanten Fragen traktieren wie etwa:

- Sind Sie direkt heute Morgen angereist oder sind Sie schon gestern Abend hierher gefahren?

- Wie ist denn das Wetter heute bei Ihnen zu Hause in Hamburg/Berlin/Dresden/München/Niederviehbach gewesen?
- Wenn Sie aus Niederviehbach kommen, dann sind Sie doch bestimmt über die A 9 gefahren, wie weit ist eigentlich die Großbaustelle bei Fröttmanning gediehen?
- Ach so, Sie sind nicht mit dem eigenen PKW hier, wie ist denn so die Zugverbindung nach Niederviehbach?

Keinen Menschen interessiert in diesem Moment die Großbaustelle in Fröttmanning und schon gar nicht die Zugverbindung nach Niederviehbach. Es ist, wie Sie sicher längst bemerkt haben, einzig und allein ein bisschen „Small Talk“, das hier gemacht wird. Dieser Small Talk beschränkt sich natürlich nicht nur auf einen Dialog zwischen Ihnen und einem der Beobachter; mittlerweile treffen ja auch die anderen Kandidaten ein, denen es nicht anders ergeht als Ihnen. Und so wird aus dem ursprünglichen Dialog sehr rasch eine ganze Runde von Small Talkern.

Irgendwann ist schließlich die verbleibende Viertelstunde bis 9.00 Uhr vorbei und der Moderator verkündet nun den offiziellen Beginn des Assessment-Centers und bittet die Beteiligten Platz zu nehmen. Der Moderator spricht einige offizielle begrüßende Worte an die versammelten Kandidaten und stellt anschließend einen groben Tagesplan vor (siehe dazu das Beispiel in der Abbildung 5).

Fahrplan durch
das Assessment-Center

09. 00 – 09. 30 :	Begrüßung, Präsentation des Unternehmens und Vorstellung der Moderatoren und Beobachter
09. 30 – 10. 30 :	Vorstellungsrunde der Kandidaten
10. 30 – 11. 30 :	Gruppendiskussion/Rollenspiel
11. 30 – 13. 00 :	Freie Rede
13. 00 – 14. 00 :	Mittagspause
14. 00 – 14. 30 :	Konzentrations-Leitungs-Test
14. 30 – 16. 30 :	Postkorb-Übung: • Einzelbearbeitungen • Auswertungsinterview
16. 30 – 17. 00 :	Selbst- und Fremdeinschätzung/Soziogrammabfragen
17. 00 – 17. 30 :	Abschlussblitzlicht/Feedback
17. 30 – 19. 00 :	Einzelgespräche mit den Kandidaten

***Abbildung 5** Beispiel für einen Ablauf einer eintägigen AC-Veranstaltung*

Anschließend ergreift in aller Regel ein Vertreter der Geschäftsleitung des Unternehmens das Wort. Er begrüßt seinerseits noch einmal die Beteiligten und skizziert in kurzen Worten sein Unternehmen sowie die markanten Eckpunkte der ausgeschriebenen und zu besetzenden Position. Eine Vorstellung der im Raum versammelten Beobachter schließt sich an.

Und nun kommt es zu Ihrer ersten eigentlichen Aufgabe im Assessment-Center: Die eigene Vorstellung bzw. die so genannte Selbstpräsentation.

Obwohl die Beobachter Ihren Lebenslauf aus Ihrem Bewerbungsschreiben natürlich längst kennen, gibt es kein einziges Assessment-Center, das nicht mit einer Vorstellungsrunde beginnt. Dabei kann die Präsentation der eigenen Person in vier verschiedenen Formen erfolgen, die wir in der Abbildung 6 zusammengefasst dargestellt haben.

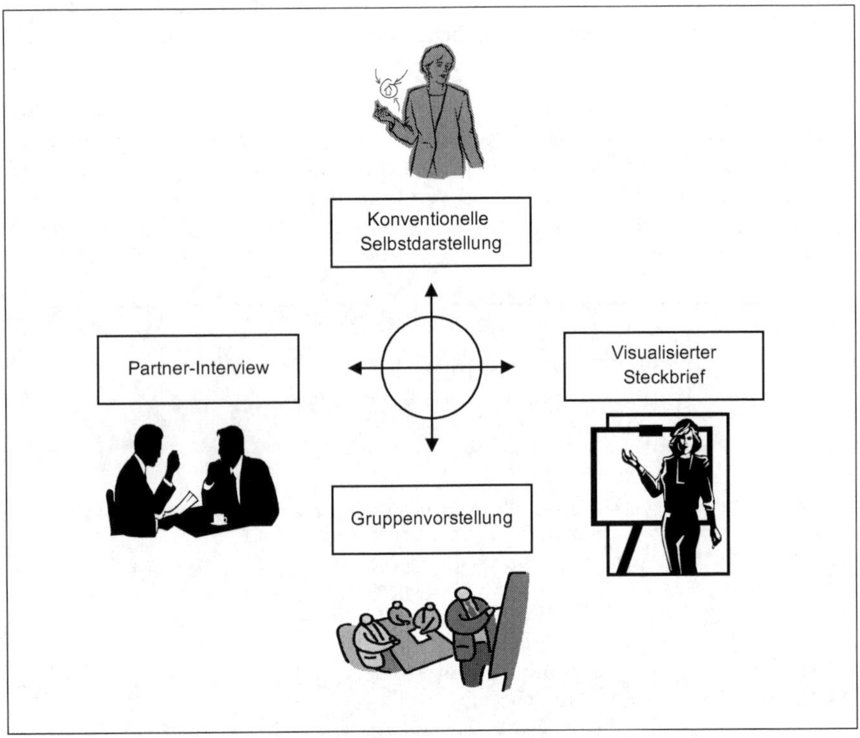

Abbildung 6 *Grundformen des Selbstpräsentation*

Bei der **konventionellen Selbstvorstellung** wird der Kandidat gebeten aufzustehen, vor die Runde zu treten und sich in einem Zeitraum von etwa zwei bis drei Minuten vorzustellen. Häufig bittet der Moderator den Kandidaten darum, neben der Skizzierung der wichtigsten bisherigen Lebensstationen auch etwas über die Erwartungen an die ausgeschriebene Position bzw. etwas über die Erwartungen an das Assessment-Center zu sagen.

Beim **Partnerinterview** wird der Kreis der Kandidaten zunächst in Zweiergruppen eingeteilt. Die jeweiligen Zweierteams bekommen eine separate Vorbereitungszeit von 30 Minuten, die sie wie folgt verwenden sollen: Die ersten zehn Minuten interviewt der Kandidat A den Kandidaten B, in den folgenden zehn Minuten befragt umgekehrt der Kandidat B den Kandidaten A und in den letzten zehn Minuten schließlich bereiten sich beide Kandidaten gedanklich darauf vor, ihr jeweiliges Gegenüber in der anschließenden Plenumsrunde vorzustellen. Das jeweilige Interview richtet sich natürlich wieder hauptsächlich auf die markanten Lebensstationen der Kandidaten sowie auf die Erwartungen an das Unternehmen bzw. an die ausgeschriebene Position. Darüber hinaus geht es aber auch darum, in der Befragung etwas über die Persönlichkeit des Interviewpartners zu erfahren (z. B. in Form von Hobbys, bestimmten persönlichen Eigenheiten, Anekdoten aus dem Leben des Befragten usw.).

Bei dem **visualisierten Steckbrief** bekommt jeder Kandidat zunächst eine individuelle Vorbereitungszeit von 15 Minuten (manchmal auch etwas länger, bis zu 30 Minuten). In dieser Zeit soll er auf einem Flipchartbogen etwas visualisieren, das sein Leben zutreffend abbildet. Dieser Visualisierung sind dabei zunächst keine Grenzen gesetzt; so können auf dem Flipchart einige wichtige Headlines ebenso stehen wie Zeitstrahlen bzw. Diagramme zur Veranschaulichung des bisherigen Lebenslaufes. Es kann aber auch ein „Selbstbildnis“ im wahrsten Sinne dieses Wortes „gemalt“ werden, indem z. B. mit gezeichneten Symbolen oder tatsächlich gemalten Bildern gearbeitet wird. Nach Ablauf dieser individuellen Vorbereitungszeit soll der Kandidat dann seinen Steckbrief/sein Selbstbildnis vor dem Plenum in einem kurzen mündlichen Vortrag präsentieren.

Bei der **Gruppenvorstellung** wird der Kandidatenkreis zunächst in Gruppen zu jeweils vier Personen aufgeteilt. Diese Vierergruppen sollen in einer vorbereitenden Diskussion ein Diagramm erstellen, das das Charakteristische der beteiligten Personen festhält, auf der anderen Seite aber auch Gemeinsamkeiten der Gruppe ausweist. Ein Beispiel für ein solches Diagramm, das in Folge einer Gruppenvorstellung entstehen könnte, zeigt die Abbildung 7.

Die Selbstpräsentation bildet den Abschluss der Eröffnungsphase des Assessment-Centers. Die Kandidaten werden gebeten, den Raum gemeinsam für etwa zehn Minuten zu verlassen, der Moderator und die Beobachter bleiben im Seminarraum zurück und nutzen die zehnminütige Pause zu einer ersten kleinen Beratung, in welcher sie ihre Eindrücke aus dem bisherigen Verlauf des Assessment-Centers austauschen.

Kreszenzia Zamperlhuber

- 24 Jahre
- Studium zum Bachelor of Bavarian Lifestyle an der König-Ludwig-Privat-Universität, Neuschwanstein
- Hobby: Jodeln
- Familie: „I mechat a Siemanndl."*
- Motto: „Breißn dratzn is sakrisch schee."**

Mark Zocker

- 25 Jahre
- Studium zum Master of Moneymaker an der Wall-Street-University, New York
- Hobby: Geld scheffeln!
- Familie: verheiratet mit der Enkelin von Gräfin Argenta zu Kohle und Reibach
- Motto: „Geld regiert die Welt!"

Wir alle haben gemeinsam:

- den unbedingten Willen, den ausgeschriebenen Job zu bekommen
- ein Faible für skurrile Typen
- die feste Absicht, heute Abend gemeinsam essen zu gehen (egal, wie das AC ausgeht)
- den Eindruck, dass unser Flip- Chart gut gelungen ist

Lisa Graumaus

- 25 Jahre
- Studium zur Dipl.-Archiv-Entstauberin an der Beamtenhochschule Neanderthal
- Hobby: Inventarnummern-verzeichnisse anlegen
- Familie: verlobt mit dem Archivhauptsekretär Ehrenfried Ärmelschoner
- Motto: „Bloß nicht auffallen!"

Bartholomäus Prediger

- 28 Jahre
- Studium zum Magister der angewandten Papstkunde an der Joseph-Ratzinger-Akademie, Marktl am Inn
- Hobby: Exegese mittelhochdeutscher Bibeltexte
- Familie: Oh nein! Bedenkt den Zölibat!
- Motto: „Vertrau nur auf Gott unsern Herrn, der wird uns schon alle ernähr'n!"

* Bayrisch „I mechat a Siemanndl." heißt auf deutsch: „Ich möchte ein *Siemanndl.*" Ein *Siemanndl* nennt man im Bayerischen einen Mann, der tut, was *sie* (nämlich seine Frau) sagt.

** Bayerisch „Breißn dratzen is sakrisch schee." heißt auf deutsch: „Preussen foppen ist wahnsinnig schön."

Abbildung 7 *Beispiel für einen gemeinsam erstellten Flipchart im „Gruppeninterview"*

1.2 ***Darum geht's:*** Kontakt-, (rudimentäre) Kommunikations- und Präsentationsfähigkeiten

In unserem Kapitel „Zur Einstimmung" hatten wir es ja bereits gesagt: Immer, wenn es um das Anforderungsprofil geht, wollen wir Sie nicht mit langen Textpassagen aufhalten, sondern Ihnen die relevanten Anforderungskriterien direkt in einem Tableau präsentieren, in welchem Sie auf jeweils der rechten Seite eine Selbsteinschätzung Ihres Ist-Profils vornehmen können.

Anforderungskriterien (Soll-Profil)	Selbstdiagnose zum Soll-Profil				
	Trifft überhaupt nicht zu		⇔		Trifft voll und ganz zu
KONTAKTFÄHIGKEIT					
Der Teilnehmer kann aktiv und ungezwungen auf andere Menschen zugehen, Kollegen, aber auch „hierarchisch höher gestellte" Menschen sympathisch-wirkungsvoll ansprechen und gewinnt Menschen für sich durch authentische Freundlichkeit.	☐	☐	☐	☐	☐
Der Teilnehmer wird von anderen Mitgliedern der Gruppe angesprochen, positiv beachtet und trifft auf Resonanz.	☐	☐	☐	☐	☐
Der Teilnehmer gewinnt durch Worte, Stimme, Mimik und Gestik das Vertrauen anderer und strahlt Kollegialität und Umgänglichkeit aus.	☐	☐	☐	☐	☐
RUDIMENTÄRE KOMMUNIKATIONSFÄHIEIT („SMALL TALK")					
Der Teilnehmer kann auch zu nicht fachlichen Themen (z.B. Alltagsthemen wie Wetter, Reisen etc.) ein Gespräch beginnen bzw. ein begonnenes Gespräch zu solchen Themen fortführen und weiterentwickeln.	☐	☐	☐	☐	☐
Der Teilnehmer zeigt bei Gesprächen zu nicht-fachlichen Themen jene „entspannte Lockerheit", die für so genannte Small-Talk-Gespräche kennzeichnend ist.	☐	☐	☐	☐	☐
Der Teilnehmer signalisiert durch sein non-verbales Verhalten (Körpersprache) ein authentisches Interesse an so genannten Small-Talk-Gesprächen, auch wenn die dabei besprochenen Themen vermeintlich unwichtig sind.	☐	☐	☐	☐	☐
PRÄSENTATIONSFÄHIGKEIT					
Der Teilnehmer überzeugt durch gutes rhetorisches Ausdrucksvermögen (s. dazu im Einzelnen auch das Anforderungsprofil im vierten Streich)	☐	☐	☐	☐	☐
Der Teilnehmer beherrscht die gängigen Techniken der Visualisierung im Vortrag und setzt diese Techniken angemessen ein	☐	☐	☐	☐	☐
Der Teilnehmer benutzt sowohl in seiner sprachlichen als auch in seiner visuellen Präsentation Bilder, die von Kreativität und Originalität zeugen	☐	☐	☐	☐	☐

1.3 *Oft passiert's:* Vom Kaffeetrinken über auffallende Nettigkeiten bis zum getarnten Spitzel

Im berlinerischen Sprachjargon gibt es den Ausspruch „Erst fang wa janz langsam an, aber dann, aber dann, ... ". Dieser Ausspruch könnte fast Pate gestanden haben bei dem ersten kleinen Ritual, das zu Beginn eines Assessment-Centers auf Sie zukommen könnte. Sie erinnern sich: Moderator und Beobachter verwickeln Sie beim Ankommen in erste kleine Small-Talk-Gespräche. Dies ist die Stelle, wo man Ihnen fast unweigerlich einen Kaffee bzw. Tee etc. anbieten wird mit der munteren Bemerkung, dass man doch noch Zeit für ein Tässchen habe, dass das eigentliche Assessment-Center ja erst um 9. 00 Uhr beginne. Falls Sie die Einladung zum Kaffee etc. annehmen, wird Ihnen einer der Beobachter hilfsbeflissen eine Kaffee-Gerätschaft packen, die es in sich hat: Tasse voll Kaffee, Untertasse, Löffel auf Untertasse, dazu Zuckerwürfel und verschlossene Minimilchportionen und schließlich als absolute Krönung ein Mikro-Keks (selbstverständlich in Folie eingeschweißt) auf der Untertasse. Versuchen Sie einmal, diese Gerätschaft freihändig zu übernehmen und damit im Stehen zu hantieren, ohne dass Ihnen etwas zu Boden geht. Hand aufs Herz: in dieser Situation – kurz vor dem „eigentlichen" Beginn des Assessment-Centers – sind Sie ohnehin ein wenig nervös und angespannt in Erwartung der Dinge, die auf Sie zukommen werden. Und unweigerlich wird sich diese Nervosität auf Ihr Hantieren mit der Kaffeetasse übertragen. Zwar ist es im Vergleich zu den Dingen, die noch kommen werden, marginal: dennoch entsteht somit eine erste kleine Stresssituation.

Begegnen Sie schon dieser ersten kleinen Stresssituation mit der Rezeptur der authentischen Gelassenheit. Machen Sie Ihre Befindlichkeit kurz zum Gesprächsgegenstand (in der Fachsprache der Kommunikationspsychologie würde man hier von Metakommunikation sprechen). Sagen Sie beispielsweise: „Oh je, da fehlt mir doch glatt die dritte Hand, um das alles zu managen. Ich bin sowieso ein bisschen aufgeregt, ich glaube, ich stelle den Kaffee lieber auf dem Tisch ab, bevor ich was verschütte." Authentisch sein heißt also in diesem Moment, dass Sie Ihre eigentliche Situation nicht verstecken oder totschweigen. Mit dem Mittel der Metakommunikation gelingt es Ihnen, die Situation zu entkrampfen. Ihre entwaffnende Offenheit wird von den meisten Beobachtern als überaus menschlich-sympathisch wahrgenommen.

AC-Possenthermometer

Wie oben schon auf berlinerisch gesagt, es fängt ganz langsam an. Deshalb lautet die Bewertung auf unserem achtstufigen AC-Possenthermometer: Stufe 2 (gerade noch niedlich-harmlos).

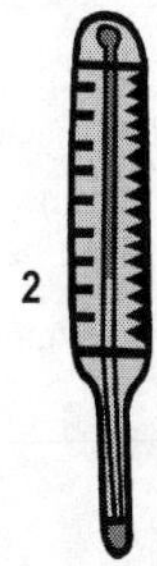

Kaffeetrinken in der Ankommensphase

In gut geführten Assessment-Centern bemühen sich Moderatoren und Beobachter ganz bewusst darum, in der Anfangsphase auffallend nett und freundlich zu Ihnen zu sein. Man will damit dazu beitragen, den ohnehin vorhandenen Stress für die Teilnehmer nicht schon zu Beginn noch weiter zu erhöhen. Konkret äußern sich diese Nettigkeiten etwa in Aussagen wie.

- „Wir haben noch gut Zeit, es fängt ja erst um 9.00 Uhr richtig an.“
- „Nehmen Sie ruhig noch einen Kaffee, wenn Sie möchten. Wir warten ja sowieso noch ein Weilchen auf die anderen.“
- „Lassen Sie uns unseren Tag mit etwas Schönem und Gefahrenlosen beginnen: Wir wollen uns einfach erstmal miteinander bekanntmachen.“
- „Wunderschön, wie alle Ihre persönlichen Steckbriefe hier so hängen. Welch ein Reichtum an Persönlichkeit doch in diesem Raum versammelt ist.“

Wie gesagt: Es ist gut gemeint. Man möchte die Situation entkrampfen. Dennoch entsteht eine gefährliche Suggestion. Es wird nämlich unterschwellig vermittelt, es sei noch gar nicht so richtig losgegangen. In die Falle dieser Suggestion dürfen Sie aber keinesfalls hineintappen. Das Assessment-Center beginnt für Sie in dem Moment, wo Sie zur Tür hereinkommen. Und wenn man Ihnen zigmal suggeriert, es sei alles noch beim Vorgeplänkel: das AC hat längst angefangen!

AC-Possenthermometer

Da das eben skizzierte Verhalten von den meisten AC-Ausrichtern gut gemeint ist, aber ungewollt doch zu einer leichten Verwirrung führen kann, bewerten wir diese Angelegenheit auf unserem AC-Possenthermometer mit der Stufe 3 (leicht verwirrend-verunsichernd).

Nettigkeiten am Anfang

Nach Abschluss der Selbstpräsentationen bittet der Moderator die Teilnehmer, den Raum kurzzeitig zu verlassen, damit die Beobachter zu einer ersten kurzen internen Beratung zusammenkommen können. Alle Alarmglocken sollten bei Ihnen schrillen, wenn ein einzelner Beobachter – statt mit seinen Kollegen im Raum zur Beratung zu verbleiben – Sie in die Pausenzone im Vorraum begleitet und mit Ihnen ein betont jovial-kumpelhaftes Gespräch beginnt, etwa in der Art:

- „Super, Herr Zocker, wie Sie die Selbstpräsentation gemacht haben, echt allererste Sahne. Da merkt man halt gleich, wer aus gutem Stall kommt. Aber mal unter uns, was diese Lisa Graumaus da abgeliefert hat, war doch wirklich unter aller Kanone, oder?“
- „Na Frau Zamperlhuber, Sie schmunzeln so vielsagend, Sie denken sich wohl auch Ihren Teil über unseren Moderator. Ist ja auch wirklich 'ne schrullige Type, aber was soll's, man muss ihn halt nehmen, wie er ist.“

Natürlich lassen Sie sich von solchen unterschwelligen Verbrüderungsangeboten nicht locken, wie der Beobachter wohl insgeheim hoffen mag. Deshalb fangen Sie also natürlich nicht an, über Frau Graumaus herzuziehen oder in den Spott über den Moderator einzusteigen. Was hier geschieht, muss man wohl klipp und klar als „getarnte Spitzelei“ bezeichnen. Der Beobachter versucht, zu sehen, wie Sie wohl reagieren, wenn Sie sich in einer vermeintlich „bewertungsfreien und gefahrlosen Zone“ bewegen. Manche Unternehmen gehen sogar soweit, dass sie als getarnte Spitzel einen Mitarbeiter des Hauses in die AC-Teilnehmerrunde einschleusen. Das ist dann natürlich noch gefährlicher, denn dieses „trojanische Pferd“ begleitet Sie in allen kleineren Pausen, beim Mittagessen, bei zweitägigen Assessment-Center-Veranstaltungen unter Umständen sogar in der abendlichen Freizeit.

Die Rezeptur der authentischen Gelassenheit verlangt an dieser Stelle, dass Sie Ihrem sicheren Gespür folgen. Denn Sie ahnen natürlich, dass hier etwas faul ist. Halten Sie also eine kritisch-sympathische Distanz zu jovial-kumpelhaften Einladungen zum Ratschen. „Kritisch-sympathisch“ bedeutet dabei, nicht das ganze

Gespräch abzublocken, sondern eher dem Leitsatz des Göttinger Philosophen Georg Christoph Lichtenberg aus dem 19. Jahrhundert zu folgen, der gesagt hat: „Zweifel darf nicht mehr sein als Wachsamkeit. Sonst wird er gefährlich." Nicht alles, was ein Beobachter bei einer Zigarette im Pausengespräch sagt, muss hinterhältig sein. Aber wie gesagt: eine gewisse Wachsamkeit ist von Vorteil.

Getarnte Spitzel an die Teilnehmer von Assessment-Centern heranzuführen, ist schon starker Tobak. Deswegen erhält diese Posse auf unserem 8-stufigen AC-Possenthermometer die Note 7 (dreist-unverschämt).

AC-Possenthermometer

Getarnte Spitzelei

Zweiter Streich

Also lautet ein Beschluss:
dass man diskutieren muss!
Willst Du Führungskraft einst sein,
bleibt erspart Dir nicht die Pein,
früh zu üben, wie es geht,
dass als Chef Du stets beredt
mit den Leuten führst Disput
und dabei bewahrst ruhig Blut.

Max und Moritz denken nun:
Was ist hier wohl jetzt zu tun?
Doch noch eh'sie sich verseh'n,
überrollt sie das Gescheh'n.
Vorgegeben werden Themen
meist zu Politik-Problemen,
die man diskutieren soll,
inhaltsschwer und anspruchsvoll.
Meinung äußern, trefflich streiten,
das Gespräch, wenn nötig, leiten,
zuhör'n und auch einmal schweigen,
Engagement, Gefühle zeigen,
Widerstände gut parieren,
bei Konflikten austarieren:
all das ist jetzt angesagt
und als Kompetenz gefragt.

Diskussionen stört es sehr,
wenn gezielt von nebenher

auch noch Zwietracht wird gesät
und der Moderator kräht:
„Woll'n Sie das AC besteh'n,
müssen Sie sich schneller dreh'n.
Los, Sie Penner, in den Kampf,
machen Sie mal richtig Dampf,
dass die Diskussion kriegt Schwung
und auch mehr Begeisterung!"

Max und Moritz spür'n zu zweit
des Assessment-Centers Leid.
Doch es hilft ja alles nix,
drum bewältigen jetzt fix
Max und Moritz diesen Streich,
denn der dritte folgt sogleich.

Zweiter Streich Gruppendiskussion

2.1 *So läuft's:* Von lockeren Gesprächsrunden bis zu straff geführter Projektarbeit

Eine in der Assessment-Center-Szene heiß geliebte Übung, die auch mit vielen Mühen über lange Jahre hinweg bislang nicht tot zu kriegen war, ist die Durchführung so genannter Gruppendiskussionen. Über die Sinnhaftigkeit von Gruppendiskussionen im Assessment-Center streiten die Auguren schon lange. Wenn es stimmt, dass ein Assessment-Center im Wesentlichen das Anforderungsprofil einer qualifizierten Führungstätigkeit in deutschen Unternehmen abbilden soll, dann scheint der Einwand schon gerechtfertigt, dass das Führungsgeschehen im deutschen Unternehmensalltag nur wenig mit „basisdemokratischen Endlosdiskussionen" zu tun hat.

Der Eindruck einer endlos währenden und zudem auch noch quälend langweiligen Talkrunde wird Sie aber als Kandidat im Assessment-Center unweigerlich beschleichen, wenn der Moderator Sie und Ihre Mitstreiter im AC mit der ungemein präzisen Arbeitsanweisung konfrontiert, man möge doch nun einmal eine halbe bis dreiviertel Stunde einfach irgendetwas diskutieren, das Thema sei egal und könne zudem von der Gruppe selbst festgelegt werden. Zumindest die Anfangssituation, die dadurch gekennzeichnet ist, dass die Kandidaten nun zunächst einmal mit ihrer Verblüffung ob der scheinbar so unspektakulären Aufgabe sowie mit der Unsicherheit der Themenfindung zu tun haben, ist nicht gerade durch sprühende Dynamik gekennzeichnet (deshalb hat sich in der AC-Szene für Übungen dieser Art auch der interne Nickname „Schlaffi-Runde" etabliert). Die eben skizzierte bewusst unpräzise gehaltene Arbeitsanweisung des Moderators ist aber nur eine von vielen möglichen Gangarten in der AC-Gruppendiskussion. Es lohnt deshalb, einen genaueren Blick auf das Spektrum dieser Arbeitsanweisungen zu werfen.

Die erste Stellschraube, an der Moderatoren in Gruppendiskussionen gern drehen, ist die **Determiniertheit der Themenvorgabe**. Hier können Sie als Kandidat des AC auf ein Kontinuum treffen, das von „Thema völlig egal und von der Gruppe frei wählbar" (wie eben skizziert) bis hin zu „Thema klar und bis ins Detail vorgeschrieben" reicht. In der folgenden Abbildung 8 haben wir dieses Kontinuum anhand einiger Themenbeispiele dargestellt. Meistens wird der Moderator Ihnen und Ihren Mitstreitern im AC umso mehr Zeit für die Gruppendiskussion einräumen, desto konkreter die Themenvorgabe ist. Die oben schon etwas karikierte „Schlaffirunde" dauert selten länger als 20 bis 30 Minuten (schon allein deshalb, weil sich Moderator und Beobachter dies selbst nicht länger antun möchten).Für eine Themenvorgabe wie hingegen in unserem Beispiel „Abschaffung der Todesstrafe in den USA ... “ werden Sie mindestens eine Stunde Diskussions- bzw. Bearbeitungszeit erhalten; diese Übung gleicht dann wirklich schon eher einer Projektarbeit statt einer bloßen Diskussion.

Die zweite Stellschraube, an der von den Moderatoren im AC kräftig gekurbelt wird, ist die **Determiniertheit der Führungsinstruktionen**. Auch hier können Sie wieder mit einem Kontinuum konfrontiert werden, das von „überhaupt keine Führungsinstruktionen“ bis hin zu „klare und unmissverständliche Vorgabe, wie die Diskussion geführt werden soll“ reicht. In der folgenden Abbildung 9 haben wir wieder einige Beispiele zur Erläuterung dieses Kontinuums angeführt.

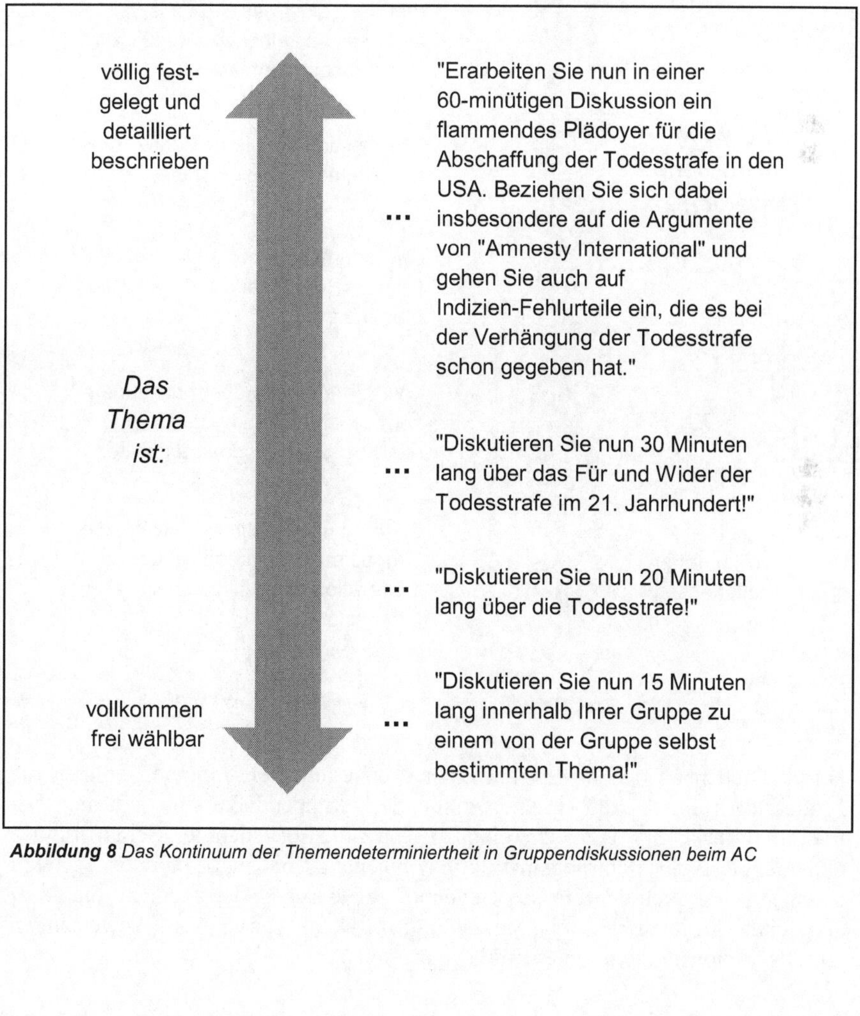

Abbildung 8 *Das Kontinuum der Themendeterminiertheit in Gruppendiskussionen beim AC*

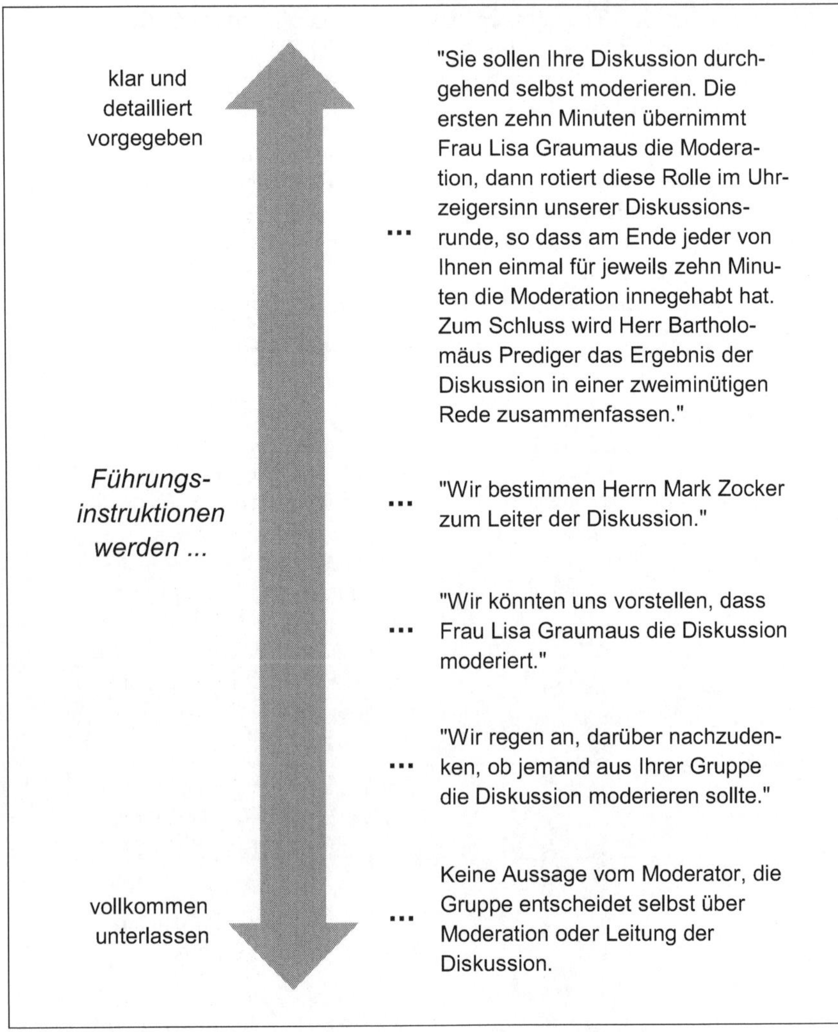

Abbildung 9 *Das Kontinuum der Determiniertheit von Führungsinstruktionen in Gruppendiskussionen beim AC*

Durch Drehen an den beiden der eben skizzierten Stellschrauben können die Moderatoren im AC die Freiheitsgrade der Gruppendiskussion natürlich beträchtlich variieren. Wenn wir eingangs kurz die so genannte „Schlaffirunde" (Thema frei, keine Führungsinstruktion) beleuchtet haben, so können wir jetzt beispielsweise auch den krassen Gegenpol auf dieser Skala erkennen: die straff angeleitete Projektarbeit (Thema klar und im Detail vorgegeben, Anweisungen zur Diskussionsmoderation ebenfalls klar erteilt).

2.2 ***Darum geht's:*** (Exzellente) Kommunikationsfähigkeiten und Führungsanspruch

Anforderungskriterien (Soll-Profil)	**Selbstdiagnose zum Soll-Profil**				
	Trifft überhaupt nicht zu		⇔		Trifft voll und ganz zu
KOMMUNIKATIONSFÄHIGKEIT					
Der Teilnehmer ist akustisch und inhaltlich gut verständlich, spricht deutlich und übersichtlich.	☐	☐	☐	☐	☐
Der Teilnehmer kann seine Argumente und seine Meinung flüssig, klar und überzeugend darstellen.	☐	☐	☐	☐	☐
Der Teilnehmer besitzt die Fähigkeit, andere mit kommunikativen Mitteln zu beeinflussen, zu überzeugen und für die eigene Meinung zu gewinnen.	☐	☐	☐	☐	☐
Der Teilnehmer kann intensiv und aktiv zuhören, indem er sich z. B. mit den Gefühlen, Problemen oder der persönlichen Sichtweise anderer Menschen befasst und andere menschlich versteht.	☐	☐	☐	☐	☐
Der Teilnehmer verfügt über ein gutes rhetorisches Ausdrucksvermögen (s. dazu im Einzelnen auch das Anforderungsprofil im vierten Streich).	☐	☐	☐	☐	☐
FÜHRUNGSANSPRUCH					
Der Teilnehmer übernimmt bewusst Führungsrollen (z. B. durch Zieldefinitionen, Bewertung von Diskussionsbeiträgen anderer, durch Zusammenfassungen etc.) und wird dabei von den anderen akzeptiert.	☐	☐	☐	☐	☐
Dem Teilnehmer wird quasi automatisch die Führungsrolle von anderen überlassen oder sogar explizit angetragen.	☐	☐	☐	☐	☐
Der Teilnehmer zeigt ein angemessenes Maß an Selbstbehauptung bei Widerständen, Meinungsunterschieden oder Konflikten in der Diskussion.	☐	☐	☐	☐	☐
Der Teilnehmer kann andere Menschen zu einem Team integrieren und zu gemeinsamen Zielen motivieren.	☐	☐	☐	☐	☐
Der Teilnehmer erkennt Bedürfnisse und Interessen anderer Menschen und kann dies für das gemeinsame Ergebnis kooperativ nutzen, indem er unterschiedliche Meinungen oder Interessen auf gemeinsame Ziele ausrichtet.	☐	☐	☐	☐	☐
Der Teilnehmer stellt sich vor die Gruppe und deren Arbeitsergebnisse (z. B. insbesondere auch bei Kritik von außen).	☐	☐	☐	☐	☐
Der Teilnehmer kann gängige Techniken der Moderation situationsadäquat einsetzen.	☐	☐	☐	☐	☐

2.3 *Oft passiert's:* Von zugesteckten Regieanweisungen und gezielten Abspaltversuchen

Die Diskussion wogt hin und her, Argumente werden munter gewechselt und die AC-Teilnehmerrunde läuft so richtig auf Hochtouren. Plötzlich spüren Sie von hinten kommend eine leichte Berührung auf Ihrer Schulter und einer der Beobachter steckt Ihnen verschwiegen einen kleinen Zettel zu. Vielleicht flüstert er Ihnen noch ins Ohr: „Den Zettel bitte verdeckt halten, das geht nur Sie etwas an.“ Sie falten also den Zettel unbemerkt auf und lesen eine an Sie gerichtete Aufforderung, wie etwa:

- „Bringen Sie einmal etwas mehr emotionale Schärfe in die Diskussion. Halten Sie mal dagegen, das darf doch nicht wahr sein, das die anderen wirklich meinen, die Türken sollten in die EU kommen.“
- „Fahren Sie mal diesem Bartolomäus Prediger in die Parade. Der mit seinen salbungsvollen Worten immer, der soll mal reden wie ein normaler Mensch.“
- „Warum sagen Sie denn so wenig? Wollen Sie denn wirklich in dieser ersten Runde schon der Verlierer sein?“

Solche zugesteckten Regieanweisungen können einen ganz schön an die Nieren gehen. Bedeuten sie doch nichts weniger, als dass Sie mit Ihren Mitstreitern in den offenen Konflikt treten sollen oder zumindest, dass Ihre eigene Position angezweifelt bzw. abgewertet wird. Wenn man die AC-Szene schon lange kennt, gewinnt man unwillkürlich den Eindruck, dass es immer wieder Beobachter gibt, die direkt Spaß an dieser Art der Verunsicherung der Teilnehmer haben.

Die Rezeptur der authentischen Gelassenheit legt natürlich nahe, den zugesteckten Regieanweisungen des Beobachters nicht blindlings zu folgen. Authentisch sein bedeutet in diesem Moment, das zu tun, was Sie ohnehin – auch ohne Regieanweisung – nun getan hätten. In unserem Beispiel also: wenn Sie ohnehin nun kräftig gegen den EU-Beitritt der Türkei zu Felde hätten ziehen wollen, dann tun Sie es, unabhängig davon, dass Ihnen der Beobachter dazu geraten hat. Wenn Sie aber klar und eindeutig dafür waren, dass der EU-Beitritt der Türkei stattfinden soll, dann bleiben Sie bei Ihrer Position, sofern Sie diese auch weiterhin für richtig halten. Fahren Sie Herrn Bartolomäus Prediger nur dann in die Parade, wenn Sie selbst von ihm schon die ganze Zeit genervt waren. Wenn Sie seine Worte aber nicht salbungsvoll, sondern im Gegenteil sehr erbauend finden, dann ignorieren Sie die Regieanweisung des Beobachters. Und schließlich: wenn Sie selbst schon intuitiv gespürt hatten, dass Sie sich mehr an der Diskussion beteiligen müssten, dann unternehmen Sie den Versuch dazu. Wenn Sie denken „na was denn, ich laufe doch eh schon auf Hochtouren“, dann lassen Sie sich vom Beobachter nicht in den „roten Drehzahlbereich“ treiben.

AC-Possenthermometer

Die geschilderte Art der Verunsicherung ist bei weitem nicht niedlich-harmlos, deshalb bewerten wir diese Posse auf unserem AC-Possenthermometer mit der Stufe 4 (in hohem Maße verwirrend-verunsichernd).

Zugesteckte Regieanweisungen

Wenn am Ende der Diskussionsrunde das Gruppenergebnis feststeht (und eventuell in einer Präsentation noch einmal vorgetragen wurde), kann es vorkommen, dass der Moderator sich ein einzelnes Gruppenmitglied herausgreift und mit folgender Aufforderung konfrontiert:

„Frau Zamperlhuber, nun hat die Gruppe sich eindeutig für den EU-Beitritt der Türkei ausgesprochen. Sie haben sich zum Schluss der Diskussion zwar diesem Ergebnis angeschlossen, aber wenn ich Ihre Körpersprache richtig beobachtet habe, sind Sie doch eindeutig dagegen, dass die Türken kommen. Wie wäre es, wenn Sie mir und den Beobachtern eindeutig erklären, dass Sie selbst gegen den EU-Beitritt der Türkei sind und sich somit vom Gruppenergebnis distanzieren, dann könnten Sie bei uns ganz erheblich punkten."

Gezielte Abspaltversuche dieser Art werden immer wieder einmal versucht. Was soll man tun? Der Verlockung nachgeben? Und stimmt es überhaupt, was der Moderator anbietet, gibt es dann wirklich mehr Punkte? Oder sollte man vielleicht doch eher loyal zum Gruppenergebnis stehen? Fragen über Fragen!

Authentisch sein bedeutet in diesem Moment, etwas zu tun, was manchem Politiker gut zu Gesicht stünde. Nämlich nach der Wahl nichts anderes zu sagen und zu tun als vor der Wahl. Das heißt für unsere Situation konkret, dass Sie dem vermeintlich verlockenden Angebot des Moderators klar und eindeutig widerstehen, wenn Sie in der Gruppendiskussion ebenso klar und eindeutig für den EU-Beitritt der Türkei waren. Falls Sie Ihren Mitstreitern bereits in der Diskussionsrunde transparent gemacht haben, dass Sie dem Gruppenergebnis eigentlich nicht folgen können, weil Sie eben einer Mitgliedschaft der Türkei in der EU tatsächlich sehr skeptisch gegenüber stehen, dann können Sie diese Position gegenüber dem Moderator wiederholen. Aber auch dann distanzieren Sie sich bitte von den angebotenen Extrapunkten

Eine Posse dieser Art verdient es, auf unserem AC-Possenthermometer mit der Note 4 (stark überraschend-verwirrend) bewertet zu werden.

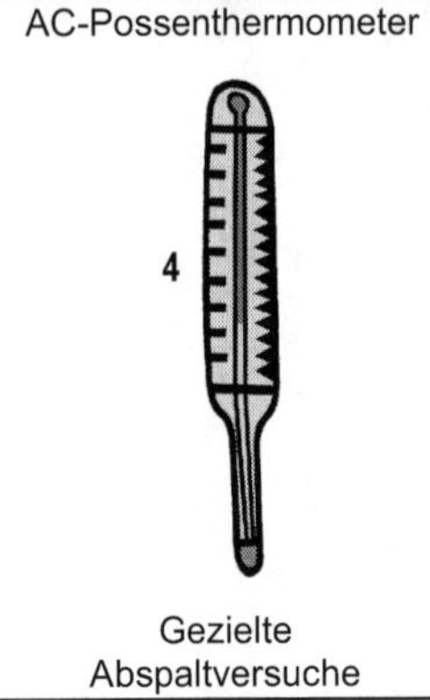

Dritter Streich

Neckisch, aber infantil,
kommt daher das Rollenspiel.
Ach, was macht es für Vergnügen,
wenn man hier in vollen Zügen
Vorgesetzter spielen kann
und derweil ein andrer dann
muss der Mitarbeiter sein
(schwache Rolle, armes Schwein!).
Wem dies Spiel nicht sehr behagt,
dem sei tröstend gleich gesagt,
dass es andre Spiele gibt,
die man dann wohl eher schon liebt:
Wie zum Beispiel Brücken bauen,
ach, da kann man nix versauen,
denkt der Max und liegt schon schief,
denn schon manches mal verlief
dieses Spiel ganz ungeahnt
völlig anders als geplant.
Denn der Rollen gibt es viel
in dem Brückenbauer-Spiel:
Kreativer, Prüfer, Macher
oder einfach Überwacher,
oder der Entscheider gar?
Ach, die Rollen sind nicht rar.
„Welche Rolle nehm' ich ein?"
denkt sich Max, geplagt voll Pein,
denn ich will doch gut ausseh'n
und die Sache hier besteh'n!

Moritz läuft's derweil mitunter
heiß und kalt den Rücken runter.
Die „Ballonfahrt" wird gespielt
und schon hämisch drauf geschielt,
ob er wohl derjen'ge ist,
den sie anderen mit List
eiskalt aus der Gondel stürzen
und sein Leben krass verkürzen.
Schnell vorbei ist's mit der Freud,
wenn ein Spiel bringt solches Leid.

Max und Moritz ihrerseits
finden daran keinen Reiz.
Doch es hilft ja alles nix,
drum bewältigen jetzt fix
Max und Moritz diesen Streich,
denn der vierte folgt sogleich.

Dritter Streich Rollenspiele

3.1 *So läuft's:* Von unkonzentrierten Mitarbeitern über Brückenbaupioniere bis zu „Rotkäppchen und der Wolf"

Geradezu ein Herzstück eines jeden Assessment-Centers ist die so genannte Rollenspiel-Übung. Im Kern geht es hierbei darum, dass die Teilnehmer quasi in einem Spiel zuvor festgelegte Rollen einnehmen und diese Rollen so gut wie möglich ausfüllen sollen. Wie schon bei den Gruppendiskussionen, so kann man auch hier über den Wert solcher Übungen trefflich streiten. Wenn beispielsweise ein Konflikt zwischen zwei Teilnehmern simuliert werden soll, so ist es in dieser Simulation z. B. ein Leichtes, Kompromissbereitschaft zu zeigen und somit scheinbar ein konstruktives Konfliktbewältigungsverhalten an den Tag zu legen. Das Dumme daran ist nur: die Teilnehmer haben den Konflikt eben halt nur „gespielt". Die für einen Konflikt im wahren Leben kennzeichnende emotionale Betroffenheit (die sich dann z.B. in Ärger, Wut, Aggression etc. ausdrücken könnte) fehlt vollkommen. Da kann man also leicht kompromissbereit sein. Wer aber wollte sich zutrauen, aus diesem gespielten Verhalten im Assessment-Center eine valide Prognose auf tatsächliches zukünftiges Verhalten bei Konflikten am Arbeitsplatz ziehen zu wollen?! Aber es hilft nichts, Rollenspiele fehlen bei keinem Assessment-Center. Schauen wir es uns also deshalb etwas genauer an:

In den allermeisten Fällen geht es bei den Rollenspielen darum, dass unternehmensspezifische typische Gesprächssituationen simuliert werden. Beispiele dafür sind etwa:

- Mitarbeiterkritikgespräche
- Verkaufsgespräche
- Planungsgespräche
- Gespräche zu Kundenreklamationen
- Einstellungsgespräche in der Personalabteilung etc.

Die Teilnehmer am Rollenspiel erhalten zunächst eine individuelle Vorbereitungszeit (meistens ca. 15 Minuten), in welcher sie die Rollenanweisungen studieren sollen, die zuvor an sie vergeben wurden. Greifen wir einmal das Beispiel eines Mitarbeiterkritikgespräches heraus und werfen einen Blick auf solche Rollenanweisungen:

Rollenanweisung für den Vorgesetzten:

Ihr Name ist Hans Meier. Sie sind 42 Jahre alt und Vorgesetzter eines Teams einer Filiale der X-Bank in Frankfurt am Main. Sie haben Ihren Mitarbeiter Fritz Schosser zu einer Aussprache gebeten. Herr Schosser ist 46 Jahre alt, verheiratet und hat eine 14-jährige Tochter.

Der Grund für die Aussprache: Herr Schosser hat in der letzten Zeit auffällig oft fehlerhafte Kontodispositionslisten angefertigt. Er wirkt müde, unkonzentriert und überfordert, obwohl er doch gerade erst seinen Jahresurlaub hinter sich hat. Darüber hinaus ist er häufiger unwirsch und legt sich mit seinen Kollegen an. Ein Verhalten, das Sie von früher gar nicht kennen. Was ist nur mit Herrn Schosser los? So jedenfalls kann es nicht mehr weitergehen. Sie machen sich Sorgen um Herrn Schosser und um die Leistungsfähigkeit Ihres Teams. Sprechen Sie nun mit Herrn Schosser und versuchen Sie, die Situation zu klären.

Rollenanweisung für den Mitarbeiter:

Ihr Name ist Fritz Schosser. Sie sind verheiratet und haben eine 14-jährige Tochter, die das Gymnasium besucht. Der Weg Ihrer Tochter ins Gymnasium war schon immer etwas beschwerlich gewesen, und so gehört sie nicht gerade zu den besten Schülerinnen ihrer Klasse. Neulich wurden Sie von der Klassenlehrerin zu einem Gespräch an die Schule gebeten. In diesem Gespräch hat man Ihnen nahe gelegt, Ihre Tochter doch wieder vom Gymnasium herunter zu nehmen und sie die Realschule besuchen zu lassen. Auf alle Fälle würde sie in diesem Schuljahr das Klassenziel nicht erreichen und demzufolge auch nicht in die nächste Klasse versetzt werden. Natürlich haben Sie schon mehrfach versucht, mit ihrer Tochter über dieses Problem zu sprechen. Aber es hat jedes mal rein gar nichts genutzt. Ihrer Tochter ist im Moment die Schule völlig egal. Neulich hat sie Ihnen sogar angedroht, von zu Hause abzuhauen und zu ihrem 18-jährigen Freund zu ziehen, mit dem sie seit einiger Zeit zusammen ist. Ihre Frau ist auf die ganze Angelegenheit ohnehin nicht gut zu sprechen, sie wirft Ihnen vor, sich in der Vergangenheit viel zu wenig um Ihre Tochter gekümmert zu haben.

Ihrem Chef haben Sie schon einmal von dieser Problematik erzählt, er war aber so beschäftigt, dass er es kaum wahrgenommen hat. Eigentlich haben Sie noch nie ein persönliches Wort mit ihm gesprochen. Ihr Verhältnis zu ihm ist eher distanziert. Und nun haben Sie plötzlich die Einladung zu einem Gespräch bei Ihm bekommen. Was das wohl werden soll?

In dem Beispiel unserer beiden Rollenanweisungen ist eine typische betriebliche Konfliktsituation verpackt: der Vorgesetzte kann eine nachhaltig schlechte Arbeitsqualität nicht länger hinnehmen und der Mitarbeiter hat aber voll damit zu tun, seine privaten Probleme in die Reihe zu bekommen. In dem nun sich anschließenden eigentlichen Rollenspiel sollen die beiden Kontrahenten in einer festgelegten Zeit (meistens wieder 15 Minuten) versuchen, eine Lösung der Situation herbeizuführen.

Rollenspiele müssen aber nicht immer nur – wie in unserem Beispiel – Dialogsituationen sein. Ein Klassiker des Rollenspiels im Assessment-Center ist z. B. das „Dienstwagenproblem". Bei diesem Spiel gibt es einen Vorgesetzten und drei Mitarbeiter. Es handelt sich hierbei um ein Team von Außendienstmitarbeitern eines Unternehmens, die zur Ausübung ihrer Tätigkeit alle mit einem Dienstwagen ausgestattet sind. Nun ist der Zeitpunkt gekommen, dass ein neuer Dienstwagen angeschafft werden soll. Die Frage ist nun natürlich, welcher der drei Mitarbeiter den neuen Dienstwagen bekommen soll. Jeder der drei erhält dazu wiederum eine vorherige Rollenanweisung (einer soll z. B. damit argumentieren, dass er schon den ältesten Wagen der Flotte hat; ein zweiter argumentiert, dass er doch nun schon seit zwei Jahren an einem Bandscheibenvorfall laboriere und es ihm deshalb also zustehe, endlich einmal ein neues Auto mit eingebauter Lordosenstütze zu bekommen und ein dritter schließlich meint, der Wagen müsse selbstverständlich ihm zugesprochen werden, da er doch der umsatzstärkste und damit erfolgreichste Mitarbeiter des Teams sei). Der Vorgesetzte hat die undankbare Aufgabe, in dem Rollenspiel zum Schluss zu entscheiden, wem er den neuen Dienstwagen zuspricht.

Mittlerweile sind in der AC-Szene Tausende von solchen Rollenspielen entwikkelt worden. Aber der Kern bleibt immer derselbe: dem Teilnehmer wird eine bestimmte Position vorgegeben, die er in einem anschließenden Gespräch so gut wie möglich behaupten bzw. durchsetzen soll. Aber es bleibt eben auch das oben angesprochene Manko. Die vorgegebenen Rollen werden den Teilnehmern quasi aufgepfropft bzw. übergestülpt. Damit ist die Gefahr sehr hoch, dass die Teilnehmer – um es einmal in der Sprache des Autor diese Beitrags zu sagen – nicht „authentisch" handeln.

Ausgehend von der eben skizzierten Kritik gibt es deshalb auch noch einen ganz andern Typus von Rollenspielen. Als Ausgangspunkt möge uns z. B. die folgende Instruktion dienen, die ein Moderator den Teilnehmern des Assessment-Centers erteilen könnte:

Sie sind acht Teilnehmer in Ihrer Gesamtgruppe. Ihre Gruppe wird aber nun auf Halbgruppen zu je vier Personen aufgeteilt. Jede Halbgruppe bezieht gleich anschließend einen separaten Arbeitsraum. In diesem Arbeitsraum finden Sie diverse Pappbögen, Scheren, Klebstoff und diverse andere Bastelmaterialien. Ihre Aufgabe soll es dann sein, in einer Zeit von 30 Minuten eine halbe Brücke zu bauen. Ja, Sie haben richtig gehört, eine „halbe" Brücke! Und zwar baut die erste Halbgruppe die eine Hälfte der Brücke, die zweite Halbgruppe baut die andere Hälfte der Brücke. Zum Schluss soll natürlich eine Gesamtbrücke entstehen. Das Vertrackte an der Sache ist, dass Sie als Halbgruppen wie gesagt in separaten Arbeitsräumen basteln. Zwischen diesen beiden Arbeitsräumen ist während der Bearbeitungszeit keinerlei Kommunikation zwischen den

Teammitgliedern erlaubt. Mit einer Ausnahme: nach Ablauf von zehn Minuten der Bearbeitungszeit und dann noch einmal nach Ablauf von 20 Minuten der Bearbeitungszeit darf aus jeder Halbgruppe ein zuvor bestimmter Botschafter den jeweiligen Arbeitsraum verlassen. Beide Botschafter kommen in einem separaten Raum unter den Augen des Moderators zu einem zweiminütigen Gespräch zusammen. In diesem Gespräch kann der jeweilige Arbeitsstand an den beiden Brückenhälften ausgetauscht werden. Nach Ablauf der 30 Minuten Bearbeitungszeit sollen beide Halbgruppen ihre Brückenhälften zusammenfügen. Wir wollen dann sehen, ob eine tragfähige und ästhetisch einigermaßen vertretbare Gesamtbrücke entstanden ist.

Hier ist eine Aufgabe vorgegeben, wonach es in erster Linie darum geht, ein funktionierendes Team herzustellen. Vorgegebene Rollenanweisungen fehlen völlig. Dennoch gibt es aber natürlich in jedem Team – und so auch in unserem Beispiel der Brückenbauer – eine ganze Reihe Rollen, die unausgesprochen und ohne formelle Festlegung (meist auch unbewusst) übernommen werden. Solche „heimlichen" Rollen in Teams sind z. B.:

Kreativer	liefert Ideen; stellt Altbekanntes auf den Kopf; experimentiert, akzeptiert oft Hierarchien nur widerstrebend; dies und sein dauernder Innovationsdrang stellen hohe Anforderungen an die Teamintegration
Entscheider	sorgt für die Umsetzung von Ideen und Plänen; organisiert Termine und Ziele; managt Krisen; schätzt Hierarchien und klare Strukturen; tendiert zu persönlichem Umgang mit anderen
Macher	sorgt sich um die Routinearbeiten; ist in hohem Grade zuverlässig und besitzt hohes Durchhaltevermögen
Bewahrer	geringe Führungsqualitäten, dafür aber sehr hilfsbereit; stabilisiert die gefühlsmäßigen Beziehungen der Teammitglieder zueinander; kümmert sich um Teamnormen und Werte; meist nicht sehr innovationsfreudig
Prüfer	arbeitet Details aus; sorgt sich um Qualitätssicherung; hohe Konzentrationsfähigkeit auf eine Aufgabe; eher wenig kontaktfreudig; arbeitet eher im Hintergrund
Überzeuger	bewahrt den Überblick; organisiert nötige Kontakte; beschafft erforderliche Informationen und Hilfsmittel; wenig detailinteressiert; hat Interesse an Innovationen; kontaktfreudig und fähig, nach außen zu präsentieren
Berater	sorgt für Bereitstellung der nötigen Informationen; vorsichtig bei Entscheidungen; um Fehlschlüsse zu verhindern, klärt er auch einzelne Details; liefert vor allem inhaltliche Beiträge; leistet wichtige Aufbauarbeit
Bewerter	überprüft Realisierungsmöglichkeiten für Ideen; kann Ergebnisse mit realistischem Blick einschätzen, ist wenig an Routinearbeiten interessiert

Dadurch, dass solche oder ähnliche Rollen nicht vom Moderator des Assessment-Centers vorbestimmt werden, ist es in hohem Maße gewährleistet, dass die Teilnehmer fast automatisch die ihnen immanente Rolle (wenn auch unbewusst) übernehmen. Damit ist es auch keine aufgepfropfte bzw. übergestülpte Rolle wie in den Rollenspielen, die wir weiter oben beschrieben haben. Es ist somit sehr viel wahrscheinlicher, dass nun ein wirklich „authentisches" Verhalten beobachtet werden kann. Hinzu kommt, dass Instruktionen wie das „Brückenbauspiel“ häufig eine ganz spezifische Eigendynamik im Teamprozess herbeiführen. Die Teilnehmer kommen beim Brückenbauen sehr schnell in einen wahren Eifer und vergessen fast die Beobachtungssituation um sie herum.

Nun möchten wir Sie noch mit einer ganz besonderen Variante eines „freien“ Rollenspiels (d. h. mit einem Rollenspiel ohne Festlegung vorgegebener Rollen) vertraut machen. Diese Variante kommt zwar nicht allzu oft in Assessment-Centern vor, aber dennoch lohnt sich ein kurzer Blick darauf. Seien Sie als Teilnehmer an einem Assessment-Center nicht verwundert, wenn der Moderator Ihnen als Instruktion schlicht und ergreifend nur sagt: „Spielen Sie nun einmal das Märchen ‘Rotkäppchen und der Wolf’. Sie haben 15 Minuten Zeit sich miteinander vorzubereiten, dann würden wir die Aufführung des Märchens gerne hier sehen. Im Nebenraum finden Sie einige Requisiten, um sich artgerecht verkleiden zu können.“

Vielleicht werden Sie sich nach einer solchen Instruktion tatsächlich verwundert die Augen reiben. Soll das wirklich ernst gemeint sein? Märchen spielen? Was geht denn hier ab, ich bewerbe mich doch schließlich als Führungsnachwuchskraft bei einer angesehenen, traditionsreichen Bank? Dies könnten vielleicht Ihre Gedanken in diesem Moment sein. Nun, es ist sehr wohl ernst gemeint und wenn Sie nur einmal für einen Moment versuchen, sich in die Situation des Märchenspielens hinein zu versetzen, dann erscheint der Grundgedanke dieses freien Rollenspiels sehr einfach. Man setzt darauf, dass Spieleifer und Spielfreude, dem die Teilnehmer kurze Zeit später fast unweigerlich verfallen, zu einer entspannten und entstressten Atmosphäre führt, so dass man die Teilnehmer in einem stressfreien Raum beobachten kann – ganz im Gegensatz zu den sonstigen Übungen des Assessment-Centers. Beobachtet wird dabei besonders die Vorbereitungsphase der Teilnehmer auf das Märchen. Wer übernimmt welche Rolle? Wie wird die Rollenverteilung entschieden? Wie geben sich die Teilnehmer beim Einstudieren der Rollen, beim Aus- und Anprobieren der Requisiten usw.? Die anschließende Märchenaufführung selbst ist hingegen nur noch ein lustiges „add on“, das vielfach sogar die Beobachter aus ihrer ansonsten starren Haltung herauslocken kann. Sie sehen also, wenn Ihnen ein solches freies Rollenspiel in einer Assessment-Center-Situation einmal begegnet, dürfen Sie sich eher zu den Glückspilzen zählen. Haben Sie doch die Chance, ein wirklich authentisches Verhalten zeigen zu können.

3.2 *Darum geht’s:* Engagement, Team- und Konfliktfähigkeit, Kreativität

Auf ein Neues: Machen Sie sich das Soll-Profil vertraut und stellen Sie Ihre Selbstdiagnose!

Anforderungskriterien (Soll-Profil)	**Selbstdiagnose zum Soll-Profil**				
	Trifft überhaupt nicht zu		⇔		Trifft voll und ganz zu
ENGAGEMENT					
Der Teilnehmer ergreift in Leistungsituationen häufig die Initiative.	☐	☐	☐	☐	☐
Der Teilnehmer kann seine Argumente und seine Meinung flüssig, klar und überzeugend darstellen.	☐	☐	☐	☐	☐
Der Teilnehmer verfolgt seine Ideen, Vorstellungen und Ziele motiviert, dynamisch und mit angemessenem Ehrgeiz.	☐	☐	☐	☐	☐
Der Teilnehmer beteiligt sich mit Begeisterung an der Suche nach Lösungen im Team.	☐	☐	☐	☐	☐
Der Teilnehmer fordert im Team Meinungen und Lösungsvorschläge von anderen aktiv ein, um voranzukommen.	☐	☐	☐	☐	☐
Der Teilnehmer führt das Team aus Stagnationssituationen oder Krisen heraus.	☐	☐	☐	☐	☐
TEAMFÄHIGKEIT					
Der Teilnehmer bringt seine Kompetenzen aktiv in den Problemlösungsprozess im Team ein und versucht nicht, seine Kompetenzen auf Kosten des Teamergebnisses „hinter dem Berg zu halten".	☐	☐	☐	☐	☐
Der Teilnehmer greift Diskussionsbeiträge von anderen auf und entwickelt diese Beiträge zielorientiert weiter.	☐	☐	☐	☐	☐
Der Teilnehmer verzichtet auf die Anwendung von unangemessener Macht in der Diskussion.	☐	☐	☐	☐	☐
Der Teilnehmer verfügt über die Fähigkeit des „aktiven Zuhörens" (vgl. dazu auch das Anforderungskriterium „Kommunikationsfähigkeit" im zweiten Streich).	☐	☐	☐	☐	☐
Der Teilnehmer kann unterschiedliche Meinungen auf ein gemeinsames Ziel hin ausrichten („Integrationsfähigkeit").	☐	☐	☐	☐	☐
KONFLIKTFÄHIGKEIT					
Der Teilnehmer hat ein feines Gespür für die „Frühwarnsignale" von sich anbahnenden Konflikten und versucht durch adäquate Problemlösungen, den Konflikt noch abzuwenden.	☐	☐	☐	☐	☐
Der Teilnehmer ist sich der fünf grundlegenden Konfliktbewältigungsstrategien (vermeiden, nachgeben, durchsetzen, Kompromiss, Kooperation) bewusst und trifft bei seiner Problemlösung eine bewusste Wahl aus diesen Strateien.	☐	☐	☐	☐	☐
Der Teilnehmer beherrscht gängige Techniken des Konfliktgesprächs und setzt diese situationsadäquat ein.	☐	☐	☐	☐	☐

Fortsetzung

Anforderungskriterien (Soll-Profil)	**Selbstdiagnose zum Soll-Profil**				
	Trifft überhaupt nicht zu		⇔		Trifft voll und ganz zu
Der Teilnehmer verfügt über ein hohes Maß an Einfühlungsvermögen sowie über eine ausgeprägte Bereitschaft, sich konstruktiv mit dem Konflikpartner auseinander zu setzen.	☐	☐	☐	☐	☐
Der Teilnehmer kann Kritik akzeptieren und konstruktiv verkraften.	☐	☐	☐	☐	☐
Der Teilnehmer zeigt intellektuelle Aufgeschlossenheit gegenüber neuen Situationen oder ungewohnten Gesichtspunkten.	☐	☐	☐	☐	☐
KREATIVITÄT					
Der Teilnehmer hat in Problemlösungsprozessen neue, überraschende und z. T. originelle Einfälle, die das Team voranbringen.	☐	☐	☐	☐	☐
Der Teilnehmer denkt weiter als andere, auch über Augenblickslösungen hinaus und lässt somit einen weiten Horizont erkennen.	☐	☐	☐	☐	☐

3.3 *Oft passiert's:* Von Ballonfahrten, Flugzeugabstürzen und ähnlichen Todesspielen

Wir hatten Ihnen weiter oben skizziert, welche Arten von Rollenspielen in einem Assessment-Center vorkommen können. Einen bestimmten Typus von Rollenspielen hatten wir dort bewusst noch ausgespart. Wir schildern ihn jetzt, da er so ziemlich die gröbste Schikane darstellt, die Sie im Assessment-Center erleben können. Wenn Ihnen das gleich Geschilderte makaber erscheint, dann sei dazu gesagt: es gibt leider immer noch Unternehmen in der deutschen Wirtschaft, die die „Ballonfahrt" oder ähnlich makabere Spiele gerne durchführen lassen. Der Autor dieses Beitrags übrigens lehnt alle Aufträge für die Ausrichtung von Assessment-Centern konsequent und eindeutig ab, die auch nur im Ansatz mit dem Gedanken spielen, „Ballonfahrten" oder ähnliches in das Assessment-Center zu integrieren.

Stellen Sie sich nun einmal gedanklich vor, ein Moderator würde Ihnen folgende Anweisung für eine Gruppendiskussion geben:

„Sie sind zu viert in einem Heißluftballon unterwegs. Plötzlich gibt es technische Probleme. Es wird brenzlig, so dass Sie entscheiden müssen, Ballast abzuwerfen. Nachdem alle Sandsäcke geleert und auch aller sonstiger überflüssiger Ballast über Bord gegangen ist, erkennen Sie, dass noch mehr abgeworfen werden muss. Nun haben Sie folgende Wahl: entweder, Sie entscheiden sich, alle vier weiterhin an Bord zu bleiben. Dann aber werden Sie alle vier unweigerlich abstürzen und um's Leben kommen. Oder aber, Sie entscheiden sich eine Person aus Ihrem Viererkreis über Bord zu werfen. In diesem Falle hätten die drei verbliebenen Personen die Chance, zu überleben. Sie haben nun 15 Minuten Zeit zu diskutieren und eine Entscheidung herbeizuführen. Bleiben Sie alle vier an Bord? Oder werfen Sie jemand ab? Und wenn ja, wer von Ihnen geht über Bord?"

Diese als „Ballonfahrt" berühmt-berüchtigt gewordene AC-Übung kommt in verschiedenen Verkleidungen daher. Wenn es nicht der Heißluftballon ist, dann ist es z. B. ein Flugzeug, das in der Wüste abgestürzt ist. Die vier Überlebenden des Flugzeugabsturzes müssen entscheiden, wer als Einziger ohne Proviant und Wasser allein am Absturzort zurückbleibt. Denn die Vorräte reichen nur für drei Personen, die damit jedoch lebend die nächst gelegene Zivilisation erreichen können. Berühmt geworden ist auch der „Rettungshubschrauber", der in sturmgepeitschter See vier Schiffbrüchige aus einer Rettungsinsel bergen soll. Der Hubschrauber kann pro Anflug jeweils nur einen Schiffbrüchigen an Bord hieven. Und er kann nur dreimal die Rettungsinsel anfliegen. Ein viertes Mal wäre in dieser gedachten Situation nicht möglich, weil mittlerweile der Sturm zu einem lebensgefährlichen Orkan geworden ist, so dass der Hubschrauber selbst abstürzen würde. Wer bleibt als vierter allein in der Rettungsinsel und damit seinem unentrinnbaren Schicksal preisgegeben?

Bevor wir zur Rezeptur der authentischen Gelassenheit in diesem Fall kommen, sollten Sie folgende Überlegung anstellen: ein Unternehmen, das in einem Assessment-Center „Ballonfahrt" oder ähnliches spielen lässt, wird seine Gründe dafür haben. Man wird vielleicht sehen wollen, ob Sie in Krisensituationen des Unternehmens auch bereit sind, Ihre Ellbogen dermaßen einzusetzen, dass jemand anderes über Bord geht. Wären Sie im Ernstfall im wahrsten Sinne dieses Wortes dazu bereit, „über Leichen zu gehen"? Wir wollen an dieser Stelle nicht bewerten, ob dies nun moralisch als gut oder schlecht einzustufen ist. Wichtig ist ausschließlich, dass Sie für sich selbst eine Position finden. Und daraus leitet sich nun folgende Rezeptur der authentischen Gelassenheit ab:

Wenn Sie in dem eben beschriebenen Sinne bereit sind, über Leichen zu gehen, dann stellen Sie sich dem Spiel. Versuchen Sie sich durchzusetzen und möglichst am Ende eine der drei überlebenden Personen zu sein. Wenn Sie allerdings für sich entscheiden, dass Sie eine solche Keilerei im richtigen Leben niemals machen würden, dann heißt authentisch sein, an dieser Stelle: aufstehen, den Raum verlassen und dem Moderator klipp und klar sagen, dass Sie an dem Spiel nicht teilnehmen. Falls der Moderator Ihnen drohen sollte, dann sei aber auch das ganze AC für Sie gelaufen, dann lassen Sie sich davon nicht abschrekken. Denn bedenken Sie noch einmal: das Unternehmen würde wohl auch im täglichen, aber rauhen Geschäftsleben von Ihnen eine Art von Rücksichtslosigkeit erwarten, für die Sie selbst eigentlich nicht stehen. Tipp am Rande: Falls der Moderator Ihnen sagt: „O.K. dann war's das für Sie", dann vergessen Sie nicht vor der Heimfahrt in der Personalabteilung die Erstattung Ihrer Reisekosten einzufordern. Auf die haben Sie nämlich Anspruch!

Ballonfahrten und ähnliche Todesspiele erhalten auf unserer Skala des AC-Possenthermometers eindeutig die Höchstbewertung: Note 8 (in höchstem Maße dreist und unverschämt).

AC-Possenthermometer

Ballonfahrten und ähnliche Todesspiele

Vierter Streich

Große Redner, ohne Frage,
gibt's eher selten heutzutage.
An rhetorischem Profil
fehlt's bei manchen doch recht viel.
Somit liegt es auf der Hand,
dass man tut so allerhand,
um Talente zu erwecken,
die mit Mut und ohne Schrecken
Reden halten mit viel Mumm
auch vor großem Publikum.

Max und Moritz, gar nicht träge,
melden sich für Kurzvorträge.
Ach, was kommt da auf sie zu,
müssen sie doch jetzt im Nu,
ihre Rede strukturieren,
aus dem Stehgreif formulieren,
möglichst dialektfrei sprechen
und nicht nuschelnd radebrechen,
Körpersprache inszenieren,
dabei oft improvisieren
und natürlich ganz exakt
achten auf den Blickkontakt.

All das ist schon ganz schön schwer,
und wird schwerer jetzt noch mehr,
wenn die Kamera erscheint,
gut gemeint, doch halt ein Feind!

Videosequenzen dreh'n,
das muss man erst mal versteh'n,
was die ganze Sache soll,
es erzeugt zumeist nur Groll.
Wenn als Spitze obendrauf
dann noch Zuhörer zuhauf
werden extra rangeschafft
aus der nächsten Nachbarschaft,
ja dann ist der Spaß vorbei,
das ist nur noch Schweinerei.

Max und Moritz, zwar verwirrt,
machen weiter unbeirrt.
Denn es hilft ja alles nix,
drum bewältigen jetzt fix
unsre beiden diesen Streich,
denn der fünfte folgt sogleich.

Vierter Streich Reden vor Publikum

4.1 *So läuft's:* Von der freien Spontanrede über den kreativen Kurzvortrag bis hin zur Fachpräsentation

Wenn Sie aus einer der Pausen im Assessement-Center in den Seminarraum zurückkehren und sich die ursprüngliche Sitzkonfiguration in eine so genannte „parlamentarische Bestuhlung" gewandelt hat, dann wissen Sie, was nun die Stunde geschlagen hat: Es ist angesagt, eine Rede zu halten. Der Moderator wird die Einführung zu dieser Übung bewusst kurz halten, indem er etwa nur sagt, dass „das freie Sprechen vor einer größeren Menschengruppe in jedem Fall Bestandteil der vom Unternehmen erwarteten Führungskompetenz" sei. Nach dieser äußerst knappen Erklärung kann es dann eigentlich schon zur Sache gehen. Nun kommt es zunächst nur noch darauf an, welche Form des Redenhaltens vom AC-Veranstalter ausgewählt wurde:

- die freie Spontanrede
- der kreative Kurzvortrag oder
- die Fachpräsentation.

Bei der **freien Spontanrede** geht es darum, ohne jegliche Vorbereitungszeit quasi aus dem Stehgreif etwa drei bis fünf Minuten zu einem bestimmten Thema frei (d. h. natürlich auch ohne jede Form von Manuskript, Spickzettel oder ähnlichem) zu sprechen. Zu diesem Zweck ruft der Moderator den jeweiligen Kandidaten auf und bittet ihn, vor die versammelte Runde der Kandidaten und Beobachter zu treten. Sodann wird dem Kandidaten ein kleines Kärtchen zugesteckt, auf dem das Thema, zu welchem er sprechen soll, steht. Sobald er die Karte gelesen hat, soll die freie Spontanrede beginnen. Sie können sich sicher vorstellen, dass es sich hier um eine Situation handelt, die den Adrenalinspiegel in die Höhe schießen lässt. Damit der Stress aber nicht überbordet, wählen die AC-Veranstalter als Thema für Ihre Rede bewusst keine anspruchsvollen fachlichen Problematiken. Sie müssen also nicht befürchten, dass Sie aus dem Stehgreif eine Rede zu dem Thema „Neueste EU-Richtlinien zur Vereinheitlichung des Karottenanbaus in extrem sandigen Böden" halten müssen. Vielmehr werden die Themen aus den Bereichen „Alltagsleben", „politisch-gesellschaftliches Zeitgeschehen" sowie manchmal auch aus dem Bereich „kabarettistischer Nonsens" gewählt. In der Abbildung 10 zeigen wir Ihnen eine Reihe von Beispielsthemen zu den genannten Bereichen.

Themenbeispiele aus dem Bereich „Alltagsleben"
• Kinder und Familie • Beruf: Job oder Berufung? • Sport und Freizeit • Die Rolle der Frau in unserer heutigen Zeit • Gesunde Ernährung • Soziales Engagement • Wohin im Alter?
Themenbeispiele aus dem Bereich „Politisch-Gesellschaftliches Zeitgeschehen"*
• Macht und Ohnmacht der UNO • Auslandseinsätze der Bundeswehr • EU – Beitritt der Türkei • Terrorismusbekämpfung • Überalterung der Gesellschaft • Arbeitsmarktpolitik und soziale Gerechtigkeit * Stand Dezember 2012
Themenbeispiele aus dem Bereich „Kabarettistischer Nonsens"
• Plädoyer für eine Renaissance des deutschen Gartenzwerges • Flammende Brandrede für die Eröffnung eines Bordells im Vatikan • Anklage gegen Florian Silbereisen und seine KomplizInnen in der „Musikanten-Stadl-Szene" wegen audiovisueller Umweltverschmutzung

***Abbildung 10** Beispiele für Themen der freien Rede*

Entscheiden sich die AC-Veranstalter statt für eine freie Spontanrede lieber für einen **kreativen Kurzvortrag**, bekommt der Kandidat zwar eine gewisse Vorbereitungszeit (etwa fünf Minuten), aber in der Regel ist dann auch die Thematik schon ein wenig schwieriger. So geht es hier immerhin schon um so etwas Anspruchsvolles wie etwa „eigene Lebens-planung/persönliche Werte/Einstellungen“ oder sogar „Nachdenkliches-Philosophisches“. Auch hierfür haben wir Ihnen (siehe Abbildung 11) wieder einige Themenbeispiele angefügt.

Wünschen die AC-Veranstalter schließlich, den Kandidaten bei einer **Fachpräsentation** zu erleben, so gewährt man in der Regel sogar 15 bis 30 Minuten Vorbereitungszeit. Während z. B. bei der freien Spontanrede hinsichtlich der inhaltlichen Qualität Ihres Vortrags schon gern mal ein Auge zugedrückt wird, so sollte das Inhaltliche Ihrer Fachpräsentation schon eine runde Sache sein. Gerne wählen die Veranstalter dazu Themen aus den Bereichen der Unternehmensführung bzw. der allgemeinen Wirtschaft. Der Leser möge genug Fantasie bezüglich solcher Themen haben, so dass wir auf eine explizite Auflistung von Beispielsthemen an dieser Stelle verzichten können.

Themenbeispiele aus dem Bereich „Eigene Lebensplanung/persönliche Werte/Einstellungen“
• Mein Leben mit Fünfzig • Das soll auf meinem Grabstein stehen! • In zehn Jahren möchte ich ... • Drei Wünsche, die ich an eine Zauberfee hätte • Dafür stehe ich! • Mein Traum von einer „guten Welt“ • Drei Botschaften über unser Mensch-Sein, die ich an einen Außerirdischen senden würde
Themenbeispiele aus dem Bereich „Nachdenkliches – Philosophisches“
• Phantasie ist wichtiger als Wissen • (Albert Einstein) • Jedem Anfang wohnt ein Zauber inne • (Hermann Hesse) • Ich suche nicht, ich finde (Pablo Picasso) • Wovor der Mensch am meisten Angst hat: einen neuen Weg zu gehen (Fjodor Dostojewski) • Unser Kopf ist rund, damit das Denken die Richtung wechseln kann (Francis Picabia) • Wer als erster geht, sammelt die Schätze ein • (Australisches Sprichwort) • Fünf Erbsen lebten in einer Schote, und die war grün, und so meinten sie, die ganze Welt müsse grün sein (Hans-Christian Andersen)

***Abbildung 11** Beispiele für Themen des kreativen Kurzvortrages*

4.2 *Darum geht's:* Rhetorisches Ausdrucksvermögen und Stress-Stabilität (I)

Es ist wieder soweit: Soll-Profil studieren und Selbstdiagnose machen!

Anforderungskriterien (Soll-Profil)	**Selbstdiagnose zum Soll-Profil**				
	Trifft überhaupt nicht zu		⇔		Trifft voll und ganz zu
RHETORISCHES AUSDRUCKSVERMÖGEN					
Der Teilnehmer strukturiert seine Rede in überschaubare Teile, die einen sinnvollen Gesamtzusammenhang bilden („roter Faden").	☐	☐	☐	☐	☐
Der Teilnehmer trägt seine Rede durch Gebrauch adäquater Wort- und Satzstile sowie rhetorischer Redefiguren in treffsicheren Formulierungen vor („sprachliches Ausdrucksvermögen").	☐	☐	☐	☐	☐
Der Teilnehmer spricht mit deutlicher Aussprache, mit ansprechender Betonung sowie in dialektfreiem Deutsch und setzt Sprechzäsuren („wirkungsvollle Sprechtechnik").	☐	☐	☐	☐	☐
Der Teilnehmer nutzt Mimik, Gestik, Bewegung und Blickkontakt zur Kommunikation mit dem Publikum („bewusste Körpersprache").	☐	☐	☐	☐	☐
Der Teilnehmer findet die „richtige Chemie" zu seinem Publikum und versieht seinen rhetorischen Auftrag mit erkennbarer Freude („mentale Einstellung").	☐	☐	☐	☐	☐
STRESS-STABILTÄT (I)					
Der Teilnehmer bleibt auch in Stresssituationen ruhig, sachlich und locker und überzeugt durch ein sicheres Auftreten.	☐	☐	☐	☐	☐
Der Teilnehmer zeigt auch bei persönlich herausfordernden Situationen eine situationsadäquate Gelassenheit; er hat in solchen Situationen Witz und Humor, ist unverkrampft und kann lachen (über andere und über sich selbst)	☐	☐	☐	☐	☐

4.3 *Oft passiert's:* Vom Stress mit der Kamera und vom unerwarteten Massenpublikum

Plötzlich und unvorbereitet eine freie Rede vor Publikum halten zu müssen, ist eigentlich schon Stress genug. Insofern verzichten die Ausrichter von Assessment-Centern in der Regel darauf, an dieser Stelle die Belastung noch zusätzlich zu erhöhen. Gelegentlich gibt es jedoch einige Ausreißer, auf zwei davon sollten Sie gefasst sein:

Seien Sie nicht allzu sehr überrascht, wenn plötzlich ein so genannter „technischer Mitarbeiter" des Unternehmens den Seminarraum betritt und eine auf einem

Stativ montierte Videokamera mit sich schleppt. Der Moderator wird, wäh-rend er seine Instruktionen zur Übung der freien Rede vorträgt, eher beiläufig und am Rande auf diesen technischen Mitarbeiter eingehen, etwa mit der Bemerkung:

> *„Übrigens, darf ich Ihnen Herrn Heinz Linsengucker vorstellen, Herr Linsengucker ist für die technische Betreuung unserer Mediathek zuständig. Er wird Ihre Rede zu Dokumentationszwecken mit der Kamera aufnehmen, damit wir bei der späteren Auswertung unter Umständen noch einmal darauf zurückgreifen können."*

Hand aufs Herz, die Ankündigung eines Videomitschnitts lässt den Adrenalinspiegel noch mal zusätzlich steigen. „Wie werde ich auf dem Film wohl wirken? Wie sehe ich aus, wie hört sich meine Stimme an?" Oder etwa „Oh Gott, was machen die mit dem Film? Wer sieht denn den noch alles an?" Dies sind nur zwei von vielen möglichen Gedanken, die einem in diesem Moment durch den Kopf schießen können. Und wer in diesem Augenblick auch noch daran denkt, wie merkwürdig sich doch die eigene Stimme auf dem letzten Urlaubsvideo angehört hat, dem kann schon ganz schön mulmig werden.

Bei unserer Rezeptur der authentischen Gelassenheit betonen wir an dieser Stelle den Aspekt der „Gelassenheit". Vergegenwärtigen Sie sich bewusst noch einmal Ihre mentale Einstellung zur Redesituation. Wenn Sie dieser Situation positiv gegenüber stehen („O.k., ich glaub', ich kann ganz gut reden, ich spreche sogar ganz gern zu Publikum, ich pack das jetzt!"), versuchen Sie einfach das zusätzliche Auge der Kamera zu ignorieren und in jedem Fall Ihre positive Einstimmung beizubehalten. Falls Sie die Redesituation ohnehin eher ablehnen („Meine Güte, auch das noch, wo ich doch sowieso immer rot anlaufe, wenn ich vor Publikum sprechen soll."), dann werden Sie die Kamera zwar nicht gerade als willkommenen Aufmunterer begrüßen. Aber Sie sollten Ihre Stimmung nicht noch zusätzlich verschlechtern lassen. Kaputt machen kann Ihnen diese Kamera nichts.

AC-Possenthermometer

Auf unserer Skala des AC-Possenthermometers bewerten wir mit der Note 3 (überraschend-verwirrend), denn es gibt wahrhaftig derbere Hammerschläge im Assessment-Center.

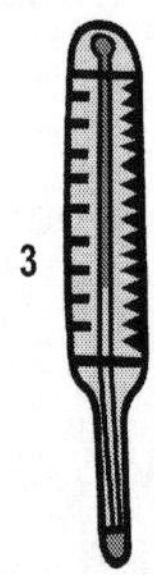

Stress mit der Kamera

Zwar sehr selten, aber immerhin doch schon einige Male hat der Autor dieses Beitrags auch folgende Situation erlebt. Der Moderator gibt den Teilnehmern des Assesment-Centers die einschlägigen Vorbereitungsinformationen zur Absolvierung der freien Rede. Am Ende dieser Instruktion nimmt die Sache dann aber eine überraschende Wendung etwa folgender Art:

> *„Meine Damen und Herren, Ihre Rede zum Thema* 'Das Kaninchen als Wappentier in unserem neuen Firmenlogo' *interessiert nicht nur uns hier in diesem Raum. Das würden sich bestimmt auch andere Mitarbeiter unseres Hauses gerne anhören. Glücklicherweise läuft in unserer großen Aula nebenan gerade unsere halbjährliche Betriebsversammlung. Es wäre schön, wenn wir nun gemeinsam da rüber gehen könnten, und Sie halten Ihre kurze Rede dann vor unserer Belegschaft."*

Wie gesagt, diese Schikane hat wahren Seltenheitswert, aber es hat sie eben doch schon hier und dort gegeben. Nun sollen Sie Ihre Rede also nicht mehr vor vielleicht 15 Personen, sondern auf einmal vor 200 bis 300 Mitarbeitern halten. Wenn da nicht Holland in Not ist!

Bei unserer Rezeptur der authentischen Gelassenheit müssen wir hier quasi das höchste Register ziehen. Als Lehrmeister empfehlen wir in dieser Situation niemand Geringeren als Hermann Hesse. Hesse, dessen großes literarisches Thema stets der Umgang mit Krisensituationen im persönlichen Leben war, rät bei Krisen von allerhöchstem Ausmaß zu zwei Lösungswegen: dem Tod oder dem Humor. Da wir annehmen, lieber Leser, dass Sie bester Lebensfreude sind, empfehlen wir Ihnen natürlich den zweiten Weg: den Humor. Allen Ernstes, nehmen Sie eine solche Situation wirklich mit Humor. So plötzlich und unerwartet vor vielen hundert Menschen sprechen zu müssen, ist der absolute „worst case", der im Assessment-Center auf Sie zukommen kann (zumindest dann, wenn Sie nicht tagtäglich professionell zu größeren Menschenmengen sprechen). Was also bleibt Ihnen übrig, als diese Sache mit Humor zu nehmen?! Oder, wie man im anglo-amerikanischen sagt: „Shit happens, so what?!"

AC-Possenthermometer

Dreist ist ein solches Ansinnen im Assessment-Center aber allemal. Deswegen erhält eine solche Übung – so selten sie bislang auch zu sehen war – auf unserem AC-Possenthermometer die absolute Höchststufe acht (in hohem Maße dreist-unverschämt).

Unerwartetes „Massenpublikum"

Fünfter Streich

Manager entscheiden oft
unter Zeitdruck unverhofft
über hochkomplexe Sachen,
wo sie unter mannigfachen
Zwängen der Entscheidung steh'n,
so dass, eh' sie sich verseh'n,
manches oft daneben geht,
was dann in der Zeitung steht.

Hier hat man sich ausgedacht
fürs AC mit viel Bedacht
etwas, was man „Postkorb" nennt
und wo man ganz konsequent
auf den Punkt betrachten tut,
ob der Kandidat hat Mut
zu entscheiden frank und frei
auch wenn's ist 'ne Wuselei
kniffliger Zusammenhänge
und ein tüchtiges Gedränge
hoch-vernetzter Fachprobleme,
nun, das ist nicht grad bequeme!

Max und Moritz wird es schwüle,
denn jetzt geht es in die Mühle
dieses Postkorbs straff hinein,
das macht wieder arge Pein.
Dann kommt es zum Interview
Wo man nochmals ganz in Ruh'

schön Revue passieren lässt,
ob man denn auch sattelfest
zum Entschiedenen klar steht,
oder ob der Mut vergeht,
nur weil jemand recht dumm fragt:
„Hat da Ihr Verstand versagt?“
Mancher wird hier echt gemein
und zum regelrechten Schwein.

Max und Moritz wird es bange,
hoffentlich geht's nicht so lange.
Doch es hilft ja alles nix,
drum bewältigen jetzt fix
Max und Moritz diesen Streich,
denn der sechste folgt sogleich.

Fünfter Streich Postkorb-Übungen

5.1 *So läuft's:* Vom stressgeplagten „decision making" unter Zeitdruck

Postkorbübungen gehören seit je her ebenso wie die Gruppendiskussionen und die Rollenspiele zu den echten Klassikern, die in fast keinem Assessment-Center fehlen. Der Name „Postkorb" leitet sich tatsächlich aus einem mit simulierten Geschäftsvorfällen vollgepackten Korb ab, die der Kandidat im Assessment-Center zu bearbeiten hat. Schauen wir also etwas genauer hin:

Die Postkorbübung ist eine separate Individualaufgabe für jeden einzelnen Teilnehmer des Assessment-Centers; im Gegensatz zu den meisten bis hierher geschilderten Übungen des AC handelt es sich also nicht um Teamprozesse, die von den Beobachtern analysiert werden. Jeder einzelne Teilnehmer bekommt für eine bestimmte Zeitdauer (meistens für 60 Minuten) einen separaten Arbeitsraum zugewiesen und erhält zu Beginn eine kurze schriftliche Anweisung, mit deren Hilfe er sich in eine bestimmte gedankliche Ausgangssituation versetzen soll. Eine solche Beschreibung könnte etwa folgendermaßen lauten:

> Bitte versetzen Sie sich einmal in die Situation, dass Sie nun schon einige Zeit erfolgreich in unserem Unternehmen arbeiten. Eines schönen Sonntags erhalten Sie am Nachmittag (16. 00 Uhr) vom Vorstand des Unternehmens persönlich einen Anruf, worin er Sie bittet, unbedingt und unverzüglich in die Firma zu kommen.
>
> Tragischerweise hat Ihr direkter Fachvorgesetzter und Abteilungsleiter einen Herzinfarkt erlitten. Zum Glück geht es ihm den Umständen entsprechend gut, er hat es überlebt und ist mittlerweile in der Klinik medizinisch bestens versorgt. Dennoch wird er natürlich für die nächsten Wochen im Unternehmen ausfallen. Sie sollen nun ad hoc seine Stellvertretung übernehmen. Dazu ist es unbedingt erforderlich, dass Sie eine Reihe von Geschäftsvorfällen vorab sichten und dazu auch Entscheidungen treffen, bevor es dann am Montag morgen ab 09. 00 Uhr für Sie ernst wird mit der Stellvertretung.

So oder so ähnlich lauten fast alle Einweisungen in die Postkorbübung. Es folgt in der Regel ein umfangreiches Papier, mit dessen Hilfe Sie die gesamte Situation, in die Sie nun gedanklich versetzt wurden, genauer erfassen können. So gibt es beispielsweise eine genauere Beschreibung des Unternehmens bzw. der Abteilung, in die Sie gedanklich versetzt worden sind, daneben auch Organigramme sowie einige sehr persönlich gehaltene Hinweise über die Mitarbeiter Ihrer

Abteilung. Ihre Aufgabe besteht zunächst darin, all diese Informationen zu lesen und möglichst rasch zu erfassen.

Dann wird Ihnen der eigentliche Postkorb vorgesetzt. Dieser Korb enthält in der Regel zwischen 20 und 40 simulierte Geschäftsvorfälle, zu denen Sie dann bestimmte Entscheidungen treffen sollen. Die einzelnen Vorgänge im Postkorb haben durchaus unterschiedliche Prioritäten. Es ist ein Unterschied, ob die Sekretärin den Wunsch nach Anschaffung einer neuen Kaffeemaschine an Sie heranträgt oder ob Sie vor der Entscheidung stehen, einen Mitarbeiter entlassen zu müssen. Somit „versteckt" sich in dem Postkorb also ein ganz bestimmtes Prioritätenraster, das es zu entschlüsseln gilt.

Neben dem versteckten Prioritätenraster ist ein umfangreiches Netz von gegenseitigen Abhängigkeiten der Geschäftsvorfälle ein weiteres markantes Kennzeichen des Postkorbs. Fast kaum ein Vorgang und eine damit verbundene Entscheidung steht für sich allein, alles ist mit allem irgendwie miteinander verbunden. Somit gilt es, diese Vernetzungen klug zu durchschauen und die zu treffenden Entscheidungen auf diese gegenseitigen Abhängigkeiten abzustimmen. Als ob das alles nicht schon schwierig genug wäre! Aber es kann noch dicker kommen: Häufig werden ganz unverhofft Vorgänge aus ihrem simulierten Privatleben in den Postkorb „eingeschleust" Sie finden dann plötzlich einige Kurznachrichten vor, wie etwa:

- Ihre Frau/Ihr Mann (bzw. Ihre Lebenspartnerin/Ihr Lebenspartner) hatte einen schweren Autounfall. Sie/Er ist mit lebensgefährlichen Verletzungen in die Klinik eingeliefert worden.
- Ihre Kinder rufen an; sie haben vergessen, den Haustürschlüssel mitzunehmen und stehen nun (es ist Winter) in eisiger Kälte zuhause vor verschlossener Haustür und warten darauf, dass Sie sofort dorthin kommen.
- Für den Fall, dass Sie ein männlicher Bewerber sind: Ein flüchtiges Verhältnis zu einer Arbeitskollegin hat ungeahnte Folgen. Nun stehen Sie vor der Entscheidung, ob Sie sich von Ihrer Ehefrau scheiden lassen sollen und mit Ihrer Kollegin eine neue Zukunft beginnen.
- Ihre Eltern drohen Ihnen mit der Enterbung, falls Sie sich nicht endlich mehr um sie kümmern. Ihr Vater bittet Sie in diesem Zusammenhang noch heute Abend zu einer klärenden Aussprache vorbeizukommen. (Vergessen Sie nicht: Sie hatten sich dazu entschieden, heute Abend die Anreise zu einem auswärtigen Kongress anzutreten, der morgen beginnt).

Solche und ähnliche simulierte Vorfälle aus Ihrem Privatleben können Sie vor ganz schöne Gewissenskonflikte stellen. Außerdem binden sie Zeit, die eigentlich für die Bearbeitung der anderen geschäftlichen Vorfälle dringend benötigt wird. Womit wir bei dem nächsten kennzeichnenden Merkmal der Postkorbübung wären: Fast nie geht die gesamte Postkorbübung ohne immensen Zeitdruck ab. Die Zeit für die Bearbeitung der Geschäftsvorfälle ist äußerst knapp bemessen, ein ruhiges und entspanntes Überlegen ist fast ebenso kaum möglich wie etwa ein gemütliches Nach-kontrollieren bereits getroffener Entscheidungen.

Wenn Sie Ihren Postkorb durchgearbeitet haben, kommt es in aller Regel im Anschluss daran zu einem so genannten Auswertungsinterview. In diesem Auswertungsinterview sitzen Ihnen der Moderator und die Beobachter des Assessment-Centers gegenüber und bitten Sie darum, die getroffenen Entscheidungen Punkt für Punkt noch einmal kurz vorzutragen und auch jeweils zu begründen. So weit es dabei lediglich zu „klärenden" Nachfragen des Moderators und der Beobachter kommt, ist diese Sache noch relativ harmlos. In aller Regel wird Ihnen in diesem Interview aber ganz schön zugesetzt, indem Sie recht gezielt verunsichert werden. Damit sind wir unmittelbar an der Nahtstelle zu schikanösen Praktiken in diesem Teil des Assessment-Centers. Lesen sie dazu das übernächste Kapitel 5. 3.

5.2 *Darum geht's:* Konzeptionelle Kompetenz, Entscheidungsfähigkeit, Organisationstalent und Stress-Stabilität (II)

Was hier wieder zu tun ist, wissen Sie doch längst, also: auf geht's!

Anforderungskriterien (Soll-Profil)	Selbstdiagnose zum Soll-Profil				
	Trifft überhaupt nicht zu		⇔		Trifft voll und ganz zu
KONZEPTIONELLE KOMPETENZ					
Der Teilnehmer geht problem- und zielorientiert an komplexe Aufgabenstellungen heran.	☐	☐	☐	☐	☐
Der Teilnehmer arbeitet mit Übersicht und Systematik an komplexen Aufgabenstellungen.	☐	☐	☐	☐	☐
Der Teilnehmer gliedert und zerlegt ein komplexes Problem in einzelne Arbeitsschritte oder Teilfragestellungen und integriert andererseits Sachverhalte zu brauchbaren neuen Zusammenhängen (Analyse, Synthese).	☐	☐	☐	☐	☐
Der Teilnehmer begründet seine Arbeitsschritte in Analyse- oder Synthesesituationen jeweils mit sachlichen, logischen und stich-haltigen Argumenten.	☐	☐	☐	☐	☐
ENTSCHEIDUNGSFÄHIGKEIT					
Der Teilnehmer kann sich in Pro-blemlösungssituationen rasch zu Entscheidungen entschließen, auch dann, wenn nur wenige Informationen als Entscheidungsgrundlage zur Verfügung stehen.	☐	☐	☐	☐	☐
Der Teilnehmer zeigt in Entscheidungssituationen mit unvollständiger Informationslage ein angemessenes Maß an Risikobereitschaft.	☐	☐	☐	☐	☐

Fortsetzung

Anforderungskriterien (Soll-Profil)	**Selbstdiagnose zum Soll-Profil**				
	Trifft überhaupt nicht zu		⇔		Trifft voll und ganz zu
Der Teilnehmer unterscheidet Wesentliches von Unwesentlichem und setzt Prioritäten richtig.	☐	☐	☐	☐	☐
ORGANISATIONSTALENT					
Der Teilnehmer verschafft sich vor Beginn des Arbeitens einen Überblick über die anstehenden Aufgabenkomplexe.	☐	☐	☐	☐	☐
Der Teilnehmer schätzt Arbeits- und Zeitaufwände überschlägig richtig ein („Zeitmanagement").	☐	☐	☐	☐	☐
Der Teilnehmer stimmt die verschiedenen anstehenden Arbeitsabläufe richtig aufeinander ab.	☐	☐	☐	☐	☐
Der Teilnehmer beherrscht die Kunst des richtigen Delegierens.	☐	☐	☐	☐	☐
STRESS – STABILITÄT (II)					
Der Teilnehmer bleibt bei Provokation und Ablehnungen seitens anderer beherrscht.	☐	☐	☐	☐	☐
Der Teilnehmer bleibt „der Gleiche", wenn Autoritätspersonen ihn angreifen.	☐	☐	☐	☐	☐
Der Teilnehmer kann über persönliche Fehler, Schwächen oder Misserfolge realistisch und mit Selbstverständlichkeit reden.	☐	☐	☐	☐	☐

5.3 ***Oft passiert's:*** Von einem bunten Kaleidoskop der Schikanen

Die Postkorb-Übung ist die geradezu klassische Spielwiese für allerlei Schikanen im Assessment-Center schlechthin. An kaum einer anderen Stelle im Assessemnt-Center erliegen die Beobachter mehr der Versuchung, die Kandidaten zu verunsichern. Zwar werden die Beobachter im Beobachtertraining, welches dem eigentlichen Assessment-Center vorangeht, ausdrücklich dazu angehalten, im Auswertungsinterview zur Postkorb-Übung neutral zu bleiben. Typische Anweisungen an die Beobachter sind etwa: „Lassen Sie keinerlei Bewertung erkennen, auch nicht nonverbal." oder z.B. auch „Formulieren Sie Auswertungsfragen im Postkorb-Interview wertfrei." Und dennoch, nirgendwo sonst im Assessment-Center „menschelt" es so sehr in dem Sinne, dass sich die meisten Beobachter eben doch dazu hinreißen lassen, das Auswertungs-Interview in ein richtiges „Stressinterview" ausarten zu lassen.

Die Palette der Angriffe auf die Teilnehmer ist so bunt und so vielfältig, dass wir hier getrost von einem wahren Kaleidoskop der Schikanen sprechen können. Wir haben in der folgenden Abbildung 12 versucht, dieses Kaleidoskop ausschnittartig darzustellen.

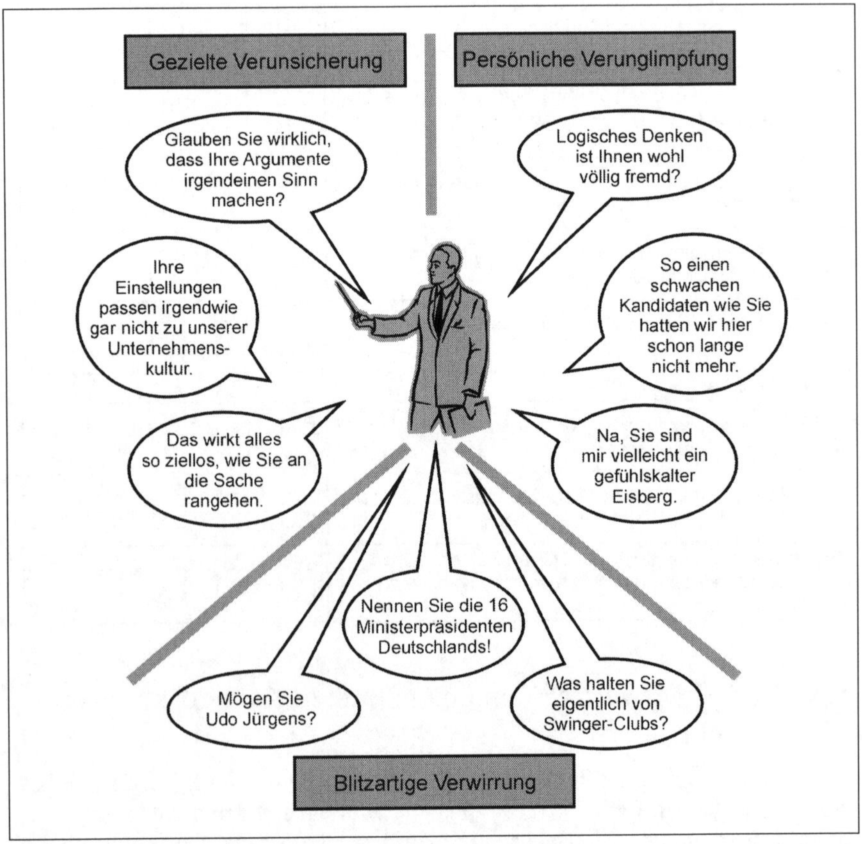

***Abbildung 12** Das Kaleidoskop der Schikanen im Interview zur „Postkorbübung“*

Wie Sie in der Abbildung erkennen können, sind die Schikanen nicht nur besonders variantenreich. Sie haben auch unterschiedliche Schärfe bzw. Durchschlagskraft. Die Skala reicht von eher harmlosen Dingen der (manchmal sogar unbewussten) Verunsicherung über gezielte Verwirrungen bis hin zu derben persönlichen Beleidigungen.

Wenn das Kaleidoskop der Schikanen variantenreich und vielfältig ist, dann erstreckt sich logischerweise auch die Rezeptur der authentischen Gelassenheit an dieser Stelle über eine ganze Bandbreite. Im übertragenen Sinn ist es das, was zur Zeit des so genannten „kalten Krieges“ zwischen den Weltmächten als Nato-

Strategie der „Flexible response“ berühmt wurde. Je nach der Schwere des Angriffs richtet sich auch die Wucht des Gegenschlags. Bezogen auf unsere Situation bedeutet dies: bei eher harmlosen, vielleicht sogar unbewussten Versuchen der Verunsicherung können Sie – wenn es Sie selbst nicht allzu sehr stört – die Konfliktbewältigungsstrategie des „Vermeidens“ bzw. „Nachgebens“ wählen. Bei derberen Angriffen, die Sie vielleicht wirklich in Rage bringen, erinnern Sie sich am besten an eine Devise des Altbundeskanzlers Helmut Schmidt, der einmal gesagt hat: „Auf grobe Klötze gehören auch grobe Keile.“ Weisen Sie also dann verunglimpfende und beleidigende Angriffe auf Ihre Persönlichkeit entschieden zurück, indem sie etwa sagen:

> *„Meine Damen und Herren, ich verstehe natürlich, dass es sich hier im Rahmen des Assessment-Centers um ein Stress-Interview handelt. Dennoch fordere ich von Ihnen ein, die üblichen und allgemeingültigen Regeln des menschlichen Anstandes einzuhalten. So, wie ich es Ihnen gegenüber ja auch tue.“*

In den allermeisten Fällen reicht eine solche klare Ansage und das bewusste Setzen von Grenzen aus, um die Beobachter von weiteren Angriffen unter die Gürtellinie abzuhalten.

So facettenreich das Kaleidoskop der Schikanen selbst ist, so unterschiedlich muss demnach auch unsere Bewertung auf dem AC-Possenthermometer ausfallen. Manche Dinge sind eher harmlos, anderes hingegen ist in höchstem Maße unverschämt und dreist. Wir entschließen uns daher zu einer Gesamtbewertung, die einen Mittelwert zwischen diesen Skalenausschlägen darstellt und bewerten mit der Note 4 (zumindest in hohem Maße verunsichernd).

AC-Possenthermometer

Schikanen im Postkorb-Auswertungsinterview

Sechster Streich

Also lautet ein Beschluss:
dass man Menschen testen muss!
Ob sie sich auch Mühe machen,
wenn es geht um Rechensachen,
ob sie konzentriert dann sind
und auch artig wie ein Kind
über viele Seiten lang
mit vitalem Schaffensdrang
subtrahieren, dividieren,
ohne groß zu diskutieren,
ob denn diese Zahlenschlacht
irgendeinen Sinn auch macht.

Max und Moritz gar nicht dumm
geben hier ihr Maximum.
Doch kaum ist der Test vorbei
kommt die nächste Quälerei.
Wenn ein Mensch „gebildet" ist,
er doch niemals mehr vergisst,
was als Schüler er musst' lernen
von den alten und modernen
Malern, Dichtern, Komponisten,
über Moslems, über Christen,
über Länder in der Ferne,
über weit entfernte Sterne,
über Kriege leider auch,
über fremder Völker Brauch,

kurzgefasst hier heißt das Ziel:
Wissen soll der Mensch recht viel!

Drum geht los die Stichelei:
„Wann begann die Sklaverei
denn im alten Rom genau?
Wer war Caesars zweite Frau?
Kennen Sie die Zauberflöte?
Nennen Sie die selt'ne Kröte,
die 's in Afrika nur gibt!
Wen hat Romeo geliebt?
Was hat Shakespeare draus gemacht?
Wann war eigentlich die Schlacht
als die Türken war'n vor Wien?
Wer hat „Salve" stets geschrien?

Max und Moritz, unsre beiden,
müssen hier mal wieder leiden.
Doch es hilft ja alles nix,
drum bewältigen jetzt fix
Max und Moritz diesen Streich
denn der letzte folgt sogleich.

Sechster Streich Diverse Tests

6.1 *So läuft's:* Von rechnenden ABC-Schützen über „Wer-wird-Millionär?" bis hin zu „Helmut-Kohls-Platz-in-der-Geschichte"

Die bioenergetische Leistungskurve des Menschen weist bekanntlich im Tagesverlauf verschiedene Höchst- bzw. Tiefstpunkte auf. Was läge näher, als an einem typischen Tiefstpunkt (also z. B. nach dem Mittagessen) eine Übung zu platzieren, die in besonderem Maße die Konzentrations-Leistungsfähigkeit der Teilnehmer fordert. Klingt gemein, ist aber so! Typischerweise nach dem Mittagessen kommt es in vielen Assessment-Centern zu diversen Tests. Die Zeiten, als man AC-Kandidaten an dieser Stelle mit klassischen IQ-Tests nervte, gehören Gott sei Dank der Vergangenheit an (zumindest weitgehend). Aber es verbleibt noch genügend Munition im AC-spezifischen Testarsenal:

Sehr beliebt ist z. B. der klassische KLT, was nichts weiteres bedeutet als eine Abkürzung für „Konzentrations-Leistungs-Test". Bei dieser Übung bekommen Sie einfachste Rechenaufgaben vorgelegt, die in der Tat eher für ABC-Schützen geeignet zu sein scheinen als für kommende Führungskräfte der deutschen Wirtschaft. Nichtsdestotrotz wird man Sie mit der Stoppuhr in der Hand anweisen, über eine bestimmte Zeit (meistens 15 oder 30 Minuten) lang so viele einfache Rechenaufgaben wie nur möglich zu rechnen (und diese möglichst auch zu einem richtigen Ergebnis zu führen). Die folgende Übersicht zeigt eine typische Regieanweisung für solche Konzentrations-Leistungs-Tests:

Wer diese Pennäler-Klamotte hinter sich gebracht hat, fühlt sich nur wenige Augenblicke später in Günther Jauchs Fernsehquiz „Wer wird Millionär?" versetzt. Welche andere Assoziation soll man auch haben, wenn man auf einmal mit Fragen konfrontiert wird, wie wir sie beispielsweise in der Abbildung 14 dargestellt haben. Wie Sie leicht erkennen können, geht es hier also um das weite Feld der Allgemeinbildung. Der thematische Bogen spannt sich von der Geografie über die Geschichte und die verschiedenen Ausprägungen der Kultur bis hin zu Naturwissenschaft und Technik. Nicht immer werden einschlägige Erkenntnisse in diesen Bereichen mit schriftlichen Tests abgefragt. Mitunter wird man ganz unversehen in eine muntere Diskussion mit den Moderatoren und Beobachtern verwickelt, in der solche Fragen auf einmal sehr massiv einfließen.

KLT-Testbogen

Name: .... Vorname: .... geb.: L
Schulbildung: .... Beruf: .... F

RW	SW	PR
RW	f%	FQ

Testbogen bitte geschlossen halten!
Erst nach Aufforderung nachlesen!

Der vorliegende Testbogen enthält Rechenaufgaben. Wie diese Rechenaufgaben zu lösen sind, zeigen die folgenden 2 Beispiele:

Beispiel A: 8 + 9 – 2 / 5 – 4 + 3 [ ]

Zuerst die obere Zeile ausrechnen und sich das Ergebnis merken (15). Dann dasselbe mit der unteren Zeile tun (4). Beide Zahlen im Kopf behalten!

1. Regel: Ist die obere Zahl größer (wie im Beispiel A), dann die untere von der oberen abziehen (15 – 4) und das **Ergebnis** in das **Kästchen eintragen** (11).

Beispiel B: 3 + 6 – 8 / 9 + 1+ 7 [ ]

Wieder die obere Zeile ausrechnen und sich das Ergebnis merken (1). Dann dasselbe mit der unteren Zeile tun (17). Beide Zahlen im Kopf behalten!

2. Regel: Ist die obere Zahl kleiner (wie im Beispiel B), dann die untere zu der oberen hinzuzählen (1 + 17) und das **Ergebnis** in das **Kästchen eintragen** (18).

Man muss jeweils die beiden Zwischenergebnisse im Kopf behalten und entweder voneinander abziehen oder zusammenzählen! Die folgenden Probeaufgaben jetzt in Ruhe durchrechnen!

5 – 2 + 6		9 + 5 + 8		9 + 8 – 6		3 + 6 – 5	
	[ ]		[ ]		[ ]		[ ]
4 + 7 + 5		6 – 3 + 4		5 – 3 + 5		5 + 7 – 4	

Noch nicht umblättern! Zeichen dazu abwarten!

Abbildung 13 *Beispiel einer Arbeitsanweisung zu einem „Konzentrations-Leistungs-Test" (KLT)*

Von da ist es nicht mehr weit zu dem ebenfalls sehr beliebten „Satzergänzungsspiel". Das Prinzip dieser Übung ist sehr einfach: Die Teilnehmer und der Moderator des Assessment-Centers sitzen wie gewohnt in einer Runde zusammen. Der Moderator formuliert Satzanfänge, die dann von einem der Teilnehmer vollendet werden müssen. Schauen wir auf ein kurzes Beispiel:

Der Moderator sagt: "Helmut Kohls Platz in der Geschichte ... „

Nun muss der aufgerufene Teilnehmer diesen Satzanfang spontan und natürlich möglichst sinnvoll vollenden. Mögliche Satzergänzungen wären etwa (je nach politischer Färbung),

- *„... wird für immer mit der historischen Leistung der Wiedervereinigung Deutschlands verbunden sein."*
- *„... wird für immer mit der abartigen Vorstellung von* Pfälzer Saumagen *verbunden sein."*

Um Ihnen noch eine breiteren Eindruck von denkbaren Satzanfängen zu vermitteln, haben wir in der Abbildung 15 einige Beispiele zusammengestellt. Sie können daraus auch ersehen, dass sich die Satzanfänge schwerpunktmäßig auf zwei Themenbereiche (persönliche Lebensplanung und politisch-aktuelles Zeitgeschehen) konzentrieren:

Beantworten Sie bitte die folgenden Fragen!
1. Nennen Sie bitte die Hauptstädte (Regierungssitz) der folgenden Länder: • Türkei • Syrien • Moldawien • Estland • Saudi-Arabien • Schweiz • Island • Australien • Ghana
2. Der 9. November hat in der Geschichte des 20. Jahrhunderts mehrfach eine bedeutsame Rolle gespielt. Nennen Sie bitte mindestens zwei historische Ereignisse, die an einem 9. November stattfanden!
3. Nennen Sie bitte beginnend ab dem Jahr der Gründung der Bundesrepublik Deutschland (Wann war das?) die bisherigen deutschen Bundeskanzler!
4. Wer war der bisher einzige Deutsche der Nachkriegszeit, der den Friedensnobelpreis erhalten hat?
5. Wie lauten die binomischen Formeln?
6. Wie heißen der sonnennächste und der sonnenfernste Planet?
7. Beschreiben Sie kurz den Inhalt der Heisenberg'schen Unschärferelation!
8. Benennen Sie die Autoren der folgenden Literaturwerke: • Das Glasperlenspiel • Der kleine Prinz • Der Fremde • Die Blechtrommel
9. Zu welcher Oper gehört die Arie. „In diesen heil'gen Hallen, kennt man die Rache nicht, und ist ein Mensch gefallen, führt Liebe ihn ans Licht"? Wer war der Komponist?
10. Nennen Sie bitte die einzige Oper, die Ludwig v. Beethoven komponiert hat!
11. Welches ist der höchste jüdische Feiertag?
12. Nennen Sie mindestens einen zeitgenössischen Maler, der zu der Gruppe „Der blaue Reiter" gehört!

Abbildung 14 *Fragebogen zur Einschätzung des Allgemeinwissens*

Satzanfänge aus dem Bereich
• Meine drei größten Stärken sind ...
• Meine drei größten Schwächen sind ...
• In fünf Jahren möchte ich ...
• Auf dem Zenit meines Lebens/zu meiner Lebensmitte möchte ich ...
• Nach meinem Tod sollen andere Menschen über mich sagen ...
• Wenn mein Arzt mir sagen würde, dass ich nur noch drei Monate zu leben hätte, dann ...
• Das größte Risiko, das ich je in meinem Leben eingegangen bin ...
• Der deutlichste Beweis für Freiheit in meinem Leben ist ...
• Mein persönliches Vorbild für mich ...
Themenbeispiele aus dem Bereich „Politisch-gesellschaftliches Zeitgeschehen"
• Die deutsche Einheit bedeutet für mich ...
• Die Vision von einem vereinten Europa ...
• Helmut Kohls Rolle in der Geschichte ...
• Willy Brandts Satz „Jetzt wächst zusammen, was zusammen gehört" ...
• Den 11. September 2001 sehe ich persönlich ...
• Soziale Gerechtigkeit bedeutet für mich ...
• Die islamische Kultur sehe ich ...
• Aids in Afrika ...
• Globale Klimaveränderungen bedeuten für mich in meinem persönlichen Alltag ...
• Die Zuwanderung von osteuropäischen Bürgern nach Deutschland ...
• Die Zukunft des Irak ...

***Abbildung 15** Beispiele für Satzanfänge in der „Satzergänzungsübung"*

6.2 *Darum geht's:* Konzentrationsfähigkeit, Allgemeinbildung und persönliche Zukunftsorientierug

Wer's bis hierher geschafft hat, dem brauchen wir's wirklich nicht mehr erklären. Also tun Sie's einfach!

Anforderungskriterien (Soll-Profil)	**Selbstdiagnose zum Soll-Profil**				
	Trifft überhaupt nicht zu		⇔		Trifft voll und ganz zu
KONZENTRATIONSFÄHIGKEIT					
Der Teilnehmer verfügt über eine rasche Auffassungsgabe bei neuen, komplexen Aufgaben-stellungen.	☐	☐	☐	☐	☐
Der Teilnehmer arbeitet mit Übersicht und Systematik an komplexen Aufgabenstellungen.	☐	☐	☐	☐	☐
Der Teilnehmer kann über längere Zeit hinweg aufmerksam und konzentriert arbeiten und konstante Arbeitsleistungen er-bringen.	☐	☐	☐	☐	☐

Fortsetzung

Anforderungskriterien (Soll-Profil)	**Selbstdiagnose zum Soll-Profil**				
	Trifft überhaupt nicht zu		⇔		Trifft voll und ganz zu
Der Teilnehmer kann auch unter hohen Anforderungen und unter hohem Zeitdruck annehmbare Arbeitsergebnisse erzielen.	☐	☐	☐	☐	☐
ALLGEMEINBILDUNG					
Der Teilnehmer verfügt über ein hohes Maß an Kenntnissen des aktuellen Zeitgeschehens.	☐	☐	☐	☐	☐
Der Teilnehmer kann sich in den Grundthemen unserer Kultur und Zivilisation (z. B. Menscheitsge-schichte, Kultur, Naturwissen-schaften, Weltreligionen, Völker und Länder dieser Erde, Technik etc.) „parkettsicher" bewegen.	☐	☐	☐	☐	☐
PERSÖNLICHE ZUKUNFTSORIENTIERUNG					
Der Teilnehmer hat über seine eigene (längerfristige) Lebens-planung erkennbar nachgedacht und kann dazu unter Wahrung seiner schutzwürdigen Privat-sphäre Auskunft geben.	☐	☐	☐	☐	☐
Der Teilnehmer lässt in seiner eigenen Lebensplanung Zielorien-tiertheit erkennen und kann auf mittelfristige Sicht wesentliche Weichen benennen, die er zur Realisierung seiner Planungen stellen muss.	☐	☐	☐	☐	☐

6.3 *Oft passiert's:* Von Hintermännern und Schulmeistern

Wenn es im Assessment-Center zu Testsituationen der oben beschriebenen Art kommt, dann fühlt man sich häufig unweigerlich in seine eigene Schulzeit zurückversetzt. War es nicht schon damals auf der Penne so, dass der Lehrer es nicht lassen konnte, einem über die Schulter zu blicken, wenn Klassenarbeiten geschrieben wurden?! Und hatten Sie nicht schon damals in diesem Moment eine richtige innerliche Wut nach dem Motto „Mensch, Kerl hau ab; du machst mich noch ganz nervös!". Nicht anders im Assessment-Center! Wenn z. B. der berühmt-berüchtigte Konzentrations-Leistungs-Test angesagt ist, dann können es sich manche Beobachter eben doch nicht verkneifen, durch die Reihen zu patrouillieren und immer wieder mal einen Blick über die Schulter der Kandidaten zu werfen. Sie sehen im Grunde genommen nichts Aufregendes oder Spannendes, denn es sind ja nur einfachste Grundrechenarten, die die Teilnehmer in diesen Momenten ausführen. Dennoch muss es auch hier einen irgendwie unerklärlichen magischen Reiz an dem (vielleicht unbewussten) Spaß an der Verunsicherung geben.

Wenn Sie auch in dieser Situation authentisch bleiben wollen, horchen Sie in sich hinein: nehmen Sie das Auf- und Abgehen der Beobachter hinter Ihnen mehr oder weniger gar nicht zur Kenntnis, dann können Sie getrost alles belassen, wie es ist. Macht Sie der Tigergang des Beobachters aber wirklich nervös, dann scheuen Sie sich nicht, zumindest zu einer non-verbalen körpersprachlichen Abwehr zu greifen, etwa so, indem Sie mit Ihrem Oberkörper Ihre Arbeitsfläche vor den Blicken der Beobachter verdecken. Wenn dies immer noch nicht reichen sollte, greifen Sie zu dem schon mehrfach angesprochenen Mittel der Metakommunikation. Bringen Sie dann auch verbal klar zum Ausdruck, dass Sie ungestört arbeiten wollen.

AC-Possenthermometer

Auf unserem AC-Possenthermometer erhält dieses „Hintermann spielen" die Note 4 (verunsichernd-verwirrend). Es ist unangenehm, aber es gibt wahrhaftig schlimmere Dinge im Assessment-Center.

„Hintermann spielen"

An unsere Schulmeister vergangener Zeiten fühlen Sie sich vielleicht auch erinnert, wenn es zu der beschriebenen Satzergänzungs-Übung kommt. Obwohl auch hier die Beobachter eigentlich angehalten sind, im Hinblick auf die Bewertung Ihrer Satzergänzungen Pokerface zu bewahren, herrscht nicht immer nur ein Raum objektiver Neutralität. Nur allzu oft lassen sich die Beobachter dazu hinreißen, die Satzergänzungen der AC-Teilnehmer zumindest körpersprachlich (die Mimik desjenigen spricht dann Bände!) und gelegentlich auch verbal („Mein Gott, wo gibt's denn so was?") zu kommentieren. Wie gesagt, der alte Schulmeister, der sein Gesicht verzog, wenn man mal wieder seine lateinischen Vokabeln nicht gepaukt hatte und der dann mit bedeutungsschwangerer Miene geheimnisvoll eine Eintragung in seinem Notenbüchlein machte, erscheint unweigerlich wieder vor dem geistigen Auge.

Folgen Sie auch hier der Rezeptur der authentischen Gelassenheit, indem Sie sich selbst treu bleiben und Zutrauen zu Ihrer eigenen momentanen Leistung haben. Möge der Beobachter im Hintergrund noch so aufstöhnen, wenn Sie auf die Frage nach der für Sie beeindruckendsten Persönlichkeit der jüngeren Geschichte den Namen Willy Brandt nennen. Für Sie selbst ist es richtig so und damit ist es auch richtig, es an dieser Stelle im Assessment-Center zu artikulieren.

AC-Possenthermometer

Die schulmeisterliche Attitüde an dieser Stelle des Assessment-Centers ist aber weitgehend ungefährlich. Sie kann eigentlich fast eher zum Schmunzeln anregen, so wie man dies ja auch etwa tut, wenn man den Film „Feuerzangenbowle“ anschaut. Wir bewerten deshalb auf unserem AC-Possenthermometer mit der Note 2 (noch harmlos).

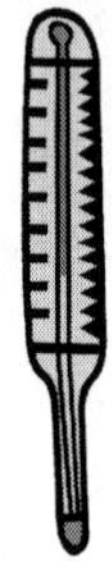

„Schulmeisterei“

Siebter Streich

Seine eig'nen Stärken kennen,
diese klar auch zu benennen,
nun, das klingt doch recht banal,
da kann man doch jovial
kräftig auf die Pauke hauen,
dass die andren nur so schauen.
Doch wenn's um die Schwächen geht,
schnell die Euphorie verweht.
Wer gesteht schon gerne ein,
dass er kann recht launisch sein.
Oder wer gibt gerne zu,
dass er oft, fast immerzu
feste auf sein Recht tut pochen,
wenn es sein muss über Wochen
bis der andre gibt klein bei,
weil ihm reicht die Schererei.

Schwächen bei sich selbst zu seh'n,
dem möcht' man, wenn's geht, entgeh'n.
Doch noch ärger wird es dann,
wenn die anderen sind dran:
„Max, sag' uns mal ganz genau,
was Du hältst von dieser Frau,
die sich Lisa Graumaus nennt
und die nun ein jeder kennt.
Was bereitet ihr schnell Sorgen,
was hält sie vor uns verborgen,
wo hat sie so ihre Tücken,

wo zeigt sie Gedächtnislücken?
Wenn Du wärst mit ihr allein,
würdest Du Dich drüber freu'n?
Oder packt Dich eher der Graus
und Du nimmst ganz schnell Reiß-Aus?
Moritz, komm mach' mit im Spiel,
sag' auch Du, was nicht gefiel
heute an der Graumaus Dir,
brauchst auch sein kein Kavalier.

Max und Moritz finden dies,
nicht nur unfair, sondern fies.
Doch es hilft ja alles nix,
drum bewältigen jetzt fix,
Max und Moritz diesen Streich,
*denn das **Fazit folgt sogleich**.*

Siebter Streich — Soziogrammabfragen und Abschlussblitzlicht

7.1 ***So läuft's:*** Von guten Vorsätzen über vernichtende Urteile bis hin zum „Wir haben uns alle lieb"

Wenn Sie sich bis hierher mutig und tapfer durch alle AC-Übungen durchgekämpft haben, erleben Sie nun eine Situation, die sehr ähnlich ist der Phase des Ankommens zu Beginn des Assessment-Centers. Moderator und Beobachter verbreiten verbal und nonverbal die Suggestion, nun sei eigentlich schon alles gelaufen und man müsse nur noch einige abschließende Dinge zum Ausspannen und zum Ausklang tun. Aber Vorsicht, genau so wie schon das Ankommen zu Tagesbeginn des AC ein fester Bestandteil der Beobachtung war, ist natürlich auch diese Schlussphase noch immer von allerhöchster Bedeutung. Schauen wir uns deshalb wesentliche Bestandteile dieser Schlussphase an:

In aller Regel verlangt man von Ihnen zunächst eine Selbsteinschätzung Ihrer eigenen sozialen Kompetenz (bezogen auf den soeben zu Ende gehenden AC-Tag). Meistens wird dabei aber nicht so ganz direkt hingefragt („Na Herr Meier, was glauben Sie denn, wie kommunikativ waren Sie denn heute?"). Vielmehr kommen die Fragen nach der persönlichen Selbsteinschätzung recht ansehnlich verpackt daher. Ein Beispiel hierfür geben wir in der nachfolgenden Abbildung „Tagesreflexion", die den Teilnehmer mehr oder weniger dazu anhält, gute Vorsätze für sein zukünftiges Handeln zu formulieren.

TAGESREFLEXION: VORSÄTZE FÜR DIE NAHE ZUKUNFT

Bitte betrachten Sie jetzt Ihr eigenes Verhalten in der Gruppe während des heutigen Tages. Denken Sie darüber nach, wie Sie sich in der Gruppe gefühlt haben, und überlegen Sie, mit welchen Verhaltensweisen Sie zufrieden waren und mit welchen nicht.

Aus diesen Überlegungen können Vorsätze für die nahe Zukunft resultieren, vor allem in den Bereichen, in denen man nicht so zufrieden mit sich war.

Die folgenden Feststellungen sollen Ihnen Anregungen in dieser Richtung liefern und Ihnen helfen, Ihr Verhalten zu beurteilen. Bitte kreuzen Sie jene Feststellungen an, die für Sie am ehesten zutreffen.

Vorsätze für die nahe Zukunft:

1. ... bessere Beiträge liefern,
2. ... insgesamt mehr mitmachen oder häufiger etwas sagen,
3. ... ruhiger, ausgeglichener oder geduldiger sein,
4. ... meine Beiträge klarer und verständlicher mitteilen,
5. ... mich öfter mit meiner Meinung durchsetzen oder andere von meiner Meinung überzeugen,
6. ... aufmerksamer dabei sein oder mich stärker engagieren,
7. ... konzentrierter und zielstrebiger zur Zielerreichung beitragen

8. ... öfter Vorschläge machen oder stärkere Impulse geben,
9. ... anderen Teilnehmern mehr zuhören oder auf andere eingehen,
10. ... öfter hinterfragen und kritischer sein,
11. ... etwas anderes:

Abbildung 16 *Beispiel einer Arbeitsanweisung zur Selbsteinschätzung der sozialen Kompetenz*

Wenn Sie sich denn schon selbst einschätzen sollen, so liegt es ja nahe, dass Sie auch danach befragt werden, wie Sie denn eigentlich Ihre Mitbewerber am zu Ende gehenden AC-Tag sehen. Neben die Selbsteinschätzung tritt also auch eine Fremdeinschätzung (also die Einschätzung anderer im AC). Übungstechnisch funktioniert die Abfrage der Fremdeinschätzung häufig über Soziogrammabfragen. Hier wird versucht, Dinge wie Sympathie, Vertrauen oder auch Respekt zu erfassen. In der Abbildung 17 finden Sie ein Beispiel für derartige Soziogrammabfragen.

Den tatsächlichen Abschluss der Assessment-Center-Veranstaltung markiert die „Abschlussblitzlicht-Runde" (manchmal auch kurz „Blitzlicht" oder „Feedback" genannt). Hierzu bittet der Moderator alle Teilnehmer und Beobachter gemeinsam in eine große Runde und fordert jeden auf, ein kurzes Statement zu folgenden Fragen abzugeben:

- Wie fühlen Sie sich nun am Ende unseres Assessment-Centers?
- Wie ist Ihre Stimmung jetzt?
- Wie geht es Ihnen?
- Was geht in diesem Moment in Ihnen vor?
- Wie haben Sie den heutigen Tag erlebt?

Bei den vielen hunderten von Assessment-Center-Veranstaltungen, die der Autor dieses Beitrags schon durchgeführt hat, könnte er an dieser Stelle eine wahre Kabarett-Szene dazu schreiben, was sich auf Fragen dieser Art so alles abspielt. Mal Hand aufs Herz: welche Antworten könnten Sie sich vorstellen, wenn Sie sich für einen Moment lang schon einmal in diese Situation versetzen und dabei unterstellen, dass es sich um „ehrliche" Antworten handeln würde? Vermutlich kämen doch Antworten wie etwa:

- „Gott sei Dank, es ist vorbei, hab' die Schn.... sowieso gestrichen voll."
- „Hurra, ich hab' gewonnen, die anderen waren ja wirklich alles nur Luschen."
- „Jetzt freu' ich mich einfach nur noch aufs Heimfahren."
- „O. k., ich war nicht schlecht, aber der Meier genau mir gegenüber war auch ganz schön gut drauf. Wen werden sie jetzt wohl nehmen?"

Statt dessen aber entsteht eine Pseudo-Harmonie, die sich ganz komisch anfühlt. Die Teilnehmer der Gesprächsrunde überschlagen sich fast vor Freundlichkeit und Komplimenten, wie etwa

- „Ich freue mich, dass ich heute so vielfältige Erfahrungen machen durfte."
- „Es war mir sehr wertvoll, so interessante neue Menschen kennen gelernt zu haben."
- „Wenn ich mich so umschaue: welch ein Reichtum an Persönlichkeit in unserer Runde, ich bin dankbar, dass ich dabei sein durfte."
- „Ich habe heute viel über mich selbst gelernt, das ist mir persönlich viel wertvoller, als ob ich nun den Job kriege oder nicht."

Irgendwie beschleicht einen dabei ein ganz merkwürdiges Gefühl; man fühlt sich eher in einem esoterischen Zirkel als denn in einem Assessment-Center. Je länger man einer solchen Runde zuhört, desto eher hat man die Befürchtung, dass sich zum Schluss alle im Kreis an den Händen anfassen und sagen „Wir haben uns alle lieb!".

Ihr Name:

TEILNEHMERBERICHT 1

Wer hat Ihrer Meinung nach in Ihrer Gruppe eine führende Rolle gespielt und zum Ergebnis am meisten beigetragen?

1. An erster Stelle im Hinblick auf Führungsrolle und Beitrag zum Ergebnis kommt für mich

   ....

2. An zweiter Stelle ....

3. An dritter Stelle ....

TEILNEHMERBERICHT 2

Mit wem aus Ihrer Gruppe würden Sie jetzt am liebsten weiter zusammenarbeiten, wenn Sie einfach nur nach Ihrer Sympathie gehen könnten?

1. Am sympathischsten und angenehmsten fände ich eine weitere Zusammenarbeit mit:

   ....

2. An zweiter Stelle käme für mich dann:

   ....

3. An dritter Stelle würde ich mich entscheiden für:

   ....

***Abbildung 17** Beispiel 1 eines Erhebungsbogens für ein Soziogramm*

7.2 *Darum geht's:* Selbstbeurteilungsvermögen, Fremdeinschätzungsfähigkeit und laborexterne Verhaltenskonstanz

Zum letzten Mal: Profile lesen und sich selbst einschätzen!

Anforderungskriterien (Soll-Profil)	**Selbstdiagnose zum Soll-Profil**				
	Trifft überhaupt nicht zu		⇔		Trifft voll und ganz zu
SELBSTBEURTEILUNGSVERMÖGEN					
Der Teilnehmer kann Stärken und Schwächen in seiner eigenen sozialen Kompetenz realistisch einschätzen.	☐	☐	☐	☐	☐
Der Teilnehmer kann Entwicklungswege zur Verankerung seiner Stärken und zum Abbau seiner Schwächen aufzeigen und den Arbeits- und Zeitaufwand zum Beschreiten dieser Wege überschlägig zutreffend beurteilen.	☐	☐	☐	☐	☐
Der Teilnehmer kann gegenüber anderen über Stärken und Schwächen seiner eigenen sozialen Kompetenz authentisch und in sympathischer Gelassenheit sprechen.	☐	☐	☐	☐	☐
FREMDEINSCHÄTZUNGSFÄHIGKEIT					
Der Teilnehmer kann Stärken und Schwächen der sozialen Kompetenz anderer realistisch einschätzen.	☐	☐	☐	☐	☐
Der Teilnehmer kann mit anderen über deren Stärken und Schwächen ihrer sozialen Kompetenz sprechen, ohne dabei übertriebenlobend auf der einen Seite bzw. herabsetzend-verletzend auf der anderen Seite zu wirken.	☐	☐	☐	☐	☐
LABOREXTERNE VERHALTENSKONSTANZ					
Der Teilnehmer verhält sich unter der bewusst herbeigeführten Suggestion, das AC sei nun „aus und vorbei" nicht anders als unter den bis dahin herrschenden „Laborbedingungen" des AC.	☐	☐	☐	☐	☐
Der Teilnehmer unterlässt in der vermeintlichen „bewertungsfreien Zone" des Abschlussblitzlichts herabsetzende oder verletzende Bemerkungen gegenüber anderen (es sei denn, er hätte diese Bemerkungen schon im „laufenden AC" kundgetan).	☐	☐	☐	☐	☐

7.3 *Oft passiert's:* Von der Erinnerung ans Berner Wankdorfstadion: „Aus, aus, das Spiel ist aus!"

In der Situation der Abschlussphase des Assessment-Centers gibt es eine auffällige Parallele zur Situation des Beginns dieser Veranstaltung. Beim Ankommen herrschte (angefeuert durch die suggestiven Aussagen der Beob-achter) eine Stimmung, dass man jetzt so nach und nach eintreffe, aber das eigentliche Assessment-Center noch nicht begonnen habe. Genauso jetzt in dieser Abschlusssituation: vielfach können Sie sich der Stimmung „O. k., es ist gelaufen, das war's!“ gar nicht entziehen. Und natürlich drehen auch hier Moderator und Beobachter gelegentlich wieder an der Suggestionsschraube, etwa mit Formulierungen wie z. B.: „Lasst uns jetzt doch entspannt und außer Konkurrenz noch einmal auf das zurückschauen, was heute gelaufen ist!“ oder „Meine Damen und Herren, Sie haben es geschafft. Jetzt kommen keine Übungen mehr. Lassen Sie uns nur noch einmal einen kurzen Rückblick halten.“ Mitunter werden Sie auch bemerken, dass die Beobachter schon ihre Unterlagen zusammenpacken und einzelne von ihnen vielleicht sogar den Raum schon verlassen. Lassen Sie sich auch hier nicht in die Suggestionsfalle locken. Das Assessment-Center ist natürlich noch keinesfalls gelaufen. Aus ist es wirklich erst in dem Moment, wo Sie den Raum verlassen und die Tür hinter sich geschlossen haben. Nix ist also mit dem legendären Ruf des Reporters bei der Fußballweltmeisterschaft 1954 in Bern im Finale: „Aus, aus, das Spiel ist aus!“.

Wenn wir schon die Analogie zur Weltmeistergruppe von 1954 bemühen, dann zitieren wir an dieser Stelle gern auch den damaligen Bundestrainer Sepp Herberger, der seinen Spielern immer wieder einschärfte: „Ein Spiel dauert 90 Minuten, bis zum letzten Pfiff: Uffjepasst!“. Besser könnten auch wir mit unserer Rezeptur der authentischen Gelassenheit nicht zum Ausdruck bringen, was angesagt ist. Bleiben Sie auf voller Betriebstemperatur bis zum letzten Augenblick des Assesment-Centers.

AC-Possenthermometer

Wer alle Schikanen, die in einem Assessment-Center auftauchen können bis zu dieser Stelle gut hinter sich gebracht hat, den wirft auch die versuchte Suggestionsfalle zum Abschluss nicht mehr aus der Bahn, wir bewerten deshalb auf unserem AC-Possenthermometer mit der Note 1 (niedlich-harmlos).

„AC-Schluss-Suggestion“

Epilog

Statt akademischen Fazits: Die sieben Appelle zur pragmatischen Vorbereitung eines Assessment-Centers

Wenn deutsche Hochschulprofessoren den Anfang ihrer Lehrbücher gerne mit einem wissenschaftlichen Grundlagenteil in epischer Breite schmücken, dann darf natürlich ein ähnlich gelagerter Schlussteil ebenso nicht fehlen. So findet sich denn in solchen Büchern häufig ein Fazit, das die bis dahin gemachten Ausführungen noch einmal zusammenfasst und darüber hinaus besonders gern auch „Ausblicke auf zukünftige Entwicklungen" gibt. Der Erkenntniswert solcher Darlegungen tendiert oftmals gegen Null. Denn die Zusammenfassung bringt absolut nichts Neues (wer noch einmal den rote Faden von solchen Lehrbüchern sehen möchte, ist in der Regel mit dem Inhaltsverzeichnis allemal besser bedient) und der ach so beliebte Ausblick auf zukünftige Entwicklungen bleibt meist doch recht nebulös.

Somit verkneift sich der Autor dieses Beitrags auch an dieser Stelle die eben skizzierte berufstypische Gepflogenheit. Stattdessen folgen wir wieder unserem pragmatischen Ansatz, dem potentiellen Kandidaten eines Assessment-Centers ein gutes Rüstzeug mit auf den Weg zu geben. Deshalb richten wir nun sieben Appelle an Sie, wie Sie sich sinnvolle auf ein Assessment-Center pragmatisch vorbereiten sollten. Wir werden auch an dieser Stelle nicht müde, noch einmal zu betonen, dass mit „vorbereiten" keinesfalls ein Antrainieren von bestimmten und vermeintlich im Assessment-Center gewünschten Verhaltensweisen gemeint ist. Stellen Sie sich also nicht zu Hause vor den Spiegel und üben tagelang ein „Cheese-Lächeln", nur weil man Ihnen gesagt hat, dass man im Assessment-Center freundlich-locker agieren sollte. Wer sich von solchen zuhauf genannten Tipps zum Antrainieren von Verhaltensweisen zurecht verabschiedet, dem bleibt als eigentliche Vorbereitung fürs Assessment-Center nur wenig zu tun. Dieses wenige aber will profunde getan sein. Deshalb also nun unsere Appelle.

E1 Bereiten Sie Ihr Selbstportrait vor!

Aus dem ersten Streich in unserem Beitrag wissen Sie nun, dass man Sie in einer einführenden Vorstellungsrunde häufig darum bitten wird, einen „persönlichen Steckbrief" anzufertigen. Auch haben Sie erfahren, dass ein solcher persönlicher Steckbrief – wenn er nicht als Einzelleistung von Ihnen als Individuum abgefordert wird – im Rahmen einer Gruppenvorstellung in einen gemeinsamen Gruppenflipchart einfließen könnte. Zur Vorbereitung solcher Selbstportraits haben Sie im Assessment-Center selbst nur wenig Zeit (meistens nur 10 bis 15 Minuten).

Ein solches Selbstportrait ist eines der wenigen Dinge, die Sie in Ruhe zu Hause schon ein gutes Stück weit vorbereiten können. Überlegen Sie ohne Zeitdruck und mit Muße, wie Sie z. B. einen persönlichen Steckbrief gestalten würden. Dabei kann es Ihnen helfen, wenn Sie sich an folgenden Fragen orientieren:

- Welche Stationen meines bisherigen Lebens möchte ich in meiner Präsentation ansprechen?
- Möchte ich meine Präsentation ausschließlich auf bisherige Ausbildungs- und Berufsstationen ausrichten oder möchte ich auch über private Seiten meines Lebens Auskunft geben?
- Wenn ich auch die private Seite mit einbeziehen will, was von meinem Privatleben möchte ich „preisgeben"?
- Wie will ich die Gewichte zwischen Darstellung meines Ausbildungs- bzw. Berufslebens auf der einen Seite und meines Privatlebens auf der anderen Seite verteilen?
- Wie möchte ich mein Leben auf einem Flipchart visualisieren (z. B. durch Aufschreiben wichtiger Headlines, durch Diagramme, durch gezeichnete Symbole bzw. Piktogramme oder durch das Entstehenlassen eines ganzen Bildes)?
- Gibt es ein Motto/eine Kernbotschaft/einen persönlichen Lebensleitsatz, mit dem ich mein Leben kurz, prägnant, aber „auf den Punkt gebracht" charakterisieren könnte?

Sie sehen, dies alles sind Aspekte, zu deren Ausleuchtung man eigentlich durchaus mehr als nur 10 bis 15 Minuten benötigt. Deshalb durchdenken Sie diese Fragen in Ruhe! Und experimentieren Sie! Probieren Sie aus! Insbesondere, was die Visualisierung der Lebensstationen auf einem Flipchart angeht. Fertigen Sie verschiedene denkbare Versionen ihres Flipcharts an, mit unterschiedlichen Zeichnungen, mit andersartigen Beschriftungen, mit denkbaren Bildern, die Sie entstehen lassen könnten etc. Vergleichen Sie die verschiedenen Versionen und entscheiden Sie sich für ein „Endprodukt", das Ihnen am meisten „stimmig" erscheint. Mit diesem Gedankengut im Gepäck sind Sie für die Selbstpräsentation gut gerüstet! (Achtung: Wir sprechen bewusst von „Gedankengut". Keinesfalls sollten Sie natürlich einen bereits vorgefertigten Flipchart mit ins Assessment-Center bringen und mit den quietschvergnügten Worten „Ich hab's schon!" auspacken. Auch das hat der Autor dieses Beitrags in einem Assessment-Center schon einmal erlebt, weshalb er an dieser Stelle diesen warnenden Hinweis gibt).

E2 Klinken Sie sich ins aktuelle Zeitgeschehen ein!

An einigen Stellen im Assessment-Center klopft man auch Ihre Allgemeinbildung ab, sei es direkt (mit entsprechenden Tests) oder indirekt (in Pausengesprächen, beim Mittagessen etc.). Wir haben gesehen, dass hierfür eine solide

Kenntnis des aktuellen politisch-gesellschaftlichen Zeitgeschehens nicht schädlich ist. Nun gibt es zwei Möglichkeiten: Entweder, Sie gehören zu den Menschen, die ohnehin an diesen Dingen höchst interessiert sind und die das Zeitgeschehen tagesaktuell verfolgen. Dann erübrigt sich dieser zweite Appell für Sie und Sie können getrost zum Appell Nummer drei vorrücken. Oder aber Sie sind jemand, an dem zwar nicht die ganz großen Ströme der Zeit vorbeischwimmen; aber das kontinuierliche Verfolgen von Geschehnissen in Politik und Gesellschaft ist Ihre Sache nicht unbedingt. Für diesen Fall riskieren Sie doch bitte ruhig einen Blick auf die folgenden Zeilen:

Sobald Sie in die konkrete Bewerbungsphase eintreten, d.h. also Bewerbungen an Unternehmen versenden in der Hoffnung, zu einem Assessment-Center eingeladen zu werden, machen Sie sich drei Dinge für die nächsten Tage und Wochen zur unbedingten Gewohnheit:

- Lesen Sie von Stund' an regelmäßig eine überregionale Tageszeitung, hierbei insbesondere den ersten (politischen) Teil!
- Lesen Sie einmal pro Woche ein politisch-gesellschaftlich ausgerichtetes Wochenmagazin (z.B. „Spiegel“, „Focus“ oder „Die Zeit“)!
- Schauen Sie sich regelmäßig einmal täglich abends im Fernsehen eine Nachrichtensendung an! Wählen Sie dabei jedoch die Sender ARD, ZDF oder N24! (RTL-II bzw. Pro 7–News geben Ihnen zwar umfassende Informationen über die neuesten Affären von Paris Hilton, unter Umständen könnten Sie aber verpassen, dass in Deutschland gerade ein Regierungswechsel stattfindet!)

Vielleicht mutieren Sie durch das Befolgen dieser Empfehlungen nicht unbedingt vom ursprünglichen Anhänger der Spaßgesellschaft nun hin zum plötzlichen Politikfreak. Zumindest aber vermeiden Sie, dass wichtige Themen des aktuellen Zeitgeschehens an Ihnen vorbeigehen. Und noch eins: Versuchen Sie, zu wichtigen Themen unserer Gesellschaft Position zu beziehen. Nichts erregt die (negative) Aufmerksamkeit von Beobachtern im Assessment-Center mehr, als wenn Sie erst dann anfangen, erstmals nach einer Position zu suchen („Die Türkei soll in die EU kommen? Hab ich noch gar nicht gewusst! Tja, was soll ich davon halten? Im Prinzip kein schlechter Gedanke, aber wenn ich's mir so genau überlege ... ?“).

E3 Machen Sie sich Ihre persönlichen Stärken und Schwächen bewusst!

Man wird Sie danach fragen! Sei es im Gespräch („Nennen Sie bitte einmal Ihre drei größten Stärken und Schwächen!“), oder sei es in einem schriftlichen Test. Deshalb ist es wichtig, dass Sie nicht erst im Assessment-Center anfangen, über Ihre persönlichen Stärken und Schwächen nachzudenken („Meine drei größten

Stärken, oh Gott, was soll ich denn dazu sagen?"). Ein praktikabler Weg, etwas mehr Transparenz in Ihr persönliches Stärken- bzw. Schwächenprofil zu bringen, wäre einfach folgender: nehmen Sie sich in diesem Beitrag in den sieben Streichen jeweils den Part „Darum geht's!" vor. Sie finden dort umfangreiche Checklisten, die im Einzelnen die Profilmerkmale der sozialen Kompetenz abbilden. Nutzen Sie dort einfach die jeweils rechte Seite des Tableaus („Selbstdiagnose zum Sollprofil") und versuchen Sie, sich bei den einzelnen Kriterien entsprechend zu positionieren. So erhalten Sie ein mehr oder weniger detailliertes Selbstbild Ihrer sozialen Kompetenz.

Da Selbstbild und Fremdbild bekanntlich voneinander abweichen können, empfehlen wir Ihnen darüber hinaus, die eben genannten Profile von einem Menschen einschätzen zu lassen, der Sie gut kennt und zu dem Sie uneingeschränktes Vertrauen haben. Nun haben Sie ein Selbstbild, ein Fremdbild und möglicherweise auch eine Diskussion mit Ihrem Vertrauten über beide Bilder. Kein schlechter Weg, um die Sicht Ihrer persönlichen Stärken und Schwächen sukzessiv zu schärfen!

E4 Skizzieren Sie die Konturen Ihrer eigenen Lebensplanung!

Auch hier gilt: man wird Sie fragen! Wir erinnern uns: „Wo wollen Sie in fünf oder in zehn Jahren stehen?" oder „Wie soll Ihre Leben mit 50 aussehen?" oder auch „Wann werden Sie später einmal von sich sagen können, das Ihr Leben erfolgreich war?" sind typische Fragen zu Ihrer mittel- bis längerfristigen Lebensplanung, die im Gespräch mit den Moderatoren und Beobachtern auftreten können. Schon so manchem Teilnehmer im Assessment-Center hat dieser Typus von Fragen Kopfzerbrechen bereitet, weil Fragen nach der eigenen Lebensplanung für ihn absolut überraschend kamen (was von den Durchführern des Assessment-Centers nicht selten auch so gewollt ist). Diesen Überraschungseffekt können Sie ausschließen, wenn Sie sich zumindest der groben Konturen Ihrer eigenen Lebensplanung bewusst sind. Auch hierüber lohnt es sich also einmal in Ruhe und nicht unter dem Zeitdruck von nur wenigen Minuten (wie im Assessment-Center) nachzudenken. Bei diesem Denkprozess können die folgenden Fragen hilfreich sein:

- Habe ich überhaupt so etwas wie eine Lebensplanung oder lasse ich das Leben mehr oder weniger unreflektiert Tag für Tag neu auf mich zukommen?
- Für den Fall, dass es Grobkonturen eines Lebensplanes für mich gibt:
    - Welche heute schon erkennbaren Aspekte markieren meinen beruflichen Lebensplan?
    - Welche Grobstationen meiner privaten Lebensplanung sehe ich schon heute?

- Was von meiner Lebensplanung (sowohl von der beruflichen als auch von der privaten Seite) will ich im Assessment-Center „preisgeben“?

- Fall ich momentan keine erkennbaren Konturen eines Lebensplanes skizzieren kann:
  - Habe ich lediglich noch nie bewusst über einen Lebensplan nachgedacht, könnte aber wenn ich nun zu denken begänne, durchaus Konturen eines solchen Lebensplanes zeichnen?
  - Ist es meine bewusst durchdachte Philosophie, ein Reflektieren über die eigene Lebensplanung nicht vorzunehmen?
  - Wie begründe ich gegebenenfalls das Nichtvorhandensein einer persönlichen Lebensplanung im Assessment-Center?

Wichtig ist, dass die Beobachter im Assessment-Center nicht den Eindruck gewinnen, Sie begännen erst jetzt mit dem Nachdenken über solche oder ähnliche Fragen. Insofern ist das Signal „mit diesen Dingen habe ich mich schon häufiger beschäftigt“ wichtiger als die eigentliche inhaltliche Beantwortung der skizzierten Fragen. Die Antwort auf die Frage „Wo möchten Sie in fünf Jahren stehen?“ muss nicht automatisch stereotyp lauten „Dann möchte ich mindestens die mittlere Managementebene, also z. B. eine Abteilungsleiterfunktion erreicht haben.“. Der Autor dieses Beitrags hat mit hohem Respekt auf die eben gestellte Frage auch schon einmal folgende Antwort vernommen: „Dann, also in fünf Jahren; möchte ich der Erleuchtung Jesu Christi näher gekommen sein.“ Eine inhaltliche Bewertung dieser Antwort ist an dieser Stelle weder relevant noch steht sie uns zu: Beeindruckend aber ist die Authentizität, mit der jener Teilnehmer am Assessment-Center seinen eigenen Lebenssinn zum Ausdruck gebracht hatte.

E5 Entwerfen Sie eine Agenda zur Erhöhung Ihrer sozialen Kompetenz!

Schauen Sie sich in unserem Beitrag bitte noch einmal die Abbildung 16 an (Tagesreflexion: Vorsätze für die nahe Zukunft). Mit solchen oder ähnlichen Übungen versuchen die Ausrichter von Assessment-Centern zu ergründen, ob Sie sich bewusst sind, an welchen Eckpunkten Ihrer sozialen Kompetenz Sie zukünftig feilen müssen. Beleuchten wir dies an einem Beispiel: nehmen wir einmal an, Sie hätten im Assessment-Center in der „freien Rede“ gepatzt. Vielleicht werden Sie bei entsprechender Befragung als Vorsatz für die nahe Zukunft nun formulieren: künftig rhetorisch besser auftreten. Wenn der Moderator oder einer der Beobachter im Assessment-Center nun mit Ihnen ein Gespräch über Ihre Vorsätze führt, was glauben Sie, welche der beiden folgenden Positionen „erfolgreicher“ ist?

> *„Tja, ich weiß schon, meine freie Rede war wohl nicht gerade überzeugend. Ich weiß auch nicht genau, woran das wohl so liegt. Wahr-*

scheinlich war ich einfach viel zu aufgeregt und nervös. Was will man da machen? Vielleicht sollte ich mehr unter Menschen gehen, um meine Scheu vor Publikum abzubauen."

oder

„Mein rhetorisches Auftreten ist nicht optimal. Dessen bin ich mir bewusst, das ist mir schon öfter selbst aufgefallen. Deshalb werde ich im November an einem 2-wöchigen Rhetorikintensivtraining bei dem bekannten Münchner Rhetoriktrainer Hans Dampfplauderer teilnehmen. Das Seminar beginnt am 5. November, ich habe mich bereits vor zwei Monaten dafür angemeldet."

Wenngleich unser Beispiel vielleicht etwas überzeichnet ist, so gilt dennoch, dass jemand, der sein eigenes Stärken- und Schwächenprofil halbwegs bewusst kennt (siehe unser Appell Nummer 3) doch eigentlich auch seine „Baustellen" wissen müsste, an denen er künftig zur Erhöhung seiner sozialen Kompetenz arbeiten kann. Zur Markierung dieser Baustellen empfehlen wir Ihnen folgendes einfaches Vorgehen:

Betrachten Sie Ihr persönliches Stärken- bzw. Schwächenprofil, zu dessen Ermittlung wir im Appell Nummer drei ja bereits eine kurze Anleitung gegeben haben. Filtern Sie aus diesem Profil Ihre drei markantesten Stärken und Ihre drei gravierendsten Schwächen heraus. Legen Sie anschließend fest, was Sie zur Verankerung Ihrer Stärken bzw. zum Abbau Ihrer Schwächen konkret tun können. „Konkret" bedeutet dabei, nicht in den blauen Dunst zu fabulieren, sondern eine klare Planung orientiert an den beiden W-Fragen „Was wird gemacht?" und „Wann bzw. bis wann wird es gemacht?" vorzunehmen. Im Ergebnis entsteht dann eine praktikable Agenda zur Verbesserung der eigenen Sozialkompetenz.

Das so umschriebene Entwerfen einer Agenda zur Erhöhung Ihrer eigenen sozialen Kompetenz bereitet Sie übrigens nicht nur kurzfristig für ein demnächst anstehendes Assessment-Center besser vor. Unzweifelhaft hat es einen Wert für sich, über eigene Entwicklungsschritte zur bewussten Gestaltung der eigenen Persönlichkeitsstruktur fundiert nachzudenken.

E6 Erledigen Sie die unvermeidlichen Marginalien!

Es sind im Vergleich zu den anderen Anforderungen eines Assessment-Centers wahrlich nur Marginalien, und dennoch: auch diese Marginalien wollen wohl bedacht sein. Insofern, lieber Leser, sehen Sie es uns bitte nach, wenn wir auf solche banalen Dinge wie die Organisation der Anreise zum Assessment-Center sowie auf Kleidung zu sprechen kommen.

Entscheiden Sie im Hinblick auf Ihre Anreise zum Ort der Assessment-Center-Veranstaltung, ob Sie mit dem Auto oder mit dem Zug fahren wollen. Wann immer es geht (und wenn es die Zugverbindungen der Deutschen Bahn überhaupt zulassen), empfehlen wir Ihnen die Anreise mit der Bahn. Trotz aller von uns propagierten authentischen Gelassenheit: ein Assessment-Center ist eine anstrengende und kräfteraubende Veranstaltung. Deshalb sollten Sie Ihre Energien nicht schon mit einer mehrstündigen Autofahrt im Vorfeld verpulvern.

Egal ob Sie sich nun für Auto oder Zug entscheiden, sorgen sie auf alle Fälle dafür, dass Sie mit einem hinreichend komfortablen Zeitpuffer zum Ort der AC-Veranstaltung anreisen. Wenn ein Assessment-Center vormittags um 09.00 oder 10.00 Uhr beginnt und Sie vielleicht beispielsweise 300 Kilometer vom Veranstaltungsort entfernt wohnen, empfiehlt sich ohnehin eine Anreise am Vortag mit Übernachtung. Manche Ausrichter von Assessment-Centern starten den Beginn ihrer Veranstaltung schon am Vorabend, indem beispielsweise das Warming up, die Vorstellung der Unternehmensvertreter, Moderatoren und Beobachter sowie die Selbstpräsentation der Teilnehmer um 18.00 Uhr beginnt und das Ganze mit einem gemeinsamen Abendessen ausklingt. Die eigentlichen Kernübungen des Assessment-Centers werden dann am Folgetag durchgeführt. Wann auch immer das AC startet, riskieren Sie keinesfalls, in Zeitdruck zu geraten. Wer außer Atem und mit Schweißperlen auf der Stirn sowie mit dem kessen Spruch auf den Lippen „Tschuldigung, Stau auf der Autobahn gehabt." in eine bereits begonnene Seminarveranstaltung reinrauscht, hat wahrlich keinen guten Start in das Assessment-Center erwischt.

Über die angemessene Kleidung im Assessment-Center ist unendlich viel gesagt und geschrieben worden. So ist es sattsam bekannt, dass ein Assessment-Center natürlich nicht der Ort ist, um in lockerer Freizeitkleidung zusammenzukommen. Über einschlägige Anforderungen an Business-Kleidung für Damen und Herren gibt jede einschlägige Benimmfibel profunde Auskunft.

Wir wollen deshalb an dieser Stelle lediglich ein kleines Mosaiksteinchen aus dem uns leitenden Blickwinkel der „Authentizität“ hinzufügen. Demnach sollte die Kleidung im Assessment-Center nicht nur branchenüblich sein, wie so oft gefordert wird (also z. B. die so genannte „bankkaufmannsgemäße“ Kleidung, was in Kreditinstituten z. B. dunkle, gedeckte Anzüge für Herren bedeutet), sondern eben auch die Authentizität der eigenen Persönlichkeit zutreffend abbilden. Unsere fingierte Assessment-Teilnehmerin Lisa Graumaus würde sich z. B. sicherlich keinen Gefalllen tun, wenn sie nun – selbst bei einer Bewerbung für eine Stelle in einer flippigen Werbeagentur – in das schrille Outfit einer Fürstin Gloria von Thurn und Taxis gegen Ende der 80er Jahre verfallen würde. Lisa Graumaus würde sich in einer solchen Montur unsicher fühlen, weil es eben nicht „sie selbst“ widerspiegelt bzw. mit einem Wort gesagt eben nicht „authentisch“ ist. Und was wäre wohl mit Mark Zocker, unserem coolen Moneymaker im Börsenstyling, wenn er nun auf einmal in Schlabbersweatshirt, ausgewaschener Jeans und Birkenstocksandalen erscheinen würde, nur weil er sich um die Stelle des Finanzreferenten bei Greenpeace beworben hat?! Was wir damit sagen wollen, ist folgendes: bei allem Verständnis für branchenbezogene konformistische Kleidungsempfehlungen, ein bisschen Mut für eine persönliche Note Ihres authentischen Outfits sollten Sie sich bewahren.

E7 Kommen Sie an in der „authentischen Gelassenheit“!

Vergegenwärtigen Sie sich, lieber Leser, nun doch noch einmal kurz, welchen Erkenntnisstand Sie bis hierher erreicht haben! Nachdem wir in unserem Beitrag kontinuierlich mit der magischen Sieben gearbeitet haben, wird es Sie nicht verwundern, wenn wir auch nun den besagten Erkenntnisstand in den folgenden sieben Punkten widerspiegeln:

1. Sie haben Transparenz über die Abläufe im Assessment-Center, d. h. Sie kennen die grundsätzlichen Übungstypen sowie ihre Inhalte und wissen auch, welcher Dramaturgie ein Assessment-Center folgt.
2. Ebenso haben Sie Transparenz über die zugrunde liegenden Anforderungsprofile; Sie kennen die einzelnen Anforderungskriterien solcher Profile und haben in einer Selbstdiagnose ein Bild von Ihrem eigenen Ist-Profil gewinnen können.
3. Sie wissen um die Ritualhaftigkeit von Vorgängen im Assessment-Center und sind deshalb angefangen von kleinen Sticheleien bis hin zu derben Schikanen nicht mehr zu beeindrucken.
4. Sie wissen, dass es mit der oft postulierten Wissenschaftlichkeit von Assessment-Centern nicht weit her ist. Ihnen ist bewusst, dass Einschätzungen und Beurteilungen im Assessment-Center nach wie vor von viel Subjektivität geprägt sind.

5. Ihnen ist deutlich, dass eben aufgrund der fehlenden Wissenschaftlichkeit ein Assessment-Center keinesfalls ein objektives Instrument zur zweifelsfreien Analyse Ihrer „wahren Persönlichkeit“ ist; Sie müssen daher selbst eine eventuelle „Niederlage“ im Assessment-Center nicht mehr als Abwertung Ihrer Persönlichkeit befürchten.
6. Sie haben verinnerlicht, dass es daher auch keinen Sinn macht, ein bestimmtes und vermeintlich im Assessment-Center erwünschtes Verhalten „anzutrainieren“. Sie wissen, dass es keinerlei wissenschaftlich haltbare Aussagen darüber gibt, welches vermeintlich gewünschte Verhalten denn signifikant für eine „erfolgreiche“ Persönlichkeit ist.
7. Sie sind sich dessen bewusst, dass es in Folge des bisher gesagten nur wenig Konkretes für ein Assessment-Center vorzubereiten gibt. Dieses Wenige aber haben Sie – unseren pragmatischen Hinweisen folgend – mit Sorgfalt getan.

Nach all dem, was Sie nun an Erkenntnissen über ein Assessment-Center haben, können Sie nur noch das tun, was die anerkannten Weltreligionen dieser Erde schon seit Jahrtausenden empfehlen: loslassen! Nun gibt es nichts mehr weiter zu tun, als der Kraft Ihrer authentischen Gelassenheit zu vertrauen. Wir möchten Sie deshalb zum Ausklang dieses Beitrags nun einladen, einigen ermunternden Gedanken zum Thema „loslassen“ zu folgen.

Ausklang

Falls nun aber jemand denkt,
Max und Moritz sei'n gekränkt
von den vielen üblen Possen,
die sie im AC „genossen",
der hat sich ganz klar geirrt,
denn sie haben unbeirrt,
das, was im AC getrieben,
fest vermerkt und aufgeschrieben.

So entstand der Beitrag hier,
als ein praktisches Brevier
für den wackeren Bewerber,
der – weil er kein Spielverderber –
dem AC sich mutig stellt
und es dann verlässt als Held.

Kurz, im ganzen Land herum
geht ein freudiges Gebrumm:
„Gott sei Dank, es ist vorbei
im AC die Narretei."

Zum Ausklang – Ermutigendes und Entlastendes zum Assessment-Center von Herrmann Hesse

Wir haben uns in unserem Beitrag wacker darum bemüht, Ihnen, lieber Leser, die Furcht vor einem Assessment-Center zu nehmen, in dem wir Ihnen – nicht zuletzt mit einer guten Portion Humor – Transparenz über AC-Verfahren, Anforderungsprofile und denkbare rituelle Schikanen im AC verschafft haben. Und wenngleich Sie uns bis zu dieser Stelle tapfer gefolgt sind, mag es Ihnen vielleicht immer noch etwas bange sein, wenn Sie unmittelbar vor dem Gang in ein Assessment-Center stehen. Schließlich bleibt bei allem Humor doch ein gerüttelt Maß an Komplexität: allein in diesem Beitrag werden z. B. nicht weniger als 21 Kategorien von Anforderungsprofilmerkmalen aufgeführt; und wie der Blick auf die jeweiligen Kapitel „Oft passiert's" zeigt, kommen ja auch die kleineren und größeren Schikanen in einem Assessment-Center leider nicht zu kurz.

Um einer solchen eventuellen „Rest-Bangigkeit" vor einem Assessment-Center vorzubeugen, möchten wir Ihnen deshalb nun noch ein besonderes Heilmittel anbieten. Wir lassen dazu einen wirklichen Meister des Analysierens von Persönlichkeitsprofilen zu Wort kommen. Wir zitieren im Folgenden den Literaturnobelpreisträger Herrmann Hesse, der sich Zeit seines Lebens intensiv mit der faszinierenden Vielschichtigkeit der menschlichen Persönlichkeitsstruktur befasst hat. Die nachfolgende Passage stammt aus seinem Werk *Der Steppenwolf*:

> *„Denn kein einziger Mensch ... ist so angenehm einfach, dass sein Wesen sich als die Summe von nur zweien oder dreien Hauptelementen erklären ließe; der Mensch besteht nicht aus zwei Wesen, sondern aus hundert, aus tausenden. Sein Leben schwingt (wie jedes Menschen Leben) nicht bloß zwischen zwei Polen ... sondern es schwingt zwischen tausenden, zwischen unzähligen Polpaaren.*
>
> *Man stelle sich einen Garten vor, mit hunderterlei Bäumen, mit tausenderlei Blumen, hunderterlei Obst, hunderterlei Kräutern. Wenn nun der Gärtner dieses Gartens keine andere botanische Unterscheidung kennt als „essbar" und „Unkraut", dann wird er mit neun Zehnteln seines Gartens nichts anzufangen wissen, er wird die zauberhaftesten Blumen ausreißen, die edelsten Bäume abhauen oder wird sie doch hassen und scheel ansehen."*

Vor dem Hintergrund dieser Gedanken – die immerhin schon fast ein Jahrhundert alt, aber dennoch aktueller denn je sind – sollte es uns doch geradezu suspekt erscheinen, wenn in einem Assessment-Center mit zehn bis zwanzig Profilmerkmalen so getan wird, als könne man die ganze Persönlichkeit eines Menschen wissenschaftlich exakt erfassen. Es wäre uns um einiges wohler, wenn die

Betreiber von Assessment-Centern schlicht und ergreifend sagen würden: „O.k. wir haben hier ein Raster von einigen Beobachtungsmerkmalen bezüglich Ihrer sozialen Kompetenz. Und das, was wir – die wir als Beobachter ja auch nur Menschen sind – so gesehen haben, führt uns zu dem subjektiven Eindruck, dass Sie eine gute/schlechte soziale Kompetenz haben". Aussagen aber wie: „Wir haben heute mit einem zweifelsfrei anerkannten wissenschaftlichen Instrumentarium ein für alle mal diagnostiziert, dass Sie keine gute soziale Kompetenz haben." sollten wir deutlich zurückweisen. Wenn Ihnen, lieber Leser, jemals eine Diagnose der eben beschriebenen Art widerfahren sollte, so denken Sie an die Worte Herrmann Hesses, um die AC-Arena erhobenen Hauptes verlassen zu können.

Wir wollen zum Ausklang aber auch für die Betreiber von Assessment-Centern durchaus versöhnliche Worte der Entlastung finden. Oftmals ist es eben so, dass die „Macher" im AC gar nicht anders handeln können, als wir es in unserem Beitrag beschrieben haben. Wir zitieren dazu noch einmal Herrmann Hesse, wiederum aus seinem Werk *Der Steppenwolf*:

> *„Der Mensch ist des Denkens nicht in hohem Maße fähig, und auch noch der geistigste und gebildetste Mensch sieht die Welt und sich selbst beständig durch die Brille sehr naiver, vereinfachender und umlügender Formeln an."*

Bei so viel Ermutigung für Sie selbst ob der Vielfalt Ihrer Persönlichkeit und bei so viel großmütiger Entlastung für die Betreiber von Assessment-Centern sollte es Ihnen nun leicht fallen, die für ein Assessment-Center einzig Erfolg versprechende Einstellung einzunehmen: den Zustand der „authentischen Gelassenheit".

In diesem Sinne wünschen wir Ihnen ein erfolgreiches Bestehen in Ihrem Assessment-Center!

Teil 6

Werkzeugkasten zur Rhetorik des Führens

Anleitung zum Gebrauch des Pentagramms der rhetorischen Kompetenz

Gebrauchsinformation

Lieber Leser,

vor Ihnen liegt ein Werkzeugkasten mit 16 Instrumenten, um das Handwerk der Rhetorik anzugehen. Wenn man sich einen neuen Werkzeugkasten anschafft, dann schaut man ja zu Beginn einfach mal gespannt und etwas neugierig in diesen Kasten hinein, um zu sehen, was denn alles so drin liegt. Dabei gehen Menschen aber ganz unterschiedlich vor, je nach Ihrer typischen Mentalität:

Die einen nehmen systematisch und in der vorgegebenen Reihenfolge Werkzeug für Werkzeug in die Hand. Sie betrachten jedes Werkzeug ganz genau und wenn es dann zum ersten „Werkstück" (hier also: der ersten Rede) kommt, haben sie alle Werkzeuge zuvor schon einmal ausprobiert und können loslegen. Falls Ihnen dieses Vorgehen liegt, empfehlen wir Ihnen, den **linken Weg laut unserer Inhaltsgraphik** (s. nächste Seite) zu beschreiten: Gehen Sie nach den beiden einführenden Kapiteln einfach die „fünf Bauabschnitte" durch und Sie werden für den ersten „Ernstfall" gerüstet sein.

Die anderen machen es eher so: sie greifen spontan nach den zwei oder drei Werkzeugen, die ihnen zuerst ins Auge fallen und die sie vielleicht besonders interessant finden. Sie betrachten diese Werkzeuge eine Weile, und wenn sie Gefallen daran finden, legen sie die Gerätschaft beruhigt in die Kiste zurück mit dem Gefühl: „O.k., ich hab' zwar längst nicht alle Werkzeuge angeschaut, aber wenn's drauf ankommt, werd' ich schon mit umgehen können". Für Menschen, die eher dieser Mentalität zuneigen, haben wir den **rechten Weg laut unserer Inhaltsgraphik** geschaffen: Drei „Zwischenrufe" lassen Sie vielleicht Geschmack daran finden, im „Ernstfall" in unseren Werkzeugkasten zu greifen.

Egal, welchen der beiden Wege Sie beschreiten: wir wünschen Ihnen in jedem Fall viel Freude beim Erkunden Ihrer neuen Werkzeugkiste!

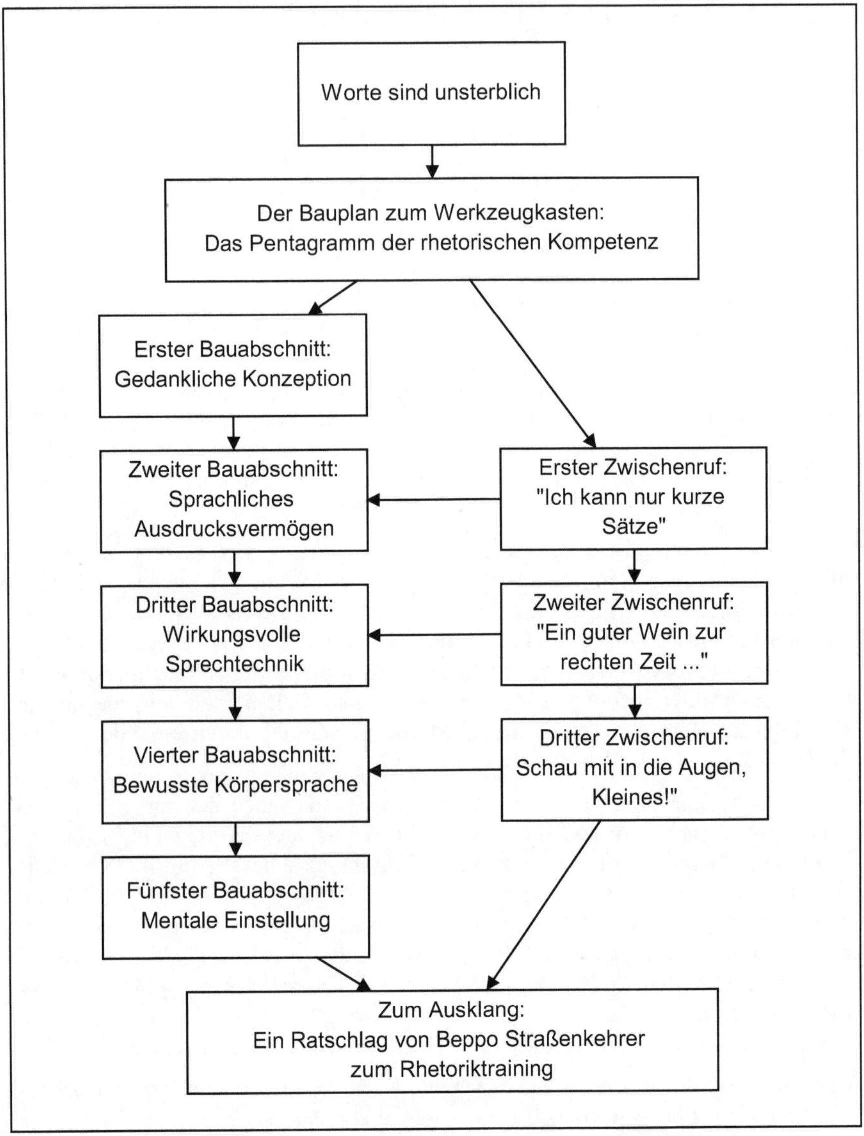
Worte sind unsterblich
Der Bauplan zum Werkzeugkasten: Das Pentagramm der rhetorischen Kompetenz
Erster Bauabschnitt: Gedankliche Konzeption
Zweiter Bauabschnitt: Sprachliches Ausdrucksvermögen
Erster Zwischenruf: "Ich kann nur kurze Sätze"
Dritter Bauabschnitt: Wirkungsvolle Sprechtechnik
Zweiter Zwischenruf: "Ein guter Wein zur rechten Zeit ..."
Vierter Bauabschnitt: Bewusste Körpersprache
Dritter Zwischenruf: Schau mit in die Augen, Kleines!"
Fünfter Bauabschnitt: Mentale Einstellung
Zum Ausklang: Ein Ratschlag von Beppo Straßenkehrer zum Rhetoriktraining

Worte sind unsterblich!

Wie fängt ein „richtiges“ Lehrbuch an? Fast immer mit einer seitenlangen Abhandlung des Autors über die enorme Bedeutung und Wichtigkeit seines Fachs. Dabei darf meist auch ein historischer Rückblick bis mindestens zur neueren Steinzeit nicht fehlen. Wir ersparen uns diese „geistige Onanie“ und wollen statt dessen lieber einen Augenblick unser Herz öffnen:

"Ein kleiner Schritt nur für einen Menschen, aber ein gewaltiger Sprung nach vorn für die gesamte Menschheit."
(Neil Armstrong)

"I have a dream ..."
(Martin Luther King)

"Wer zu spät kommt, den bestraft das Leben."
(Michail Gorbatschow)

"Jetzt wächst zusammen, was zusammen gehört."
(Willy Brandt)

"Ich bin ein Berliner."
(John. F. Kennedy)

Worte, die die Welt bewegten! Worte, die die Menschheit nie mehr vergessen wird! Worte, die unsterblich geworden sind.

Selbst wenn wir Menschen gehen müssen, unsere Worte bleiben für immer. Sei es „im großen“ (wie Armstrong, Kennedy, Gorbatschow, King, Brandt usw.) oder sei es auch „nur im kleinen“: Das Wort unserer Eltern, das uns lebenslang bleibt, die Worte, mit denen wir unsere liebsten Menschen glücklich machen und schließlich die Worte, mit denen wir Seelen töten, das alles bleibt.

Deshalb: Wir sollten verdammt gut darin werden, unsere richtigen Worte zu finden! Packen wir's an!

Der Bauplan zum Werkzeugkasten: das Pentagramm der rhetorischen Kompetenz

Wir beglückwünschen Sie zum Erwerb dieses Werkzeugkastens! Nun sind Sie also stolzer Besitzer von 16 Werkzeugen, mit denen Sie eine erfolgreiche Rede zimmern können. Bevor Sie nun die einzelnen Werkzeuge erstmals zur Hand nehmen, sollten wir aber noch kurz einen gemeinsamen Blick auf den Bauplan zu Ihrer Rede werfen (so wie der Zimmermann ja auch erst auf seinen Konstruktionsplan schaut, was er denn eigentlich bauen muss, bevor er sich mit Bundaxt, Flachdexel und Zugmesser an den Dachstuhl heranmacht). Der Bauplan für unser Handwerk ist das Pentagramm der rhetorischen Kompetenz. Es zeigt uns die fünf „magischen“ (deswegen „Pentagramm“) Bauabschnitte, an denen wir beim Machen einer erfolgreichen Rede werkeln müssen.

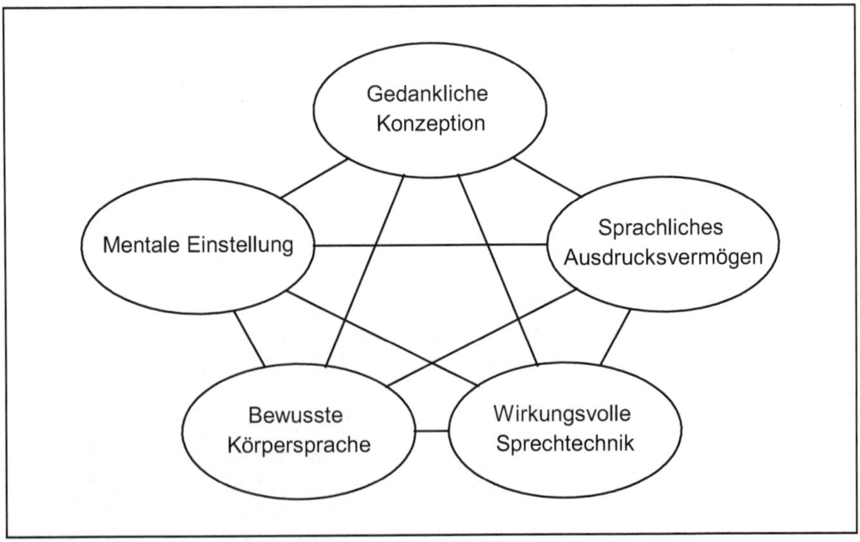

Abbildung 1 *Das Pentagramm der rhetorischen Kompetenz*

Betrachten wir diese Bauabschnitte nun einmal, indem wir jeweils konkret anschauen, was gebaut werden muss („Was ist zu tun?“) und welche Werkstoffe wir beim Bauen verwenden („Baumaterial“):

1. Baubabschnitt: Gedankliche Konzeption		
Was ist zu tun?	Die Rede durch Strukturierung in überschaubare Einzelkomponenten gliedern und dabei einen sinnvollen Gesamtzusammenhang bilden. (quasi den „roten Faden“ der Rede spinnen)	
Baumaterial:	*Einstimmung:*	• „Warming up/Kontaktaufnahme zum Publikum • Interesse wecken/Neugierde schaffen für das Thema • zum Thema „hinführen“
	Hauptteil:	• die „Schlüsselgedanken“ des Themas bearbeiten, z. B. durch Beispiele, Pro und Contra etc.
	Ausklang:	• zusammenfassende Wiederholung in klaren, verdichteten Kernsätzen eindringlicher Akzent durch ein „Finale furioso“

2. Bauabschnitt: Sprachliches Ausdrucksvermögen

Was ist zu tun? Dem zuvor konzipierten Redegerüst durch treffsichere Formulierungen den rhetorischen Feinschliff geben

Baumaterial:
- Wortstile
- Satzstile
- rhetorische Redefiguren

3. Bauabschnitt: Wirkungsvolle Sprechtechnik

Was ist zu tun? Die Rede durch den Einsatz der eigenen Stimme zum „Klingen“ bringen

Baumaterial:
- deutliche Aussprache
- ansprechende Betonung
- dialektfreie Sprache
- Sprechzäsuren

4. Bauabschnitt: Bewusste Körpersprache

Was ist zu tun? Die Rede durch die „Macht der Körpersprache“ über zusätzliche Kommunikationswege an das Publikum senden

Baumaterial:
- Mimik
- Gestik
- Bewegung
- Blickkontakt

5. Bauabschnitt: Mentale Einstellung

Was ist zu tun? Die richtige „Chemie“ zum Publikum finden und den rhetorischen Auftrag als „Mission“ verstehen

Baumaterial:
- Selbstbilder/Fremdbilder
- Aristotelische Rednerrollen der Moderne

Nun also können wir die einzelnen Bauabschnitte angehen und die dazugehörigen Werkzeuge einsetzen.

Erster Bauabschnitt: Gedankliche Konzeption

Zur Erinnerung:

Was ist zu tun?	Die Rede durch Strukturierung in überschaubare Einzelkomponenten gliedern und dabei einen sinnvollen Gesamtzusammenhang bilden. (quasi den „roten Faden“ der Rede spinnen)		
Baumaterial:	*Einstimmung:*	•	„Warming up/Kontaktaufnahme zum Publikum
		•	Interesse wecken/Neugierde schaffen für das Thema
		•	zum Thema „hinführen“
	Hauptteil:	•	die „Schlüsselgedanken“ des Themas bearbeiten, z. B. durch Beispiele, Pro und Contra etc.
	Ausklang:	•	zusammenfassende Wiederholung in klaren, verdichteten Kernsätzen eindringlicher Akzent durch ein „Finale furioso“

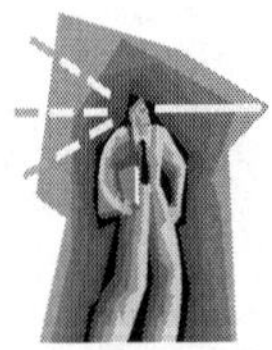

Werkzeug Nr. 1: Der entschleunigende Augengriff

Selbst so mancher brillanter Rhetoriker beherzigt es nicht immer: der rhetorische Beitrag beginnt nicht erst dann, wenn der Redner das erste Wort „zur Sache“ bzw. „zum Thema“ spricht. Publikum und Redner kommunizieren „von Anfang an“ (also z. B. auch schon von dem Moment an, wo sich der Redner von seinem Platz erhebt, um nach vorn ans Podium zu gehen oder z. B. dann, wenn der Redner von draußen kommend den Raum betritt). Egal, ob der Redner in dieser Situation schweigt und beim nach vorn Gehen auf den Boden schaut, oder ob er wie ein Show–Man mit jovialen Sprüchen auf den Lippen in die Runde tritt: beides mal kommuniziert der Redner mit seinen Zuhörern. Auch hier gilt das 1. Grundgesetz der Kommunikationspsychologie: Man kann nicht nicht kommunizieren.

Worauf es in den beschriebenen Anfangsmomenten ankommt, ist, sprichwörtlich eine gewisse „Wärme“ zum Publikum zu erzeugen bzw. „das Eis zu brechen“. Deshalb spricht die Fachterminologie der Rhetorik auch vom ***„Warming up“***. Das *Warming up* bzw. die Kontaktaufnahme zu den Zuhörern ist der eigentliche Beginn jeden rhetorischen Beitrags. Auch diese Kontaktaufnahme will – je nach Redesituation – wohl durchdacht sein und muss daher konzeptionell antizipiert werden (das war jetzt die akademische Wortwahl, zu deutsch: muss man sich auch `nen Kopp drüber machen).

Was halten Sie, lieber Leser, vor dem Hintergrund dieser Überlegungen von folgendem Auftritt: Ein Redner tritt vor sein Publikum, besteigt (sofern vorhanden) das Podium und ...: beginnt sofort zu sprechen! Manchmal tut er das, noch bevor er seine „Startposition“ vor der Zuhörerschaft fest eingenommen hat. Sein Blick ist bei den ersten Worten starr an die Decke gehaftet (der „Kronleuchterblick“), was wohl einen hoch intellektuellen Eindruck vermitteln soll („man, ist der aber konzentriert“).Das Sprechtempo des Redners ist in diesem Moment enorm, was ja doch schließlich von einer fulminanten Dynamik zeugt, oder?

Ein Redner, der seinen Redebeitrag so beginnt, verspielt die Chance auf ein gelungenes *Warming up* leichtfertig schon in den ersten Sekunden. Die Augenblicke kurz vor und unmittelbar zu Beginn einer Rede dienen ausschließlich dazu, auf der non-verbalen Ebene Kontakt zu den Zuhörern zu finden und dabei eine gewisse „Wärme“ auszustrahlen. Hierfür „sammelt“ der Redner seine Zuhörer freundlich, aber bestimmt „mit den Augen“. Deshalb auch der Name des Werkzeugs: der Augengriff!

Und so gebrauchen Sie dieses Werkzeug:

Startposition einnehmen:	Beginnen Sie Ihre Rede niemals, bevor Sie nicht den Platz, von dem aus Sie zu Ihrem Publikum sprechen wollen, erreicht haben
Strategischen Blickkontakt aufnehmen:	Lassen Sie die Blicke ruhig, ohne Hast über die Zuhörerschaft schweifen. Häufig besteht in diesen Momenten ohnehin noch eine gewisse akustische Unruhe im Plenum, die durch Ihre Blickkontakte schon entscheidend gedämpft wird. „Strategisch" ist der Blickkontakt dann, wenn er mindestens die wichtigsten Positionen im Raum abdeckt (z.B. Mitte, Links, Rechts oder z.B. persönlich bekannte Personen, "Sympathieträger" etc.)
„Entschleunigen“:	Fangen Sie Ihre Rede nie mit schnellem Sprechtempo und übertriebener Lautstärke an. Die eher langsamen und leisen Töne sichern Ihnen nochmals die erhöhte Aufmerksamkeit der Zuhörer. Denn erst, wenn Sie die ungeteilte Aufmerksamkeit des Publikums erlangen, haben Sie wirklichen Kontakt zu den Menschen, zu denen Sie sprechen wollen.

Werkzeug Nr. 2: Der Vorspann-Köcher

Hat der Redner auf der nonverbalen Ebene einen Kontakt zum Publikum gefunden, so lässt es sich nun nicht mehr länger vermeiden: die ersten Worte müssen gesprochen werden (verbale Ebene). Es wäre jedoch sträflich, wenn der Redner nun ohne Umschweife mit den Ausführungen zum eigentlichen Thema seiner Rede beginnen würde. Der verbale „Start“ dient dazu, den auf der non-verbalen Ebene gefundenen (und noch sehr instabilen) Kontakt zu verfestigen bzw. zu verankern. Dazu eignet sich der sofortige thematische Einstieg aber nur sehr bedingt.

Die Verankerung des Kontakts zum Publikum gelingt am besten, wenn der Redner an einer persönlichen Betroffenheit zum Zuhörer ansetzt. Dieses Andocken an die persönliche Erlebniswelt der zuhörenden Menschen gelingt besser, wenn man einen“ Köcher“ von „Pfeilen“ parat hat, mit denen man die Herzen der Menschen im besten Sinne dieses Wortes „treffen“ kann. Weil das Verwenden dieser „Pfeile“ einen Vorspann zum eigentlichen thematischen Beginn darstellt, nennen wir dieses Werkzeug den „Vorspann-Köcher“.

Und so einfach ist die Gebrauchsanleitung für dieses Werkzeug:

Wählen Sie aus dem folgenden Köcher einige wenige (keinesfalls zu viele!) Pfeile aus, mit denen Sie einen “Treffer” in der persönlichen Befindlichkeit Ihrer Zuhörer landen:

- Gezielte, von den Zuhörern als angenehm empfundene Anrede als erster persönlicher verbaler Bezug zum Publikum
- Authentische (d.h. wirklich ehrlich gemeinte, nicht geheuchelt oder zu dick aufgetragene) Komplimente für die Zuhörer
- Anknüpfen an eine vom Redner und vom Publikum gemeinsam erlebte “Umgebung” der Rede (z.B. Eingehen auf den Weg zum Versammlungsort, auf den Versammlungsort selbst, auf die Zusammensetzung des Hörerkreises, auf einen eventuellen Vor- oder Begrüßungsredner etc.)
- Eingehen auf eventuell vorhandene gemeinsame (aber dann nur angenehme!) Erinnerungen mit den Zuhörern
- Sogenannte “Schmunzelerreger” (z.B. bei einer Tischrede: „Programmmäßig komme ich nach den Pastetchen an die Reihe, und solange Sie mich nicht an gehört haben, bekommen Sie keinen zweiten Gang. Sie sehen also, Sie sind in meiner Macht”) Grundtenor: Dezent! Keine derben Witze!

Werkzeug Nr. 3: Die rhetorischen Antipasti

Bei den bisher behandelten Werkzeugen ging es lediglich darum, dass es dem Redner gelingt, einen persönlichen Kontakt zu seinem Publikum zu knüpfen bzw. atmosphärisch das Eis zu brechen. Die weitere Fortführung der Einstimmung dient nun dazu, die Zuhörer neugierig auf den eigentlichen Redeinhalt zu machen. Die bei vielen Rednern häufig zu beobachtende Technik, mit der Tür ins Haus zu fallen („Ich soll hier heute zu dem Thema XY sprechen“), ist aber denkbar ungeeignet, das Interesse von Menschen zu wecken oder sie gar von einer bestimmten Thematik zu faszinieren.

Das Publikum muss zum eigentlichen Kern des Themas hingeführt und das Zuhörerinteresse geweckt werden. Dabei fordert das „Zuhörerinteresse wecken" ähnlich wie das *Warming up* wiederum viel emotionales Geschick. Es geht darum, beim Publikum eine regelrechte Neugierde zu schaffen, es fast ein bisschen auf die Folter zu spannen, so, dass die Zuhörer es schier gar nicht mehr erwarten können, endlich zu erfahren, „was denn jetzt kommt".

Der Redner muss seinem Publikum an dieser Stelle regelrecht Appetit auf das machen, was in seiner Rede dann kommt. Ebenso, wie in der italienischen Küche die Antipasti einen Vorgeschmack auf die spezifisch-italienischen Geschmacksnoten in den dann folgenden Hauptgängen bieten, sollen geschickt servierte rhetorische Appetit-Häppchen der Zuhörerschaft „Lust auf mehr" vom Thema machen (deshalb haben wir unser Werkzeug „rhetorische Antipasti" genannt).

Wählen Sie aus der folgenden „Vitrine der Antipasti" etwas nach Ihrem Geschmack als Appetitmacher für die Zuhörer aus:

Die kleine Begebenheit:	Eröffnen Sie Ihre Rede durch das Erzählen einer kleinen Geschichte, die quasi gleichnishaft zum Thema der Rede hinführt!
Der Vergleich:	Stellen Sie einen Bezug zwischen "uns" (z.B. unsere Hochschule, unser Land, unser Unternehmen etc.) und "anderen" her!
Das persönliche Erlebnis:	Beginnen Sie Ihren Redebeitrag mit einem Erlebnis, das Sie selbst in Bezug auf das Thema schon hatten!
Die Anekdote:	Verwenden Sie Humor, indem Sie mit einer treffenden Pointe in Bezug auf das Thema starten. Aber: Vorsicht vor abgedroschenen Witzen!
Die überraschende Frage:	Verblüffen Sie Ihr Publikum mit einer Frage, die es augenblicklich zum Nachdenken oder zum Erstaunen anregt!
Die rhetorische Frage:	Stellen Sie eine Frage, die sich entweder von selbst beantwortet oder die von Ihnen als Redner geklärt wird!
Die Provokation:	Fordern Sie Ihre Zuhörer gezielt heraus und gewinnen Sie so die sofortige thematische Aufmerksamkeit des Publikums!

Der Utensilieneinsatz:	Falls vorhanden und zum Thema passend, verwenden Sie ein (im Raum befindliches oder von Ihnen extra mitgebrachtes) Utensil, um durch das Sprechen über dieses Utensil zum Thema hinzuführen!
Der Denkreiz:	Werfen Sie in Form einer (offenen, keinesfalls geschlossenen) Frage ein Problem auf, das die Zuhörer augenblicklich zum Denken reizt bzw. geradezu zwingt!
Der ernste Einstieg:	Erzeugen Sie eine emotionale Befindlichkeit zum Thema z.B. in Form von betroffener Nachdenklichkeit, Trauer, Entsetzen etc. Bleiben Sie dabei aber seriös und authentisch!
Das Zitat:	Sofern wirklich passend und spontan zur Hand, verwenden Sie ein Zitat zur thematischen Eröffnung Ihrer Rede!
Die Gemeinsamkeit mit dem Publikum:	Verweisen Sie auf etwas, was Sie mit den Zuhörern gemeinsam haben, z.B. gleiche Probleme, gleiche Interessen, gleiche Herkunft etc.!
Der Direkteinstieg:	Nennen Sie direkt das Thema, wenn die damit verbundene Problematik so brennend bzw. so aktuell ist, dass es keiner besonderen "Verführung" durch den Redner bedarf!

Werkzeug Nr. 4: Der Fahrplan

Der dramaturgische Kraftakt der Einstimmung wäre nun fast geschafft, wenn nicht doch noch eine Kleinigkeit übrig bliebe. Eine Kleinigkeit, die allerdings wie ein i-Tüpfelchen einen nicht unwesentlichen Punkt zum Abschluss der Einstimmung setzt: der Redner tut gut daran, seinen Zuhörern eine Vorausschau auf wesentliche Stationen seiner Rede zu geben.

Das bedeutet nicht, dass er Pointen, inhaltliche Höhepunkte oder überraschende Ergebnisse schon vorzeitig preisgeben soll. Gleichwohl will der Hörer ein bisschen „an die Hand genommen", eben „geführt" werden, damit er zumindest ahnt, wo die Reise hingeht (wir sprechen ja nicht umsonst von einer Ein"führung"!). Deshalb empfehlen wir, dem Publikum einen „Fahrplan" gedanklich mit auf den Weg zu geben. Fahrpläne werden vom Benutzer in der Regel aber nur dann angenommen, wenn diese Pläne übersichtlich, leicht verständlich und gebührend knapp gehalten sind. Daher gilt für den guten Rhetoriker: **Klare Strukturen** aufzeigen und diese Schlusspassage der Einstimmung **kurz halten** (2 bis 3 Sätze genügen voll auf !).

Und so gestalten Sie einen guten „Fahrplan" als Redner:

„Haltestationen" markieren:	Geben Sie dem Publikum eine Vorschau auf die „Zäsuren" Ihrer Rede, d.h. auf die von diesem Moment Ihres Vortrags an folgenden thematischen oder ablaufmäßigen Schwerpunkte des Hauptteils!
„Endstation(en) markieren":	Machen Sie dem Zuhörer deutlich, „wo's hingeht", z.B. durch: • die Benennung einer klaren Zielsetzung Ihrer Rede („sachliche Variante") • die ***Abgabe*** eines für die Zuhörer verlockenden Versprechens („emotionale Variante") – Beispiel: „In einer halben Stunde werden Sie alles darüber wissen, wie Sie spielend Ihren Traummann bzw. Ihre Traumfrau finden."

Werkzeug Nr. 5: Der Logik-Generator

Nach gelungener Einstimmung kann sich der Redner nun an die Gestaltung des Hauptteils wagen. Und jetzt kommt ein Paradoxon: Oftmals glauben (unerfahrene) Redner, dass die Bewältigung des Hauptteils die schwierigste Passage einer

Rede sei. Aber diese Vermutung täuscht! Obwohl zeitlich und vom Stoffumfang her der größte Teil der Rede, ist der Hauptteil von seinen dramaturgischen Anforderungen her weitaus einfacher zu bewältigen als Einführung und Schluss. Eine Herausforderung stellt der Hauptteil allerdings an die logischen Fähigkeiten des Redners. Es gilt, die Schlüsselgedanken des Themas so zu gliedern, dass einerseits der Redner für sich selbst ein sicheres Gerüst findet, an dem er sich „entlang hangeln“ kann, dass aber andererseits den Zuhörern eben jenes Gerüst auch so transparent wird, dass sie dem Redner mühelos in seiner Gedankenführung folgen können.

Es kommt also schlicht und ergreifend darauf an, eine logische Ordnung für seine Gedanken bzw. gesprochenen Ausführungen zu entwickeln. Wenn diese Ordnung dann auch noch eine gewisse Spannungssteigerung verspricht (das ist eigentlich die einzige dramaturgische Anforderung des Hauptteils), kann kaum noch etwas schief gehen.

Logisch gegliederte Ordnungen gibt es unzählig viele, sicher ebenso viele, wie es Zahlenreihen gibt, die in ihrer Abfolge einem bestimmten Algorithmus und damit einer mathematischen Logik folgen. Inspiriert durch die „Generierung“ solcher Zahlenreihen in Computern haben wir unser Werkzeug an dieser Stelle den „Logik -Generator“ genannt. Wählen Sie aus den nachfolgend „generierten“ logischen Ordnungen eine für Ihre Rede passende Struktur aus oder „generieren“ Sie selbst:

- Gestern-Heute-Morgen
- Zielsetzung-Planung-Durchführung-Kontrolle
- Vom Einzelnen zum Ganzen (oder umgekehrt)
- Vom Einfachen zum Schwierigen
- Vom Allgemeinen zum Besonderen
- Ursache-Wirkung-Lösung
- Pro-Contra-Fazit
- Ist-Soll-Analyse

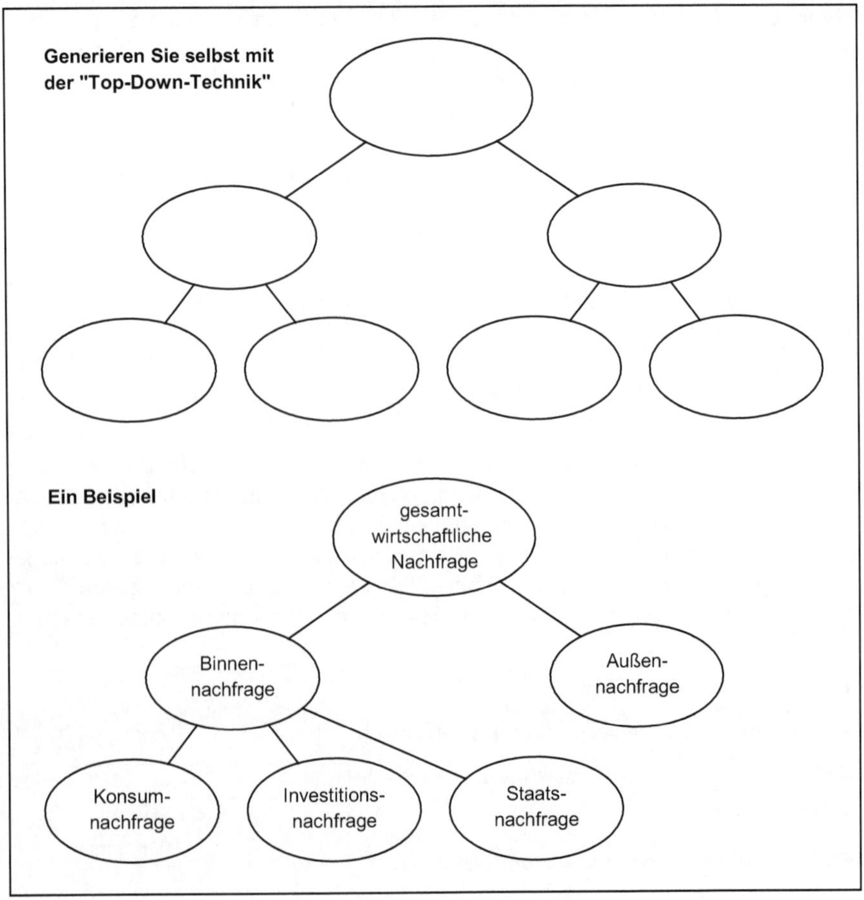

Werkzeug Nr. 6:
Das rhetorische Brennglas

Wir sind nun an einem Punkt angelangt, wo die meisten Redner glauben, die Rede sei doch eigentlich „fertig“. Sicher haben Sie es auch schon einmal erlebt, dass ein Redner sich mit dem unheimlich mitreißenden Satz:“Ja, das waren im wesentlichen meine Gedanken zu dem Thema XY, wenn Sie jetzt noch Fragen haben, können wir gerne diskutieren, ansonsten bedanke ich mich für Ihre Aufmerksamkeit“ von seinem Publikum verabschiedet.

Lassen Sie sich nicht täuschen: Bei der Gestaltung des Ausklangs sind Sie als Redner dramaturgisch noch einmal in höchstem Maß gefordert. Zum einen erfüllt der Schluss zwar zunächst nur die Funktion, das bisher Gesagte noch einmal zusammenfassend zu wiederholen. Schon diese Wiederholung stellt jedoch erhöhte Anforderungen. Es sollen ja nicht die schon gesagten Dinge noch einmal „eins zu eins" rekapituliert werden. Die Hauptgedanken der Rede sollen vielmehr gesteigert und verdichtet werden. Der Schluss muss einprägsam in Form von kristallklaren Kernsätzen formuliert werden. Es muss Ihnen gelingen,

- die Schlüsselgedanken des Themas kurz und bündig, und ebenso klar und deutlich zusammengefasst noch einmal hervorzuheben
- ähnlich wie am Anfang der Rede das Interesse der Zuhörer noch einmal voll und ganz zu wecken für das, was am Ende Ihrer Rede als Schlusspunkt steht
- schließlich unauslöschlich in den Gedanken der Zuhörer haften zu bleiben.

Zum anderen ist der Schluss derjenige Teil der Rede, der bei den Zuhörern am ehesten haften bleibt. Damit verbietet es sich für den guten Rhetoriker, einfach „aufzuhören". Der Schluss muss beim Publikum eindringlich nachwirken, wuchtig als bleibender Akzent gesetzt werden, ja geradezu als zündendes Feuer entfacht wirken. Deshalb sprechen wir in der Rhetorik beim Schluss auch vom ***„finale furioso"***. Gerade im Hinblick auf das Haftenbleiben beim Publikum empfiehlt sich das klassischste Instrument der Rhetorik schlechthin: **die Zuhörer zu einem bestimmten Denken, besser noch zu einem konkreten Handeln aufzufordern, ja geradezu „anzustiften".** Wir haben unser Werkzeug deshalb das „rhetorische Brennglas" genannt, weil es zum Ausklang der Rede einen „Funken entzünden" soll, aus dem dann quasi „die Brandstiftung" entsteht. Und so gebrauchen Sie das Brennglas:

Bündeln:	Überführen Sie die Schlüsselgedanken des Themas in einen Kerngedanken, der das Fazit Ihrer Überlegungen einprägsam und kristallklar ausdrückt. Machen Sie nicht den Fehler, „die Rede noch einmal zu halten"!
Vorglühen:	Sprechen Sie ähnlich wie zu Beginn der Rede wieder die persönliche Betroffenheit der Zuhörer (und damit Ihre Emotionen) an, um sie für die dann folgende Entfachung des Feuers bereit zu machen. Dazu eignen sich übrigens viele Handlungsanleitungen aus dem Werkzeug Nr. 3 („Rhetorische Antipasti")!
Zünden:	Stiften Sie zu etwas an, zu einem Gedanken, zu einem Handeln oder zu einer Tat. So konkret wie möglich! Und hören Sie dann auf ! Zerstören Sie Ihr Finale furioso nicht mit lapidaren Nachbrennern (wie z.B. „Ich danke Ihnen für Ihr Interesse" etc.)!

Zweiter Bauabschnitt: Sprachliches Ausdrucksvermögen

Zur Erinnerung:

Was ist zu tun?	Dem zuvor konzipierten Redegerüst durch treffsichere Formulierungen den rhetorischen Feinschliff geben
Baumaterial:	• Wortstile • Satzstile • rhetorische Redefiguren

Werkzeug Nr. 7: Das Eloquenz-Prisma

Eloquenz bedeutet so viel wie Beredsamkeit bzw. Wortgewandtheit und meint damit die Fähigkeit eines Menschen, beim Sprechen aus einem großen Wortschatz schöpfen zu können. Damit lässt sich der Hintersinn des Werkzeugs scheinbar schon erahnen. Ein Redner muss wohlgesetzte Worte finden und braucht dazu eben ein prächtiges Vokabular. Einfacher gesagt: ein guter Redner muss viele, eindrucksvolle Worte machen können. Gemach, gemach, so einfach ist die Sache nun leider nicht.

Wir dürfen Sie zunächst mal wieder zu einem kleinen Experiment einladen. Es handelt sich bei diesem Versuch um einen Klassiker aus der experimentellen Psychologie. Es funktioniert ganz einfach:

Schließen Sie einmal die Augen und denken Sie jetzt **auf keinen Fall** an eine herrliche, ofenfrische, heiße und lecker duftende Pizza. Denken Sie **nicht** daran, wie Sie gleich in diese Pizza hineinbeißen werden. Denken Sie auch **nicht** an all das Leckere, was auf der Pizza draufliegt: an den Schinken, an die Salami, an das Tomatenmark, an den Käse, an die Oliven etc. Denken Sie **nicht** daran, wie es sich anfühlt, wenn Ihnen der Mozzarella auf der Zunge zergeht, und denken Sie **auf keinen Fall** an den Rotwein, mit dem Sie die ersten Bissen herunterspülen und der Ihnen schon aus dem Glas entgegen duftet.

Und jetzt öffnen Sie die Augen wieder und schlucken erst einmal. Denn erst jetzt bemerken Sie, dass Ihnen „der Zahn tropft“.

Wie kann das sein, wo doch die Aufforderung jeweils lautete, Sie sollten sich all das Schöne eben **nicht** vorstellen? Die Psychologie nennt dieses Phänomen die „semantische Reaktion“. Damit ist gemeint, dass Menschen einzelne Wörter aus Sätzen wahrnehmen und darauf reagieren, bevor sie den ganzen Satz verstehen. Wir reagieren – unbewusst! – schneller auf „leckere Pizza“ als auf „jetzt nicht dran denken“.

Damit erscheint aber die oben angesprochene Sache mit dem Wortschatz in einem völlig neuen Licht. Wenn einzelne Wörter eher ans Ohr (und ins Herz!) des Publikums gelangen als ganze Sätze, dann kommt es nicht darauf an, möglichst viele Worte zu machen, sondern möglichst die richtigen Worte zu finden. Ein Mann, der einer schönen Frau schmeicheln will und sagt: „Das, gnädige Frau, was die Franzosen als Ihre Visage bezeichnen würden, nämlich Ihr wunderbares Gesicht, würde ich persönlich immer nur Ihr holdes Antlitz nennen" kann sich jede Fortsetzung des Flirtversuchs sparen, er hat's vergeigt. Die Holde nimmt nur das Schlüsselwort „Visage" wahr, alles andere ist vergebliche Liebesmüh.

Bleiben wir doch noch kurz bei dem letzten Beispiel. Eigentlich meint man bei oberflächlichem Hinsehen, „Gesicht", „Visage" und „Antlitz" seien doch eigentlich nur drei verschiedene Umschreibungen für ein und denselben Gegenstand (Synonyme also). Das Tückische an den Synonymen ist aber, dass es sich eben nicht nur um gleichbedeutende Begriffe handelt, sondern dass jedes Synonym eine unterschiedliche Nuance, einen geringfügig anders gesetzten Bedeutungsakzent in sich birgt. „Gesicht" ist die zunächst neutrale Umschreibung einer Körperpartie, „Visage" vermittelt eher die Bedeutung von „Fratze/Fresse", während schließlich „Antlitz" eine eher poetische Verklärung zum Ausdruck bringt.

Es geht also darum, als rhetorisch versierter Redner ständig seinen aktiven Wortschatz zu verfeinern, um sein Gespür für eben diese vielfältigen Nuancierungen der deutschen Sprache zu festigen. Damit man im Bedarfsfall mit den richtigen Worten die richtigen Schlüsselreize an sein Publikum sendet! Anders gesagt: damit die Worte „stimmig" sind, und das sind sie, wenn sie die richtige „Stimmung" beim Zuhörer auslösen. Für diese Wortschatzverfeinerung haben wir das Werkzeug „Eloquenz-Prisma" geschaffen. Ebenso wie durch ein Prisma ein eintretender Lichtstrahl „gebrochen" und damit in seine Spektralfarben zerlegt wird, so soll das Eloquenz-Prisma ein Ursprungswort „runterbrechen" in seine denkbaren Synonyme mit den unterschiedlichen Bedeutungsnuancen. Werfen wir nun einen Blick auf die Gebrauchsanleitung für das Eloquenzprisma:

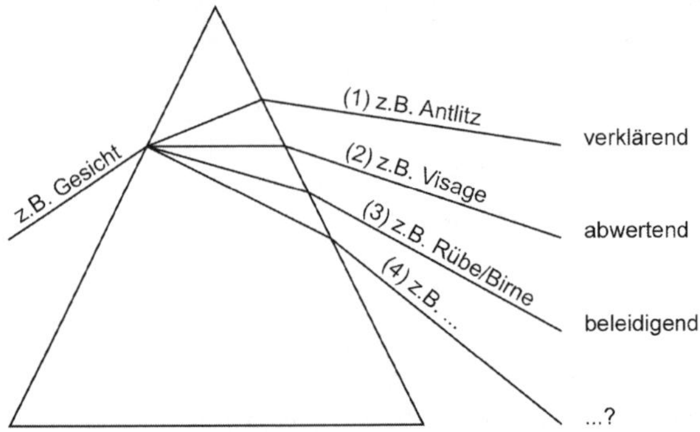

1. Versuchen Sie, so viel wie möglich an Synonymen für ein Ursprungswort zu finden!
2. Machen Sie sich die unterschiedlichen Bedeutungsnuancen der gefundenen Synonyme bewusst!
3. Trainieren Sie Ihren Wortschatz mit dem Eloquenz-Prisma im Alltag in ansonsten „unnützen Leerzeiten“ (z.B. allein im Stau auf der Autobahn, im stundenlangen gähnend langweiligen Meeting, morgens vor dem Spiegel beim Rasieren usw.)!
4. Als schon rhetorisch versierter Redner benutzen Sie das Eloquenz-Prisma in Live-Situationen: bei der rhetorischen Stilfigur „variierte Wiederholung/Anaphora“ (denselben Inhalt in neuer Formulierung wiederholen), z.B: „Wie widerlich ist die Vorstellung, ja wie grässlich ist der Gedanke daran, ja wie unsäglich abscheulich ist die Überlegung, ... (ergänzen Sie nach Belieben selbst)!

Werkzeug Nr. 8: Die Klaviatur der Redefiguren

Nun haben wir es bis zu dieser Stelle in unserem Beitrag geschafft, ohne ein einziges Mal über Geschichte und über Kunst gesprochen zu haben. Das ist bei einem Thema wie dem der Rhetorik normalerweise gar nicht so einfach, denn Rhetorik hat immens viel mit Geschichte und Kunst zu tun. Nur ist der Blick in die Historie oftmals mit dem Etikett „langweilig, verstaubt, antiquiert“ versehen, und der Kunst haftet häufig der unangenehme Geschmack des Selbstzwecks an (weshalb es ja auch heißt: l'art pour l'art). Interessanter wird es schon, wenn uns Geschichte und Kunst Hinweise für heutiges, praktisches Gestalten liefern, weshalb wir nun einen Kurztrip in diese beiden Bereiche wagen.

Die Rhetorik ist eines der ältesten Lehrfächer der Menschheit. Ihre erste Blütezeit erlebte diese Disziplin schon in der griechischen und römischen Antike. Demosthenes in Athen und Cicero in Rom waren die bekanntesten Redner jener Zeit. Schon die Rhetorik-Schulen der Antike lehrten eine Fülle von Regeln über Struktur und Ausführung der Rede. Im Altertum gab es Tausende solcher Regeln, die man „Redefiguren“ nannte. Redefiguren sind bei genauerer Betrachtung Satzformationen von einer ganz typischen Gestalt, die dem Publikum den Redeinhalt anschaulich, spannend und eindringlich „rüberbringen“ sollen. Einige Wenige dieser Redefiguren haben sich bis heute in der Rhetorik erhalten, sie haben das Auf und Ab von über 2000 Jahren Geschichte überlebt und sind aus der Rhetorik der Moderne nicht mehr wegzudenken.

Mit der Anwendung von Redefiguren ist es ein bisschen ähnlich wie mit einer ganz bestimmten Kunst, nämlich der Kunst des Klavierspielens. Dem Pianisten steht in acht Oktaven eine Fülle von Tasten zur Verfügung, aber natürlich wird er sie nie alle zur gleichen Zeit spielen. Manche Tasten haben einen „höheren Wert“ als andere, weil sie in den zwei bzw. drei Hauptoktaven liegen, die am häufigsten bespielt werden. Die Tasten werden also unterschiedlich häufig angeschlagen, sie stellen Möglichkeiten dar, die aber keineswegs alle in jedem Musikstück vorkommen müssen. Ebenso verhält es sich mit den rhetorischen Redefiguren: es handelt sich um eine Palette von Ausdrucksmöglichkeiten, die einem Rhetorikmeister zur Verfügung stehen, aber er muss sie beileibe nicht alle in jeder Rede anwenden.

Wegen dieser Analogie haben wir unser Werkzeug die „Klaviatur der Redefiguren“ genannt. Es ist die Bereitstellung der gebräuchlichsten Redefiguren in der Rhetorik der Moderne. Wir zeigen in der Gebrauchsanleitung die Klaviatur selbst und formulieren als Regel für den Spieler dieser Klaviatur:

1. Wählen Sie anfangs für Ihre erste Rede nach Lektüre dieses Beitrags wenigstens eine Redefigur aus, die Sie bewusst in Ihre Rede einplanen. Bei der nächsten Rede probieren Sie bewusst einmal eine andere Redefigur aus. Fahren Sie so fort, bis Sie die gesamte Klaviatur einmal einer Feuerprobe in der Praxis unterzogen haben.

2. Gewinnen Sie zunehmend Sicherheit auf der Klaviatur, indem Sie fortan auch mehr als nur jeweils eine Redefigur in Ihren rhetorischen Auftritten verwenden. Spüren Sie u.U. jene Redefiguren auf, die Sie vielleicht besonders gern verwenden und die somit ein Element Ihres persönlichen rhetorischen Stils werden könnten.

3. Widerstehen Sie bei alledem der Versuchung, ständig alle oder eine Vielzahl der Redefiguren anwenden zu wollen. Das Spielen auf der Klaviatur der Redefiguren darf nicht zur billigen Effekthascherei verkommen.

Redefigur	Erläuterung	Beispiel
Alliteration	Klangfigur, die durch Verwendung gleicher Anlaute Rhythmik und Resonanz erzeugt	„Brutale Banditen berauben Banken."
Allusion	Prägnante Art, in kurzen Worten etwas anschaulich zu machen, so dass jeder Zuhörer weiß, was gemeint ist	„Putin ist kein Stalin."
Anapher	Wiederholung von Worten oder Wortgruppen am Satzanfang	„Frauen sind Engel, Frauen sind göttliche Wesen, Frauen sind das Gold der Menschheit."
Antithese	Parallelismus im Satzbau bei gleichzeitigem Gegensatz in der Satzbedeutung	„Reden ist Silber, Schweigen ist Gold."
Chiasmus	Kreuzweise Stellung in der Anordnung von vier Satzgliedern	„Die Tage des Studenten sind mühsam, berauschend aber sind seine Nächte."
Epipher	Wiederholung von Worten oder Wortgruppen am Satzende	„Heutzutage ist alles so geil: die Zeiten sind so geil, die Arbeit ist so geil, der Life-Style ist so geil, einfach alles ist geil, nur zum Vögeln san's zu bled." (Der bayerische Kabarettist Bruno Jonas zum Thema Geburtenrückgang)
Hyperbel	Veranschaulichung einer Aussage durch bewusste und überhöhte Übertreibung	„Die Operndiva sang nicht, nein sie jaulte wie eine rollige Katze."
Klimax	Schrittweise Steigerung der Aussage im Satz	„Gut ist, wenn Sie reden können. Besser wäre es, Sie überzeugen Ihr Publikum. Grandios aber wäre, Sie entzünden bei den Zuhörern ein Feuer der Begeisterung."
Metapher	Veranschaulichung einer Satzaussage durch einen bildhaften Vergleich	„Wer glaubt, dass ein Projektleiter Projekte leitet, der glaubt wohl auch, dass ein Zitronenfalter Zitronen faltet."

Fortsetzung

	Redefigur	**Erläuterung**	**Beispiel**
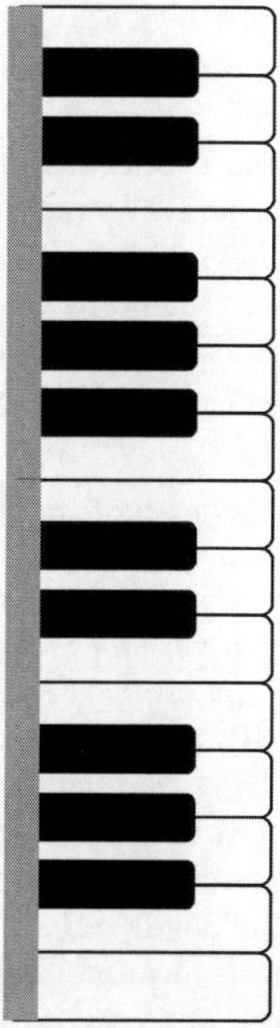	Paradoxon	Besondere Art des Wortspiels, das auf einem Scheinwiderspruch basiert	„Sicher, er lebt, aber seit seinem Ausscheiden aus der Firma ist er eigentlich ein toter Mann.“
	Prolepsis	Einwandvorausnahme, die insbesondere bei polemischen Reden angewandt wird, um die erwarteten Einwände der Gegner im vorhinein zu entkräften	„Man könnte nun natürlich behaupten, dass...! Wir halten dem aber entgegen, dass...!
	Rhetorische Frage	Scheinfrage, auf die keine Antwort des Publikums erwartet wird, dient nur als Denkanreiz	„Sind wir uns nicht alle darin einig, dass...?
	Synekdoche	Verkürzende Ausdrucksweise, bei der man bei den Hörern voraussetzt, dass sie verstehen, was gemeint ist	„Berlin beschließt Hartz IV.“
	Trias	Verkettung von drei Aussagen, die gleichrangig nebeneinander stehen („Drei Argumente auf einmal.“)	„Konzipieren wir unsere Rede logisch. Artikulieren wir unsere Worte deutlich. Lassen wir beim Vortrag unseren Körper sprechen. Dann ist uns der Erfolg als Redner gewiss.“

Erster Zwischenruf: „Ich kann nur kurze Sätze"

Mit diesen Worten trat Franz Müntefering im Frühjahr 2004 vor die Presse, als bekannt geworden war, dass er Gerhard Schröder als SPD-Parteivorsitzenden ablösen würde. Einerseits spiegelt der Ausspruch Münteferings sicherlich ein gerüttelt Maß an Koketterie mit seiner „Arbeiterkarriere" ohne akademisches Studium wider. Sieht man aber von dieser Koketterie einmal ab, hat andererseits dieses „Ich-kann-nur-kurze-Sätze" durchaus etwas Sympathisches, verspricht es doch schlicht und ergreifend einen einfachen, klaren und damit beeindruckenden Sprachstil. Ein solches Versprechen ist doch verlockend, oder? Wer würde nicht gern von sich sagen wollen, dass er mit seinem Sprachstil andere Menschen beeindrucken kann?!

Vielleicht werden Sie, lieber Leser, beim Anschauen der vorangegangenen Werkzeuge zum sprachlichen Ausdrucksvermögen konkrete Handlungsanleitungen zur Gestaltung eines guten, beeindruckenden Sprachstils vermisst haben. Falls dem so sein sollte, lassen Sie uns das Versäumte doch einfach nun nachholen. Der Autor möchte hierbei gern sein gesamtes Wissen und seine ganze Erfahrung aus seiner Tätigkeit als Hochschulprofessor in die Waagschale werfen, denn wer, wenn nicht ein Professor könnte besser wissen, wie man klug und eindrucksvoll daherredet. Somit möchte der Autor Sie nun mit dem „Grundgesetz des professoralen Sprachstils" vertraut machen. Dabei handelt es sich um eine Art ungeschriebener Ehrenkodex, den jeder Professor, der etwas auf sich hält, natürlich selbstverständlich beachtet. Versuchen Sie, so viel wie möglich von diesem „Grundgesetz" aufzunehmen und ein fulminanter Sprachstil wird Ihnen gewiss sein.

Das kleine „Grundgesetz" ist leicht zu verstehen, da es aus nur drei Paragraphen besteht:

§ 1
Man versuche, einfache Zusammenhänge
so kompliziert wie möglich auszudrücken.
Weitgehendes Unverständnis beim Publikum
ist oberstes Ziel jeden professoralen Auftretens.

Von wegen „Ich-kann-nur-kurze-Sätze", schöne ***Schachtelsätze*** *sind also gefragt, die man erst zwei- oder dreimal aufdröseln muss, bevor man sie versteht. So wie etwa der Satz eines Geschichtsprofessors, der seinen Studenten vom Ursprung des Marathonlaufs erzählte: „Denken Sie, wie schön der Krieger, der die Botschaft, die den Sieg, den die Athener bei Marathon, obwohl sie in der Minderheit waren, erfochten hatten, verkündete, nach Athen brachte, starb". Zur Erfüllung des § 1 trägt es auch ungemein bei, möglichst* ***viele Hauptwörter*** *zu benutzen, am besten solche, die auf -ung, -heit und -keit enden. Machen wir gleich die Probe aufs Exempel. Der Anfang der Bibel, also:*

> *„Am Anfang schuf Gott Himmel und Erde. Und die Erde war wüst und leer, und es war finster auf der Tiefe. Und der Geist Gottes schwebte auf dem Wasser“ (Originalübersetzung von Martin Luther)*

klingt doch gleich viel besser, wenn wir statt dessen sagen:

> *„Am Anfang erfolgte seitens Gottes sowohl die Erschaffung des Himmels als auch die der Erde. Die letztere war ihrerseits eine Wüste und Leere, und es hat auf derselben Dunkelheit gewaltet, und über den Flüssigkeiten fand eine Schwebung der Geistigkeit Gottes statt“.*

Um das Unverständnis beim Publikum im Sinne des § 1 noch weiter zu steigern, empfiehlt es sich auch, die Zuhörerschaft durch das ***Vermeiden von Festlegungen*** *zu verunsichern. Gebrauchen Sie sooft es geht Formulierungen wie „könnte“, „vielleicht“, „in etwa“, „unter Umständen“, „eventuell“, „„mit einer gewissen Wahrscheinlichkeit“ usw., um ihr Publikum im Ungewissen zu lassen.*

§ 2
Wenn der Versuch, einfache Zusammenhänge so kompliziert wie möglich auszudrücken, durch den alleinigen Gebrauch der deutschen Sprache nicht hinreichend gelingt, dann verwende man lateinische Redewendungen.

Der Hintersinn des § 2 liegt auf der Hand: ***Latein*** *versteht nur ein Bruchteil der Bevölkerung, was läge also näher, als dieses unerschöpfliche Potential zum Zwecke der Verunsicherung des Publikums anzuzapfen. Wie schön, wenn ein Redner im Vortrag gleich in medias res geht (für Nichtlateiner: sofort zur Sache kommt) und wenn auch höchst zweifelhafte Behauptungen dennoch cum grano salis (wieder für die Nichtlateiner: mit einem Körnchen Wahrheit) gesagt werden dürfen. Und ist es nicht beeindruckend, wenn an Wahlabenden der Wahlverlierer vor laufender Fernsehkamera von seinen eigenen Parteifreunden gelegentlich schon mal mit einem ultra posse nemo obligatur getröstet wird? So geschehen mit Edmund Stoiber bei der Bundestagswahl 2002, als er am späteren Abend aufgrund veränderter Hochrechnungen erkennen musste, dass er nicht Bundeskanzler geworden war! (Und noch mal für die Nichtlateiner: Von niemand kann verlangt werden, Unmögliches zu schaffen).*

Übrigens: wenn wir schon beim Latein sind, dann versteht es sich wohl von selbst, dass auch der Gebrauch möglichst vieler ***Fremdwörter*** *(die ihren Ursprung ja oftmals im Lateinischen haben) einem rhetorischen Vortrag ungemein gut tut. Auch wenn schon uralt und seit Generationen bekannt, gilt immer noch: statt „der dümmste Bauer hat die dicksten Kartoffeln“ sagt sich besser „das maximale Volumen subterrarer Agrarprodukte steht in reziproker Relation zur spirituellen Kapazität des Produzenten“.*

§ 3
Man gebe sich durch Verwendung möglichst vieler englischsprachiger Ausdrücke einen „global touch", um auch auf diese Weise die Distanz zum Publikum zu vergrößern.

Im Klartext: ohne **Englisch** *no chance. Die High Potentials wissen das längst. Und Sie sollten darüber nicht angry werden, lieber Leser, sonst outen Sie sich als Freak der Old Economy! Im Office – wer geht noch ins Büro?- sitzen Sie doch auch in Meetings und hoffen auf good news, vor allem in Win-win-Situations. Im Workshop – selbstverständlich open space – gibt das Team den Ton an. Also achten Sie auch bei der Rhetorik auf ihre Performance, damit's mit dem Balancing keine Probleme gibt und die Response stimmt.*

Kommen Ihnen, lieber Leser, nun doch leise Zweifel? Der Autor hofft dies inständigst, weil es ihm sonst nicht gelungen wäre deutlich zu machen, dass die vorangegangenen Zeilen nichts weiter als ironische Karikatur waren. Das eingangs zitierte „Ich-kann-nur-kurze-Sätze" von Müntefering ist zwar eine (von ihm ja auch absolut gewollte) drastische Übertreibung, aber es kann zumindest ein Wegweiser in eine vernünftige Richtung sein, was unseren Sprachstil angeht. Vermeiden wir unnötig lange Schachtelsätze und Wortungetüme von Hauptwörtern! Verzichten wir auf überflüssige Fremdwörter und widerstehen wir der Versuchung, mit entbehrlichen lateinischen Zitaten und Englisch-Überfrachtungen glänzen zu wollen. Dann sind wir schon auf einem guten Weg zu einem besseren Sprachstil. Und schon Nietzsche sagte ja: „Den Stil verbessern, das heißt den Gedanken verbessern und nichts weiter!"

Dritter Bauabschnitt: Wirkungsvolle Sprechtechnik

Zur Erinnerung:

Was ist zu tun?	Die Rede durch den Einsatz der eigenen Stimme zum „Klingen“ bringen
Baumaterial:	• deutliche Aussprache • ansprechende Betonung • dialektfreie Sprache • Sprechzäsuren

Werkzeug Nr. 9:
Der Dialekt-Hobel

Zur Einstimmung in dieses Werkzeug möchte der Autor Ihnen eine kleine Begebenheit schildern, die er vor einiger Zeit auf einem Kongress erlebt hat: Im Hauptteil der Veranstaltung stand eine Reihe von Fachreferaten auf dem Programm. Es begann ein Redner, von dessen Sprechweise her man unschwer erkennen konnte, dass er wohl aus Norddeutschland stammen musste: keinen Dialekt, fehlerfreies und absolut einwandfreies Hochdeutsch. Als nächstes kam ein Fachkollege an die Reihe, der seinen Vortrag mit einem kleinen Seitenhieb auf seinen Vorredner eröffnete: „Liebe Kolleginnen und Kollegen, bekanntlich gilt zwar:

It's nice
to be a Preiß,
but it's higher
to be a Bayer",

um dann seinen gesamten Redebeitrag in lupenreinem Bayerisch zu halten. Schließlich erklomm der Abschlussredner das Rednerpult. Seine ersten Worte waren: „Verehrte Anwesende, es mag schon sein,

It's nice
to be a Preiß
and it's higher
to be a Bayer.
But the best you can denk
is to be a Mittelfränk."

Es versteht sich von selbst, dass dann eine Rede in schönstem Fränkisch folgte, die selbst dem fränkischen Kabarettisten Frank Marcus Barwasser alias Erwin Pelzig zur Ehre gereicht hätte.

Was denken Sie, lieber Leser? Zeigt diese kleine Anekdote eher einen gelungenen Umgang mit Dialekten oder haben die Redner sprachlich eher völlig daneben gegriffen? Die Reaktionen in der Pause des oben geschilderten Kongresses waren jedenfalls sehr kontrovers, die Palette der Meinungsäußerungen reichte von völliger Zustimmung („das war mal eine tolle Abwechslung, hat richtig Farbe rein gebracht") bis hin zu völliger Ablehnung („war ja 'ne echte Zumutung, dieses Kauderwelsch, denen hätte man das Wort entziehen sollen, wenn die noch nicht mal richtig deutsch können"). Die Kongressteilnehmer aus unserem Beispiel spiegeln eine klassische Kontroverse der Rhetorik wieder. Es geht um die polarisierende Frage: Wie halten wir's mit Dialekten?

- Dialekt: „JA!" Denn: Man soll sich zu seiner Herkunft bekennen bzw. seine Heimat nicht verleugnen – Dialekte zeugen von einer bunten Vielfalt der deutschen Sprache – Dialekte werden gern gehört – reines Hochdeutsch wirkt so steif und förmlich

  oder

- Dialekt: „NEIN!" Denn: Es klingt so kleinkariert, so provinziell, so gar nicht nach „Global Player" – Dialekte sind manchmal nur schwer verständlich – Dialekte erzeugen oftmals Ablehnungshaltungen, nach dem Motto „ach du lieber Gott, ein Bayer, Sachse, Hesse, Ostfriese etc."

Statt in eine akademische, ja gar philosophische Diskussion dieser beiden Grundpositionen einzusteigen, gilt zunächst einmal ganz einfach: Reden Sie entsprechend Ihrer Zielgruppe! Wenn der Ur-Bayer auf einer Jahreshauptversammlung des Trachtenvereins Vilshofen im Herzen von Niederbayern sprechen soll, dann stellt sich die Frage nach der Vermeidung der bayerischen Mundart ja wohl nicht wirklich ernsthaft. Soll derselbe Redner übermorgen aber vor dem Börsenclub in Hannover (zehn bis zwanzig Kilometer südwestlich davon spricht man angeblich das reinste Hochdeutsch) sprechen, dann ..., tja was eigentlich dann? Soll er dann binnen zwei Tagen versuchen, den ihm eigenen und in vielen Jahren gepflegten Dialekt abzulegen? Selbst wenn er es wollte, es würde ihm kaum gelingen. Also was tun?

An dieser Stelle setzt unser Werkzeug an. Wir haben es den ***„Dialekt-Hobel"*** genannt, weil es ebenso wie ein Hobel bei einem Holzwerkstück die scharfen, unschönen Ecken und Kanten des Dialekts glatt hobeln soll, dabei aber trotzdem das eigentlich Schöne eines jeden Dialekts nicht beschädigt, genauso wie ein Hobel beim Holz ja beispielsweise auch nicht die schöne Maserung oder ursprüngliche Formgebung des Werkstücks auslöscht. Um die Gebrauchsanleitung für den Dialekt-Hobel richtig verstehen zu können, sollten wir zuvor noch einen kurzen Blick auf ein ganz typisches Charakteristikum von Dialekten werfen.

Schauen wir uns folgende Alltagssituation an: Zwei Freunde treffen sich vor einem großen Einkaufscenter. Einer von den beiden hat gerade einen Plattenspieler (ja, Sie haben richtig gelesen, die gibt's jetzt manchmal wieder) aus einem Sonder-Nostalgieangebot ergattert. Er sagt zu seinem Freund:

„Gugg mal, den hab isch gekooft, der war so ginstisch, koof Dir doch ooch eenen!"

Darauf der andere Freund:

„Nee, isch koof mir keenen, isch hab scho ee Pladdenspieler daheem, des wär ja dann dobbelt gemobbelt." "

(Im Fernsehen müssten wir jetzt vielleicht Untertitel in deutsch einspielen, und da müsste es dann heißen:

„Sieh' mal, den habe ich gekauft, der war so günstig, kauf' Dir doch auch einen! Nein, ich kauf' mir keinen, ich hab' schon einen Plattenspieler zuhause, das wäre ja dann doppelt gemoppelt.")

Und nun lieber Leser machen Sie bitte folgendes Experiment: Sprechen Sie die zwei Sätze der beiden Freunde einmal laut nach, am besten in Gegenwart einer anderen Person. Ich wette eine gute(!) Flasche Wein darauf, dass Ihr Gegenüber spontan ein „Hey, sächsisch, das kannste aber gut nachmachen" oder etwas Ähnliches von sich gibt. Wie kann das gehen, wenn Sie doch (das sei für dieses Experiment unterstellt) gar kein waschechter Sachse sind? Hier tritt eine Wesensart von Dialekten zutage, die sich u.a. Kabarettisten gern zunutze machen, wenn Sie Dialekte imitieren wollen. Jeder Dialekt ist durch einige „Schlüsselreizkomponenten" gekennzeichnet, die das Typische dieses Dialekts ausmachen. In aller Regel sind es nur ganz wenige solcher Schlüsselreizkomponenten, die bereits ausreichen, damit ein Dialekt als eindeutig sächsisch, bayerisch, hessisch etc. wahrgenommen wird. Als Faustregel gilt:

Drei bis maximal fünf Schlüsselreizkomponenten machen über 80 % der Wirkung eines Dialekts aus.

In unserem Beispiel der beiden Freunde mit dem Plattenspieler bedeutet dies bezogen auf den sächsischen Dialekt z.B.:

Schlüsselreizkomponente 1:	oo statt au (koofen, ooch statt kaufen, auch)
Schlüsselreizkomponente 2:	ee statt ei (eenen, daheem statt einen, daheim)
Schlüsselreizkomponente 3:	Weiche Zischlaute (isch, nisch statt ich, nicht)
Schlüsselreizkomponente 4:	Weiche Doppelkonsonanten, oder wie es der sächsische Kabarettist Bernd Lutz-Lange ausdrückt: "Die Weeschen besiechen die Hardden.", zu deutsch: Die Weichen besiegen die Harten (dobbelt gemobbelt statt doppelt gemoppelt).

Wie gesagt, drei bis fünf solcher Schlüsselreizkomponenten gilt es auszumachen! Und manchmal ist es sogar nur eine einzige Schlüsselreizkomponente, die schon klar werden lässt, um welchen Dialekt es sich handelt (Pensionswirtin zum Urlaubsgast bei der Bedienung am Frühstückstisch: „Megns oa Oa od'r zwoa Oa?“, im Bayerischen wird ei zu oa, also: „Möchten Sie ein Ei oder zwei Eier?“).

Diese Wesensart von Dialekten machen wir uns für das Werkzeug des Dialekt-Hobels zunutze. Es gilt, die wesentlichen Schlüsselreizkomponenten (quasi die scharfen Ecken und Kanten) eines Dialekts zu identifizieren und zu glätten (quasi abzuhobeln). Denn in Umkehrung der obigen Faustregel gilt: Wenn nur drei bis fünf Schlüsselreizkomponenten über 80% der Wirkung eines Dialekts ausmachen, dann wird mit dem „Abhobeln“ dieser drei bis fünf Schlüsselreizkomponenten auch über 80% der Wirkung eines Dialekts gedämpft. Die verbleibenden 20% bewirken jene Sprachklangfärbung, die z.B. einen Bayern noch immer als solchen erkennen lässt, die aber durch ihre Unaufdringlichkeit (die scharfen Ecken und Kanten sind ja glattgehobelt) im Ohr des Zuhörers sympathisch klingt.

Nach unserem Ausflug in die Welt der Dialekte wird nun die Gebrauchsanleitung für den Dialekt-Hobel klar erkennbar:

Die scharfen Ecken und Splitter erkennen:	Identifizieren Sie die zentralen Schlüsselreizkomponenten Ihres Dialekts: **1.** .... **2.** .... **3.** .... **4.** .... **5.** .... Beschränken Sie sich dabei auf drei bis maximal fünf Komponenten, keinesfalls mehr (denken Sie an die 80 % Faustregel!)
Den Hobel an den Ecken und Splittern ansetzen:	Machen Sie sich für die gefundenen Schlüsselreizkomponenten die hochdeutsche Version bewusst: **1.** .... **2.** .... **3.** .... **4.** .... **5.** .... Achten Sie fortan bei den gefundenen Schlüsselreizkomponenten bewusst auf die Verwendung der hochdeutschen Version, beginnend bei einem ersten konkreten Redeanlass fortlaufend über weitere „rhetorische Marksteine“ der nächsten Zeit (z. B. demnächst anstehende Präsentationen) bis hin in Ihren sprachlichen Alltag.

Werkzeug Nr. 10: Der Intonations-Regler

Sicher haben Sie diese Situation auch schon erlebt, egal ob als Student in einer Vorlesung oder als Zuhörer bei einer Fachpräsentation im Unternehmen oder als Besucher einer x-beliebigen Versammlung: Sie sind gekommen, um einem spannenden Vortrag zu lauschen und eigentlich finden Sie das Thema des Vortrags auch hochinteressant, aber irgendwie mittendrin in der Veranstaltung schrecken Sie auf einmal innerlich auf und merken, dass Sie dem Redner schon längere Zeit gar nicht mehr zugehört haben. Sie waren überall und nirgends mit Ihren Gedanken, nur nicht beim Vortragenden und beim Thema. Am Ende gehen Sie mit einem unguten Gefühl nach Hause, entweder weil Sie glauben, etwas verpennt zu haben oder weil Sie die vergeudete Zeit reut.

Solche oder ähnliche Situationen sind ein sicheres Indiz dafür, dass der Redner sich gegenüber seinem Publikum zumindest fahrlässig, manchmal sogar vorsätzlich, strafbar macht. Er redet gleichbleibend leise, auf einer Stimmhöhe ohne erkennbare Unterschiede in der Betonung (also „mono"ton!) und mit immer gleicher (meist zu schneller) Sprechgeschwindigkeit. Was bleibt dem Zuhörer denn da noch anderes übrig, als den Kampf gegen das Einschlafen aufzugeben und in das abzutauchen, was der österreichische Managementtrainer Roman Braun einmal sehr treffend als „Denk-Emigration" bezeichnet hat. Dabei ist die Stimme das kostbarste Geschenk, über das ein Redner überhaupt verfügt. Die Stimme eines jeden einzelnen Menschen auf dieser Welt ist einzigartig. Kein Mensch auf der Erde hat die gleiche Stimme wie ein anderer. Unsere Stimme ist wie unser Fingerabdruck oder unser genetischer Code: sie macht uns unverwechselbar und sie verleiht uns vor allem eine Fähigkeit, nämlich die Fähigkeit, die Emotionen anderer Menschen zu berühren. Dazu ein kleines Experiment (in männlicher und weiblicher Version):

Männliche Version:	Setzen Sie sich an einem schönen Sommertag in ein Straßencafé und schauen Sie zunächst dem sommerlichen Treiben zu. Richten Sie Ihr Interesse dabei insbesondere auf vorbeischlendernde oder im Café platznehmende Frauen. Wenn Ihnen eine dieser Frauen ein bisschen sympathisch erscheinen sollte, wagen Sie einen kleinen Flirtversuch, indem Sie die Frau ansprechen. Falls Sie Glück haben und die Flirt-Auserwählte Ihnen antwortet, achten Sie einmal ganz bewusst auf die Emotion, die die Stimme dieser Frau in Ihnen auslöst. Sie werden feststellen, dass unabhängig vom Inhalt des Gesagten (also egal ob „Ja, ja wirklich schönes Wetter heute" oder „Ok, sparen wir uns das Vorgeplänkel, zu Dir oder zu mir?") eine ganze Palette von Emotionen allein durch die Wahrnehmung der Stimme hervorgerufen werden kann, etwa: • extrem positiv („Mir wird schwindelig, boah, was für eine Frau!")

	• extrem negativ (der Alt-Lateiner würde sagen „Oh si tacuisses", zu deutsch „Oh wenn Du doch geschwiegen hättest") eine Fülle von Nuancierungen zwischen den beiden Extremen (z.B. erregend, warmherzig, herrisch, säuselnd, gereizt, kühl, frostig, unsicher, schüchtern, gehemmt, ärgerlich, ängstlich, liebevoll, lachend, hochnäsig, verschwörerisch u.v.a.m.)
Weibliche Version:	Gleiche Versuchsanordnung, jedoch ersetzen Sie "Frau" durch "Mann" und "die Flirt-Auserwählte" durch "der Flirt-Auserwählte".

Wir erkennen: die Stimme macht „Stimmung", die menschliche Stimme ist – wie es der Altmeister der Rhetorik im deutschsprachigen Raum Heinz Lemmermann sagt – die Klimaanlage für die Seele. Aus intensiven wissenschaftlichen Untersuchungen wissen wir heute:

Ein Redner beeinflusst sein Publikum:

- zu 7 % durch das Gesagte (Inhalt der Rede)
- zu 38 % durch seine Stimme und schließlich
- zu 55 % durch seine Körpersprache

Der Mensch glaubt – unbewusst – immer zuerst dem Körper und erst dann dem Gesagten!

Somit ist die Stimme also eines der machtvollsten Instrumente des Redners; wir sollten uns daher die Wirkungsweise dieses Instruments klar verdeutlichen, um die Stimme bewusst zur positiven Gestaltung einer Rede einsetzen zu können.

Hier setzt unser Werkzeug an. Wir haben es „die Intonations-Regler" genannt. Mit „Intonation" stellen wir bewusst eine Assoziation zur Musik her. Wer vom Rhetorik-Novizen zumindest zum Rhetorik-Gesellen (vom Rhetorik-Meister ganz zu schweigen) aufsteigen will, dem muss es in Fleisch und Blut übergehen, dass rhetorisches Sprechen eben „Musizieren mit der Stimme" bedeutet. Nicht umsonst deuten ja auch alle Wortbegriffe im Zusammenhang mit dem Gebrauch der Stimme genau auf dieses „Musizieren" hin (so sprechen wir z.B. vom Klang der Stimme, von der Betonung – da steckt das Wort Ton drin! –, von der Stimm-Melodie bzw. von der Stimm-Modulation, wobei das Wort Modulation eben ursprünglich aus der Musiksprache stammt). In Ergänzung zum Begriff der Intonation nennen wir unser Werkzeug „Regler", weil es ähnlich wie bei einer Stereoanlage verschiedene Einstellungsmöglichkeiten gibt, um den Klang der Stimme zu beeinflussen. Werfen wir einen ersten Blick auf die drei grundsätzlichen Einstellungsmöglichkeiten:

1.) Höhen-/Tiefen-Variationen:

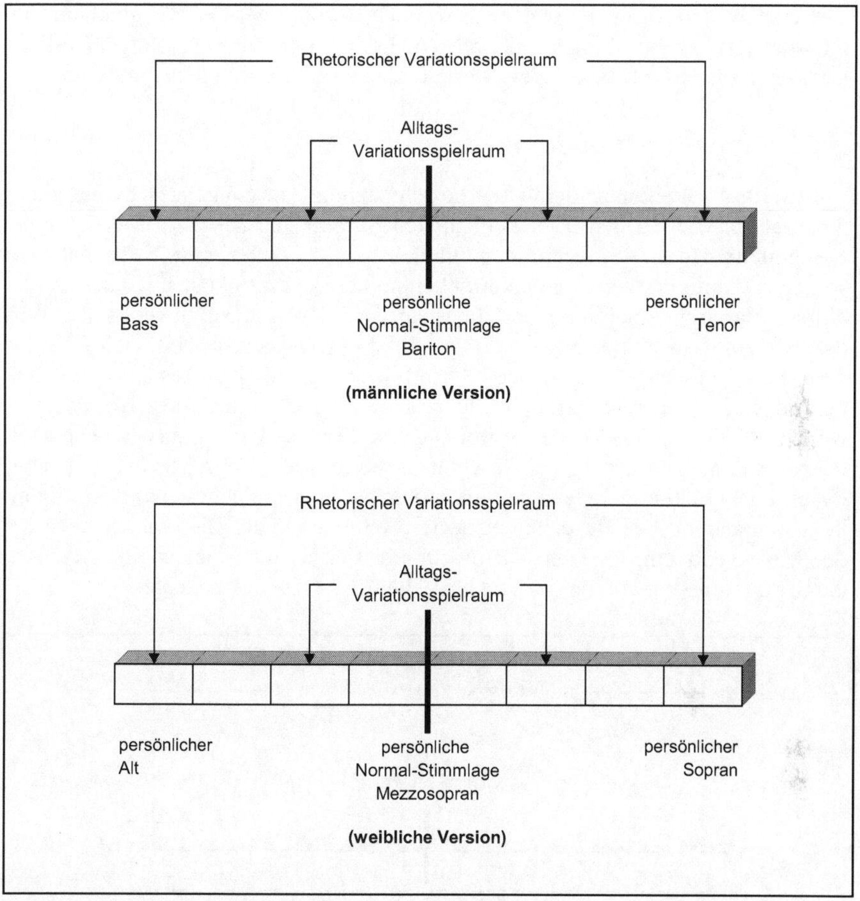

***Abbildung 2** Höhen-/Tiefenregler (männliche und weibliche Version)*

Die erste Einstellungsmöglichkeit betrifft die Regulierung der Höhen und Tiefen in der persönlichen Stimmlage. Im Alltagssprechen nimmt jeder von uns automatisch und unbewusst seine persönliche Normal-Stimmlage ein. Ausgehend von dieser Normalstimmlage variieren wir unsere Höhen und Tiefen beim Sprechen zwar ständig, sonst klänge unsere Stimme ja monoton wie Betgesänge von gregorianischen Mönchen. Für den rhetorischen Auftritt sollten wir diesen Variationsspielraum aber ausweiten. Es gilt, den persönlichen Bass und Tenor (in der männlichen Version) bzw. den persönlichen Alt und Sopran (in der weiblichen Version) auszuloten und die so erweiterte stimmliche Bandbreite für das rhetorische Sprechen zu nutzen. Probieren Sie die Höchst- und Tiefstwerte Ihrer persönlichen Stimmlage gleich einmal aus: Sie finden Ihren persönlichen Bass/Tenor/Alt/Sopran leicht, indem Sie Ihre Stimme beim Sprechen eines Textes heben bzw. senken und zwar so hoch bzw. so tief, bis Sie glauben, Sie müssten jetzt in ein „Singen“ übergehen. Diese Grenzen zum „Singenwollen“ markieren die Höchst- bzw. Tiefstwerte Ihrer persönlichen Sprechstimmlage.

2.) Tempo-Variationen:

Die zweite Einstellungsmöglichkeit bezieht sich auf die Sprechgeschwindigkeiten. Ebenso wie bei den eben betrachteten Stimmlagen hat jeder Mensch eine individuelle Normal-Sprechgeschwindigkeit, die er unbewusst beim Alltagssprechen einnimmt. Um dieses Normaltempo herum erstreckt sich wiederum ein Alltags-Variationsspielraum, der für rhetorische Zwecke auszuweiten ist. Wir haben für diesen Regler bewusst nicht nur drei (langsam, mittel, schnell) sondern fünf (von largo bis vivace) Abstufungsmöglichkeiten gewählt, um den möglichen Facettenreichtum beim rhetorischen Sprechen noch deutlicher aufzuzeigen. Allzu sehr steckt dem Autor hier die Praxiserfahrung aus jahrelangem Rhetoriktraining in den Knochen, wonach die meisten Menschen beim Redenhalten ihr Publikum geradezu nerven, indem sie ihre Sprechgeschwindigkeit um kein Jota ändern. Die Bezeichnungen der Tempi sind auch hier wieder bewusst der Musik entlehnt, um den Rhetorik-Interessierten auch hier wieder bewusst daran zu erinnern, dass rhetorisches Sprechen „Musizieren“ bedeutet.

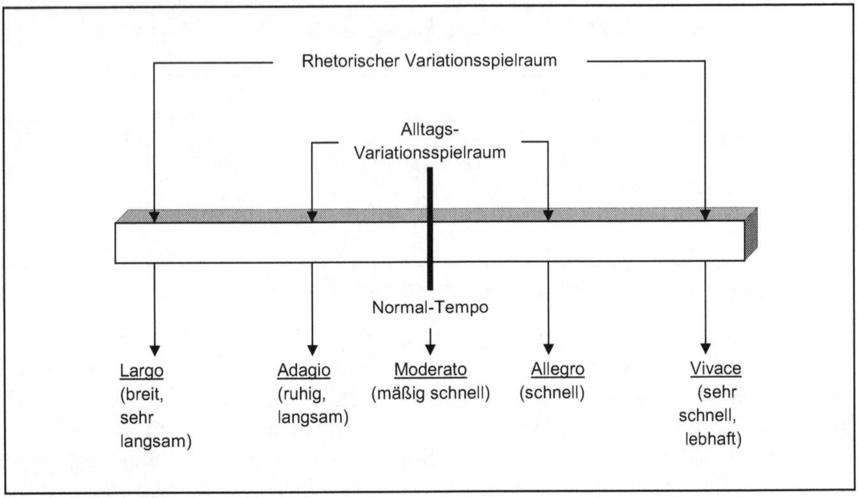

***Abbildung 3** Tempo-Variationen*

3.) Lautstärke-Variationen:

Die dritte Einstellungsmöglichkeit nimmt die Lautstärke menschlichen Sprechens ins Visier. Die Grundkonstruktion auch dieses Reglers ist Ihnen aus den beiden vorangegangenen Reglern schon bekannt. Und auch die wiederholten Anleihen aus den Begrifflichkeiten der Musik werden Sie nun nicht mehr überraschen.

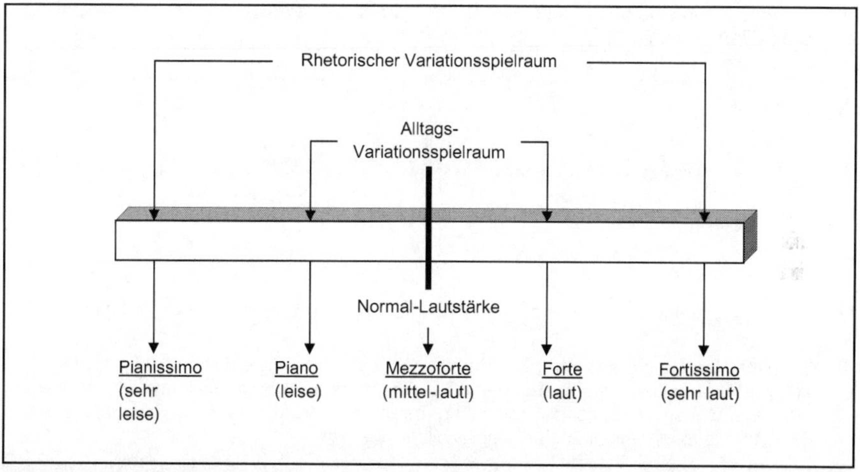

***Abbildung 4** Lautstärke-Variation*

Wir können nun abschließend zur Gebrauchsanleitung des Werkzeugs der „Intonations-Regler“ schreiten:

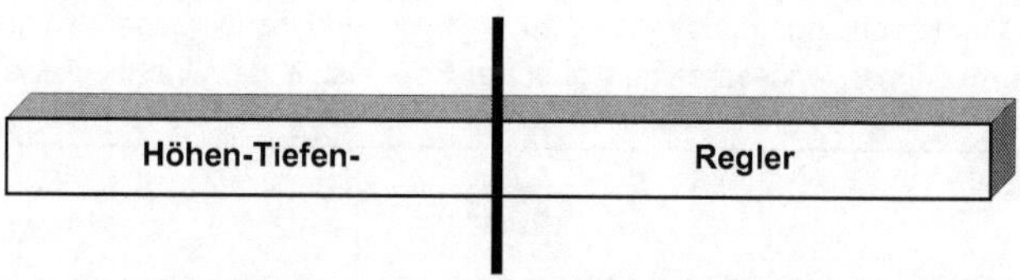

1. Loten Sie die Höchst- und Tiefstwerte Ihrer persönlichen Stimmlage aus!

2. Erweitern Sie ausgehend von Ihrer Normal-Stimmlage kontinuierlich Ihren Höhen-/Tiefen-Variationsspielraum, beginnend bei einem ersten konkreten Redeanlass fortlaufend über weitere „rhetorische Marksteine“ der nächsten Zeit (z.B. demnächst anstehende Präsentationen) bis hin in Ihren sprachlichen Alltag!

3. Beachten Sie dabei die **Top Five** der Höhen-/Tiefenvariation:

- Lassen Sie an Satzenden Ihre Tonhöhe nach unten gehen!
- Lassen Sie am Ende einer Frage Ihre Tonhöhe nach oben gehen!

- Verändern Sie Ihre Tonhöhe (nach oben oder nach unten gleichermaßen möglich) bei einem thematischen Positionswechsel, also z. B.
- bei Gegenüberstellungen (pro und contra, einerseits und andererseits etc.)
- beim Wechsel zwischen Vergangenheit und Zukunft
- beim Zitieren Anderer
- beim Wechsel zwischen Beispiel und Verallgemeinerung
- Vermeiden Sie eine permanent extrem hohe Stimmlage (wirkt „nervig", gespannt, ärgerlich, manchmal auch ängstlich)
- Vermeiden Sie eine permanent extrem tiefe Stimmlage (wirkt altväterlich, selbstgefällig, in den Bart brummend)

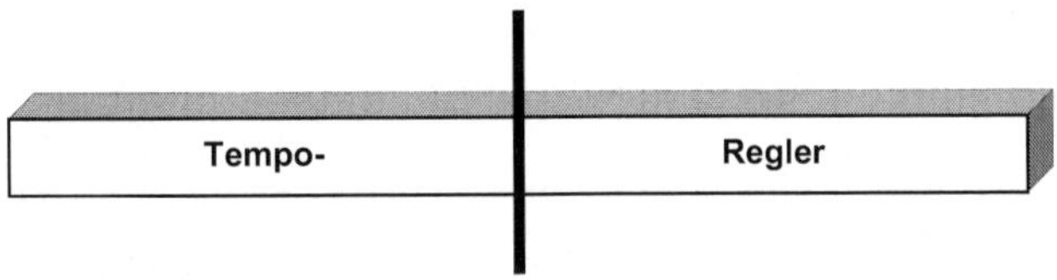

1. Loten Sie die Höchst- und Tiefstwerte Ihrer persönlichen Sprechgeschwindigkeit aus!

2. Erweitern Sie ausgehend von Ihrer Normalsprechgeschwindigkeit kontinuierlich Ihren Tempo-Variationsspielraum, beginnend bei einem ersten konkreten Redeanlass fortlaufend über weitere „rhetorische Marksteine" der nächsten Zeit (z.B. demnächst anstehende Präsentationen) bis hin in Ihren sprachlichen Alltag!

3. Beachten Sie dabei die **Top Four** der Tempovariation:

- Widerstehen Sie der weit verbreiteten Tendenz, bei rhetorischen Auftritten eher schneller als in Ihrer Normalgeschwindigkeit zu sprechen!
- Achten Sie darauf, dass Ihr Normaltempo der Redesituation angemessen ist (bei einer Trauerrede wohl langsamer und gemessener als bei einer politischen Wahlkampfrede)!
- Sprechen Sie besonders wichtige Gedanken Ihrer Rede bewusst langsamer aus, damit das Publikum auch angemessene Zeit zur Verarbeitung dieser Gedanken hat!
- Sprechen Sie umso langsamer, je größer der Raum ist, in dem Sie die Rede halten!

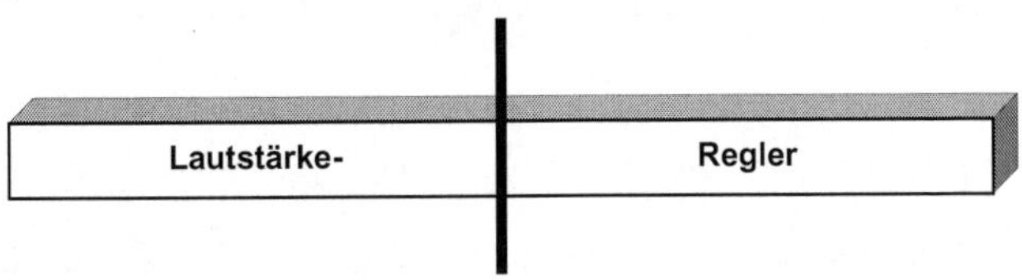

1. Loten Sie die Höchst- und Tiefstwerte Ihrer persönlichen Sprechlautstärke aus!

2. Erweitern Sie ausgehend von Ihrer Normalsprechlautstärke kontinuierlich Ihren Lautstärke-Variationsspielraum, beginnend bei einem ersten konkreten Redeanlass fortlaufend über weitere „rhetorische Marksteine" der nächsten Zeit (z.B. demnächst anstehende Präsentationen) bis hin in Ihren sprachlichen Alltag!

3. Beachten Sie dabei die **Top Three** der Lautstärkevariation:

- Heben Sie besonders wichtige Gedanken Ihrer Rede durch eine Variation Ihrer Lautstärke hervor (wobei gleichermaßen ein Anheben oder Absenken der Lautstärke möglich ist; oftmals erzeugt scheinbar paradoxerweise ein extremes Leiser-werden eine besondere Aufmerksamkeit beim Publikum.
- Passen sie die Normal-Lautstärke dem thematischen Anlass Ihrer Rede an (bei einem abendlichen Reisebericht am Kaminfeuer sicher eher leiser als bei einem dramatischen Verschwörungsappell an die Mitarbeiter auf einer Betriebsversammlung).
- Achten Sie darauf, Ihre Normal-Lautstärke auf die zahlenmäßige Größe des Publikums bzw. die Umgebung einzustellen (nichts ist peinlicher als der Zuruf „lauter" aus dem Publikum).

Werkzeug Nr. 11: Das rhetorische Time-Out

Lieber Leser, zu Beginn der Erläuterung dieses Werkzeugs darf ich Sie wieder zu einem **kleinem Experiment** einladen:

Wenn Sie demnächst mal wieder vor einem größeren Publikum sprechen müssen (z.B. als Student im Hörsaal vor Kommilitonen bei einem Referat oder als Mitarbeiter eines Unternehmens auf einer Betriebsversammlung oder ... oder ...), dann wird Ihnen in aller Regel folgende Situation begegnen: Sie treten vor Ihr Publikum und es herrscht im Raum zunächst eine allgemeine Unruhe. Eine völlig normale Situation zu Redebeginn. Nehmen Sie nun Ihre Rednerposition ein und sprechen Sie zunächst einmal absolut nichts! Halten Sie dieses Schweigen mindestens zehn Sekunden durch (diese Zeit wird Ihnen subjektiv wie eine Ewigkeit vorkommen!) Seien Sie eisern, sprechen Sie auf gar keinen Fall (was die meisten Redner nicht können, Sie halten dem psychischen Druck nicht stand und beginnen zu reden, um für sich selbst ein Stressventil zu öffnen!) Sammeln Sie Ihre Zuhörer lediglich mit einem freundlichen „Augengriff" (siehe dazu das Werkzeug Nr. 1 in diesem Buch!) Im Laufe dieser zehn Sekunden werden Sie merken, wie die anfängliche Unruhe im Publikum langsam verebbt, bis schließlich absolute Stille eintritt. Wenn Sie jetzt noch die mentale Kraft aufbringen, etwa weitere fünf Sekunden zu schweigen, dann wird Ihnen eine nie für möglich gehaltene gespannte Aufmerksamkeit gewiss sein. Sie können die berühmte Stecknadel fallen hören!

Was zeigt uns dieses Experiment? Schweigen ist ein machtvolles Mittel zur Steuerung des Publikums, und zwar ein oftmals verkanntes Mittel! Die meisten Redner glauben, ihr Publikum in kritischen Situationen durch immer intensiveres und heftigeres Sprechen beeinflussen zu müssen, dabei wäre ein kurzfristiges Schweigen zur rechten Zeit das weitaus kraftvollere Instrument. Wenn schon Schweigen zu Beginn einer Rede so eindrucksvolle Reaktionen nach sich ziehen kann, um wie viel mehr müssen dann erst wohlgesetzte Pausen im eigentlichen

Verlauf der Rede bewirken können?! Unser Werkzeug, um mit Pausen bzw. Schweigen beim rhetorischen Auftritt richtig umgehen zu können, haben wir in Anlehnung an einschlägige Ballsportarten (z.B. Handball, Basketball) das „rhetorische Time-Out" genannt. Ein „Time-Out" bringt im Sport allen Beteiligten einen konkreten Nutzen. So können etwa die spielenden Mannschaften kurzzeitig ausruhen und Luft schöpfen, die nächsten Spielzüge noch einmal gedanklich durchgehen und unter Umständen sogar die Spieltaktik kurzfristig verändern. Auch dem Publikum nützt die Pause: die Zuschauer können „Dampf ablassen", die vorangegangene Spielphase erst mal verdauen, eventuell miteinander diskutieren und voller zusätzlicher Spannung auf die Fortsetzung des Spiels hinfiebern. Nicht anders ist es in der Rhetorik. Ein gelegentliches „Time-Out" benötigt

- **der Redner,**
  - um Atem zu holen,
  - um seine nächsten Gedanken zu fassen,
  - um Reaktionen seines Publikums zu beobachten,
  - um ein ggf. zu schnelles Sprechtempo zu drosseln,
  - um ggf. wieder Ruhe im Publikum herzustellen (siehe oben!),
  - um Zäsuren zwischen inhaltlichen Gliederungsabschnitten zu verdeutlichen,
- **das Publikum,**
  - um das bisher Gehörte gedanklich zu verarbeiten,
  - um ggf. einige „Brocken verdauen zu können" (z.B. Provokationen, schlechte Nachrichten, aber auch unerwartete positive Überraschungen),
  - um ggf. untereinander diskutieren zu können,
  - um neugierig zu werden auf die Fortsetzung der Rede.

Wie schon im Sport, so erhöht auch in Redesituationen ein Time-Out die Spannung beim Publikum enorm. Folglich sollte der rhetorisch versierte Sprecher das Time-Out bewusst zur Gestaltung der Dramaturgie seiner Rede einsetzen. Werfen wir deshalb nun einen Blick auf die Gebrauchsanleitung des Werkzeugs des „Rhetorischen Time-Outs":

Spüren Sie die „Zäsuren“ in Ihrer Rede auf! Diese befinden sich insbesondere am Ende

- des Warming ups
- der Hinführung zum Thema
- des Fahrplans
- wichtiger Teilabschnitte des Hauptteils
- des gesamten Hauptteils
- der Kernbotschaft(en) im Schlussteil vor Beginn des Finale furioso

↓

Lassen Sie sich jeweils am Satzende solcher Zäsuren Zeit und machen Sie eine

INTERPAUSE

(Pause zwischen den Sätzen)

↓

Spüren Sie die dramatischen Spannungsgipfel Ihrer Rede auf und führen Sie Ihr Publikum auf diese Spannungsgipfel hin, indem Sie durch Time-Out die Neugierde steigern!

↓

Lassen Sie sich mitten im Satz Zeit und machen damit eine

INTRAPAUSE

(Pause innerhalb des Satzes)

↓

- Achten Sie darauf, dass die Pause lang genug ist (mindestens zwei bis drei Sekunden)
- Bedenken Sie, dass Ihnen selbst die Zeitspanne zwar sehr lange erscheint, dass aber das Publikum die Pause sehr viel kürzer erlebt. „Disziplinieren“ Sie sich falls nötig zur richtigen Pausenlänge, indem Sie gedanklich (aber natürlich nicht laut!) „einundzwanzig – zweiundzwanzig – dreiundzwanzig“ zählen (entspricht bei normalem Sprechtempo etwa zwei bis drei Sekunden).
- Unterstützen Sie Ihr rhetorisches Time-Out durch adäquate Körpersprache (z. B. fragende Blicke, verschwörerische Mimik, veränderte Körperhaltung etc.)

Zweiter Zwischenruf: „Ein guter Wein zur rechten Zeit ..."

... der Zunge schenkt Geschicklichkeit." Was haben ein Lugana 2002 aus der Weinkellerei Ca'die Frati und eine deutliche Aussprache gemeinsam? Nein, nein, nicht was Sie jetzt vielleicht spontan denken! Je mehr man sich dem Wein hingibt, desto mehr und undeutlicher lallt man...nein, nein, ganz anders!

Lieber Leser, Hand aufs Herz, wer hätte etwa nicht schon folgende oder ähnliche Situationen erlebt: Hat nicht früher in der Schule der Deutschlehrer schon immer gesagt, man solle gefälligst mal die Zähne auseinander nehmen, um deutlicher zu sprechen? Und hat nicht der Professor im Hörsaal Sie vor versammelter Kommilitonenschar schon mal lächerlich gemacht, indem er Ihr Referat zwar fachlich gelobt, Ihnen gleichzeitig aber noch „gute Entwicklungspotentiale in Ihrer Artikulationsfähigkeit" bescheinigt hat? Und sind Sie in der Firma von Kollegen nicht ab und zu schon mal mitten im Satz durch ein zaghaftes „Entschuldigen Sie bitte, könnten Sie das noch mal kurz wiederholen, ich hab' Sie akustisch nicht ganz verstanden" unterbrochen worden? (wobei „akustisch nicht verstanden" durch die Blume gesagt wohl heißen sollte „mein Gott, Dein Nuscheln kann wirklich keine Sau verstehen"). Wenn Ihnen dies alles fremd ist, dann gehören Sie zu den glücklichen 10% der Bevölkerung, die auf Anhieb die Aufnahmeprüfung jeder Theaterschauspielschule bestehen würden, weil undeutliche Aussprache für Sie kein Thema ist.

Falls Sie sich aber doch in den obigen Zeilen zumindest ein bisschen wiederentdecken und Sie unseren Ausführungen zur wirkungsvollen Sprechtechnik bis hierher interessiert gefolgt sind, beschleicht Sie vielleicht eine leise Enttäuschung, hatten Sie doch insgeheim gehofft, etwas zu diesem „Tabuthema" der Rhetorik zu erfahren. Und möglicherweise hatten Sie sogar ein Werkzeug erwartet, ganz im Sinne der Intention dieses Buches. Nun, gemach, es wird sich gleich richten!

Der erste Schritt zu einer klaren und deutlichen Aussprache ist leicht getan: beschaffen Sie sich (falls nicht ohnehin vorhanden) eine gute(!) Flasche Wein. Ich persönlich empfehle zur Zeit einen Lugana 2002 aus der Kellerei Ca' dei Frati in Sirmione. Ein Spitzenweißwein vom Südostufer des Gardasees und dennoch sehr erschwinglich (die Flasche etwa acht Euro) Keinesfalls würde ich aber bestreiten, dass nicht auch ein guter Chianti mit Gallo-Nero-Etikett oder ein klassischer Bordeaux oder schließlich auch ein ehrlicher Chardonnay aus den jungen aufstrebenden Weinnationen wie Chile oder Australien die gleichen guten Dienste leistet. Nur eines sollte es bitte nicht sein: ein mit viel Schwefelzusatz haltbar gemachter Konsumwein (also bitte keine 5-Liter-Pulle Lambrusco oder eine 1,5-Liter-Flasche Südtiroler Bauerntrunk zu 1,39 € und schließlich auch nicht der 0,99 € teure Tetra-Pack Verschnittweißwein aus verschiedenen Anbaugebieten der Staaten der Europäischen Gemeinschaft.

Mit der strikten Ablehnung von geschwefelten Billig-Konsumweinen sind wir gleich beim zweiten Schritt auf dem Weg zu einer deutlichen Aussprache. Ge-

nießen Sie Ihre gute Flasche Wein an einem schönen, stressfreien Abend im Kreise Ihrer Familie oder mit guten Bekannten. Seien Sie gewiss, dass Sie am nächsten Morgen keine Kopfschmerzen erleiden müssen, da Sie ja einen nicht geschwefelten Wein verkosten (denn nur der Schwefelzusatz ist in den meisten Fällen für den Kater am Morgen danach verantwortlich, es sei denn, Sie nehmen unverhältnismäßig große Mengen des Rebensaftes zu sich). Das Wichtigste aber ist: heben Sie den Korken der Weinflasche gut auf!

Und nun kommt der Kern der Sache: Nehmen Sie am nächsten Tag in einer stillen Stunde den besagten Weinkorken und führen Sie ihn in den Mund, indem Sie ihn genau zwischen Ihre Zähne platzieren. Und nun beginnen Sie ganz normal zu sprechen, irgendwelche ganz banalen Alltagssätze. Sie werden merken, dass es Ihnen am Anfang sehr schwer fällt, sich dermaßen „gehandicapt" klar und verständlich zu artikulieren. Sie müssen schon ein gehöriges Maß an Sprechakrobatik aufbringen, damit man Sie einigermaßen gut versteht: die Zähne sind jetzt – zwangsweise bedingt durch den Weinkorken – ohnehin auseinander (Ihr früherer Deutschlehrer hätte nun seine Freude an Ihnen), Ihre Zunge findet nun bestmögliche Anschläge, damit Sie sich verständlich machen können und auch mit dem Bequemlichkeitsverschlucken von Wortendungen ist es nun nicht mehr weit her. Deshalb ist das Sprechen mit Weinkorken ein klassisches Instrument in jeder guten Rhetorikausbildung.

Und übrigens: Wenn Sie nach einer gewissen Einübungszeit Alltagssätze so leidlich sprechen können, dürfen Sie sich an die hohe Schule des Weinkorkensprechens heranwagen: sprechen Sie doch einmal die einschlägig bekannten Zungenbrecher (also z.B. Fischers Fritze fischte frische Fische – frische Fische fischte Fischers Fritze).Wenn Sie das hinkriegen, wird man an Ihrer Artikulationsfähigkeit nie mehr Anstoß nehmen.

Vierter Bauabschnitt: Bewusste Körpersprache

Zur Erinnerung:

Was ist zu tun?	Die Rede durch die „Macht der Körpersprache“ über zusätzliche Kommunikationswege an das Publikum senden
Baumaterial:	• Mimik • Gestik • Bewegung • Blickkontakt

Werkzeug Nr. 12: Der kleine Pablo Picasso

Haben Sie schon einmal einen Gebärdensprachdolmetscher live erlebt? Gebärdensprachdolmetscher sind fachkundige Mittler zwischen hörbehinderten Menschen (insbesondere Gehörlosen) und Hörenden. Wer jemals Gebärdensprachdolmetscher in Aktion gesehen hat, der kann gar nicht anders, als allerhöchsten Respekt vor dem Können dieser Menschen zu haben. Das eigentlich Faszinierende daran ist: die Gebärdensprache ist ein vollwertiger Ersatz für die sprachliche Kommunikation. Gibt es einen eindrucksvolleren Beweis dafür, wie sehr Menschen allein durch Gestik „miteinander reden“ können?

Wie erbärmlich mutet dahingegen oftmals die Gestik von Rednern bei einem Vortrag an. Achten Sie einmal bewusst bei den nächstbesten Gelegenheiten darauf (und sei es einfach nur in den abendlichen Fernsehnachrichten, wenn Ausschnitte aus den Reden von Politikern gezeigt werden). Mit Sicherheit werden Sie die folgenden Stereotypen vorfinden:

den Karatekämpfer	schlägt immer dann, wenn er glaubt bei vermeintlich besonders wichtigen Sätzen dynamisch wirken zu müssen, energisch mit der Handkante von oben nach unten auf das Rednerpult, so als wolle er dieses karatemäßig mit einem Handkantenschlag zerteilen (Paradebeispiel: Oskar Lafontaine)
den Auktionator	gleicht im Prinzip dem Karatekämpfer, schlägt aber statt mit der Handkante mit der geballten Faust kontinuierlich auf's Rednerpult (eben wie ein Auktionator mit seinem Hammer bei einer Versteigerung)
den Pastoralreferenten	betreibt gar keine Gestik, sondern: steht mit gefalteten Händen wie ein Pastor bzw. Pfarrer vor seiner Gemeinde dem Publikum gegenüber. Katholische Version: die Hände sind flach zum Gebet gefaltet

	Evangelische Version: die Hände sind zum Gebet ineinander gefaltet.
den Gefängnisinsassen	betreibt ebenfalls keine Gestik, hat stattdessen seine Hände hinter dem Rücken verschränkt, folglich eine leicht nach vorn gebeugte Körperhaltung und läuft dann meistens in dieser Haltung beim Vortrag noch auf und ab wie ein Verbrecher beim täglichen Spaziergang im Gefängnishof
den Schattenboxer	teilt bei besonders wichtigen Passagen seiner Rede wuchtige Schläge mit der Faust nach schräg oben in die Luft aus
den Schleusenwärter	betreibt wiederum keine Gestik, lehnt sich statt dessen mit den Armen weit über das Rednerpult vor (als lehnte er sich über ein Brükkengeländer und plauderte mit jemand, der unten mit einem Boot fährt).

Der Gebärdensprachdolmetscher und die eben beschriebenen Nicht- bzw. Vulgärgestikulierer markieren die Extrempunkte einer breiten Skala von gestischen Artikulationsmöglichkeiten. Dass wir dem **Nichtgestikulierer** eine Absage erteilen, versteht sich von selbst. Wir erinnern dazu wieder an die Macht der Körpersprache, die um ein Vielfaches kraftvoller wirkt als das alleinige gesprochene Wort. Der Redner würde sich also schlicht und ergreifend eines mächtigen Kommunikationskanals berauben, wenn er auf Gestik verzichten würde. Schon allein deshalb (und nicht nur, weil es auch ein Verstoß gegen die gute Etikette ist) gilt:

- die Hände nicht in die Hosentaschen
- keine verschränkten Arme und Hände.

Zwar hat jeder Mensch eine ihm ganz eigene „Sicherheitshaltung“, was das Ruhen von Händen und Armen in jenen Momenten angeht, wenn „es absolut nichts zu gestikulieren gibt“ (dazu gleich mehr), und in diesen Momenten können die Hände durchaus einmal auch verschränkt sein. Es ist aber wichtig, diese Sicherheitshaltung so gut es geht aufzugeben, um Hände und Arme frei zu bekommen für die gestische Kommunikation.

Auch vor den oben in Beispielen beschriebenen **Vulgärgestikulierern** sei gewarnt. Wuchtige Handkantenschläge oder Faustschläge auf's Pult bzw. in die Luft zeugen nur oberflächlich betrachtet von Dynamik. In Wirklichkeit nimmt das Unterbewusstsein des Publikums solche und ähnliche Gesten eher negativ auf. Zu solchen Gesten zählen z.B. auch der erhobene Zeigefinger oder der direkt auf die Zuhörer gerichtete Fingerzeig. Und schließlich auch der Gebrauch von rhetorischen Stich- und Schlagwaffen muss an dieser Stelle genannt werden: Millionen von Rednern in aller Welt bedrohen ihr Publikum tagtäglich mit virtuellen Stichen und Schlägen, die von Kugelschreibern oder ähnlichen Utensilien in ihrer Hand ausgehen. Der rhetorisch geschickte Redner enthält sich solcher Gesten, es sei denn natürlich, die negative Wirkung auf das Publikum ist beabsichtigt.

Nun soll zwar der Redner auch nicht dem Extrem des Gebärdensprachdolmetschers nacheifern. Einerseits werden die meisten Menschen diese Kunst nie beherrschen, andererseits ist bei der Gestik auch jede Form der Übertreibung zu vermeiden. Wohl aber zeigt uns das Bild des Gebärdensprachdolmetschers eins auf: Gestik bedeutet, in einer Zeichensprache zu kommunizieren. Ein guter Redner entwickelt seine persönliche Zeichensprache zum Dialog mit dem Publikum. Er zeichnet bzw. malt das Gesprochene, um es für sein Publikum sichtbar zu machen. Er wird mit seinen Händen und Armen in diesem Moment zu einem Maler, der seine Zuhörer (die gleichzeitig ja auch Zuschauer sind) mit Bildern verzaubert.

Allerdings ist er ein abstrakter Maler, er zeichnet nicht jeden Grashalm genau gegenständlich ab, sondern er umreißt mit wenigen markanten Pinselstrichen das Wesentliche, eben das, was ausreicht, damit es das Publikum als das zu erkennende Bild wahrnimmt. Wer jemals Picassos wohl berühmtestes Werk „Guernica" gesehen hat, wird verstehen, warum wir unser Werkzeug „der kleine Pablo Picasso" nennen. Zwar erscheint das Gesamtwerk auf den ersten Blick sehr komplex, bei genauerem Hinsehen aber erkennt man, dass es Picasso gelingt, mit ganz einfachen Bildelementen alle Gefühle gegen die Grausamkeit des Krieges beim Betrachter zu wecken. Und darum geht es auch bei der rhetorischen Gestik: der Redner wird zu einem abstrakten Maler, zu einem „kleinen Pablo Picasso", der einfache Bilder malt, die vom Publikum dennoch sofort verstanden werden.

Um das Handwerk eines „kleinen Pablo Picasso" zu beherrschen, gilt es nur wenig zu beachten. Dieses Wenige allerdings sollte dem Redner „in Fleisch und Blut" übergehen, soll heißen, er sollte bei der Anwendung gar nicht mehr bewusst darüber nachdenken müssen (so wie auch Picasso seine Werke „aus dem Moment" heraus geschaffen hat und dabei nicht mehr über Grundregeln der Bildgestaltung nachdachte). Deshalb beschränken wir unsere Gebrauchsanleitung bewusst auf ein magisches Viereck, was es beim gestischen Malen zu beachten gilt:

Malen Sie mit den Händen und Armen das Gesprochene zu einem abstrakten Bild

z. B.:

„Ich will es unterstreichen ..."	Zeichnen Sie mit Daumen und Zeigefinger einen waagerechten Strich in den Raum
„Ich will es auf den Punkt bringen ..."	Deuten Sie mit dem Zeigefinger von oben nach unten bewegend auf einen imaginären Punkt am Boden

Zuerst zeigen, dann sagen!
Setzen Sie Gestik und Wort geringfügig zeitversetzt ein. Geben Sie der Zeichensprache einen minimalen Vorsprung, das weckt die Aufmerksamkeit Ihres Publikums

(Ausschnitt aus „Guernica" von Pablo Picasso)

Die Größe des Bildes mit den drei Armgelenken gestalten!

- Publikum bis zu 4 Personen:
  Gestik aus den Finger- und Handgelenken heraus
- Publikum bis zu 10 Personen:
  Gestik aus den Ellbogen-Gelenken heraus
- Publikum ab 10 Personen:
  Gestik aus den Schultergelenken heraus

Langsam!
Keine hektischen Bewegungen, nicht nervös „herumfuchteln"

Werkzeug Nr. 13: Der kleine Oleg Popov

„Mehr als 40 Jahre braucht ein Clown schon,
bis er das richtige Gesicht bekommt"
(Oleg Popov)

Da spricht einer, der es wissen muss! Wer, wenn nicht Oleg Popov, einer der größten Clowns unserer Zeit, könnte uns profunder Auskunft geben, wenn es ums Mienenspiel bzw. die menschlichen Gesichtszüge geht. Der heute 73jährige geht seinem Beruf (nein, seiner Berufung!) noch immer mit vollem Engagement bei Auftritten in aller Welt nach. Nicht Wenige sagen sogar, er sei mit seinem Schaffen und seiner Kunst am Zenit seiner Karriere angelangt – auf dem Höhepunkt seines Wirkens mit 73! Und jemand wie Oleg Popov, der über Jahrzehnte hinweg tagtäglich viele Stunden lang seine Mimik trainiert hat, um so unterschiedliche Stimmungen wie kindliche Freude, Beleidigtsein, Traurigkeit u.v.a.m. dem Publikum glaubhaft vorspielen zu können, gibt unumwunden zu: es dauert mehr als 40 Jahre, bis man das menschliche Mienenspiel, wenn man es denn willentlich beeinflussen will, im Griff hat.

Vor dem Hintergrund dieser Erfahrung beschleicht uns ein ungutes Gefühl, wenn wir die einschlägigen Rhetorik-Lehrbücher unserer Zeit zum Thema Mimik befragen. Da werden allerlei – ohne Zweifel gutgemeinten! – Ratschläge gegeben, wie man denn eine „effiziente" und „erfolgreiche" Mimik gestalten soll. Ein Beispiel:

> *„Lächeln, lächeln, lächeln! Sie können nie zu viel davon geben. Da gibt es keinen goldenen Mittelweg, sondern nur das Maximum. Doch achten Sie darauf: die Zuhörer wollen nicht dieses starre Lächeln, das aus dem Hirn kommt, sondern das warme, sympathische direkt aus Ihrem Herzen, welches sich immer wieder neu auf Ihrem Gesicht formiert."*

Entgegen der üblichen Praxis des wissenschaftlichen Arbeitens verschweigen wir den Autor dieses Zitats bewusst, denn es geht uns hier absolut nicht darum, einen Autor in die Pfanne zu hauen oder gar lächerlich zu machen. Die zitierten Zeilen sind vielmehr symptomatisch fast für die ganze Zunft der Rhetorik-Trainer: da ist man wacker bemüht, passable Rezepte für das „Machen" von Mimik zu verschreiben, aber einmal ketzerisch gefragt:

- Wie „macht" man denn das „warme, sympathische" Lächeln?
- Und wie „kriegt man es denn hin", dass es nicht das „starre, aus dem Hirn kommende" Lächeln ist?
- Und wie „bewerkstelligt" man es, dass sich das „warme" Lächeln „immer wieder neu auf dem Gesicht formiert"?

Wer nicht zum billigen Grimassenschneider verkommen will, sondern seine Sache ernst nimmt wie Oleg Popov (klingt paradox, aber für die wirklich großen Clowns wie eben Oleg Popov oder Charlie Rivel war das Clownsein eine ernste Angelegenheit), der muss erkennen, dass man Mimik nicht auf die Schnelle „machen" kann. „Das Gesicht ist der Spiegel der Seele", so sagt Oleg Popov weiter. Wenn es denn also überhaupt eine „Stellschraube" für authentische menschliche Gesichtszüge gibt, dann ist es also wohl die mentale Einstellung (zum Publikum, zur Redesituation, zum Thema, zu sich selbst), die dann über die Mimik für den Betrachter „draußen" sichtbar wird.

Wir widerstehen an dieser Stelle somit bewusst allen Verlockungen der Rhetorik-Trainergilde, irgendwelche Anleitungen oder ein Werkzeug zum „Machen" von Mimik anzupreisen. Unser Werkzeug ist hier eher eine Handreichung, die Handlungsempfehlungen zum „Unterlassen“ gibt.

Es geht darum, dass ein guter Redner in Bezug auf das Mienenspiel seiner Gesichtszüge die Erfahrung und die Philosophie Oleg Popovs verinnerlicht: dass nämlich die bewusste Steuerung der Mimik jahrzehntelanges Training bräuchte und dass es statt dessen sinnvoller ist, auf seinen „Seelenzustand“ zu achten, der sich dann authentisch im Gesicht des Menschen widerspiegelt. Was seine Mimik betrifft, muss ein Redner also ein kleines bisschen wie Oleg Popov sein, weshalb wir unser Werkzeug auch „der kleine Oleg Popov“ genannt haben. Die Gebrauchsanleitung liest sich vergleichsweise rasch und einfach. Und dennoch ist das „In-Fleisch-und-Blut-Übergehenlassen“ dieser Anleitung vielleicht eines der schwierigsten Kapitel der Rhetorik überhaupt.

1. Verzichten Sie auf ein „Machen“ von Mimik. Vertrauen Sie Ihrer unbewussten Körpersprache, sie lügt nie!
2. Machen Sie sich Ihre mentalen Einstellungen transparent. Ihre Mimik ist der (unbewusste) Spiegel dieser Einstellungen! (Beachten Sie dazu die Werkzeuge Nr. 15 und Nr. 16!)

Werkzeug Nr. 14: Der Bewegungs-Kompass

Haben Sie in letzter Zeit mal wieder bewusst darauf geachtet, wie Sie gehen oder stehen? Nein? Dann sollten Sie es spätestens jetzt mal wieder tun. Denn mit dem Gehen und Stehen eines Redners ist das so eine Sache: der eine steht vor seinem Publikum wie zur Salzsäule erstarrt, keine Bewegung, keine Dynamik, fast möchte man mit Schillers Lied von der Glocke sagen: „Festgemauert in der Erden“. Der andere verfällt ins entgegengesetzte Extrem: er läuft vor seinem Publikum auf und ab, als ginge es darum, Kilometergeld zu verdienen. Sehr beliebt ist dabei der „Walk of Tiger“: der Redner versucht dabei, den hinter Gitterstäben hin und her laufenden Tiger zu kopieren. Wenn der Vortragende diesen „Tigergang“ nun noch mit der gestischen Haltung des „Gefängnisinsassen“ kombiniert (Hände auf dem Rücken verschränkt, siehe dazu unser Werkzeug „Der kleine Pablo Picasso“), gerät die Bewegung des Redners zu einer kabarettreifen Leistung.

Doch wie steht und läuft man denn nun beim rhetorischen Auftritt richtig? Ein Blick in einschlägige Ratgeber der Rhetoriktrainergilde lässt uns hier eher wieder etwas schmunzeln. So wird z.B. zur Bewegung gelegentlich allen Ernstes der „Capewalk“ empfohlen. Das ist jene Gangart, wo sich der Körper aufrecht strafft, der Blick waagrecht geradeaus aufs Ziel gerichtet und mit raumgreifenden Schritten losmarschiert wird, so dass Supermans Mantel gedanklich auf den

Schultern hinterher weht. Ein beeindruckender Gang! Zum richtigen Stehen liest man schon mal eine akribische Anleitung der folgenden Art: Füße leicht gewinkelt in einem Abstand von 15 cm aufsetzen, die Knie leicht gebeugt, aber nicht durchgedrückt lassen, das Gewicht zwischen beiden Füßen ausbalancieren und zur Erhöhung der Standfestigkeit minimale Pendelbewegungen nach links und rechts ausführen. Ein Brüller in jedem Rhetorikseminar mit Kamera-Videotraining! Glaubt jemand allen Ernstes, dass ein Redner in der „Echtsituation" solche akribischen Stehanleitungen befolgt? Während er gerade in voller Konzentration einen Kerngedanken mit dem rhetorischen Stilmittel eines Chiasmus vorträgt und dabei noch ganz bewusst auf die richtige Intonation und Gestik achtet?

Wirklich brauchbare Handlungsanleitungen zum Stehen und zur Bewegung müssen praktikabler sein. Hier ist wieder einmal Werkzeug-Charakter gefragt. Wir haben unser Werkzeug an dieser Stelle den „Bewegungs-Kompass" genannt, weil es eigentlich nur zwei Wechseldimensionen (und damit vier Richtungen wie beim Kompass) gibt, denen die Bewegung beim rhetorischen Auftritt folgen kann:

1. Der Wechsel zwischen Nähe und Distanz zum Publikum

Bewegung ist eine kraftvolle körpersprachliche Möglichkeit, Nähe oder Distanz zum Publikum herzustellen (Nähe durch Zugehen aufs Publikum, Distanz durch Entfernen vom Publikum). Dabei sollte der Redner aber unbedingt die drei unbewussten Schutzwälle des Menschen achten:

- näher als einen halben Meter lassen wir ohne Gegenwehr nur unsere Intimpartner an uns ran
- zwischen 0,5 und 1,5 Meter dürfen sich uns Menschen nähern, mit denen wir außerhalb unserer Intimkontakte persönlich zu tun haben, z.B. Mitarbeiter im Vier-Augen-Gespräch
- zwischen 1,5 und 4 Meter haben wir es mit Menschen zu tun, mit denen wir losen gesellschaftlichen Kontakt pflegen
- alles ab 4 Meter ist problemlos, weil im Gefahrenfall genügend Zeit zur Flucht bleibt

2. Der Wechsel zwischen zwei inhaltlich-thematischen Positionen

Solche Positionen können z.B. sein:

- Einleitung und Schluss
- Kontakt mit Einzelnen / Kontakt mit dem ganzen Publikum
- Pro und Contra

- Beispiele und Verallgemeinerung
- Zwischenfragen erwünscht/Zwischenfragen unerwünscht
- Vortrag / Diskussion u.v.a.m.

Wir können damit nun einen Blick auf die Gebrauchsanleitung des „Bewegungs-Kompass'" werfen:

Thematische Position 1, z.B.

Einleitung
Zwischenfragen
Pro
Beispiele
Kontakt zum Einzelnen
Vortrag
usw.

Nähe zum Publikum

Thematische Position 2, z.B.

Schluss
Keine Zwischenfragen
Contra
Verallgemeinerungen
Kontakt mit dem ganzen Publikum
Diskussion
usw.

Distanz zum Publikum

1. Drücken Sie Nähe und Distanz zum Publikum sowie unterschiedliche thematische Positionen bewusst durch unterschiedliche Standorte im Raum aus. Bewegung heißt dann: Veränderung dieser Standorte!

2. Achten Sie beim körpersprachlichen Wechsel zwischen unterschiedlichen Positionen auf langsame, wohl dosierte und nicht zu ruckartige Bewegungen!

3. Achten Sie beim Wechsel zwischen Nähe und Distanz zum Publikum auf die drei „unbewussten Schutzwälle des Menschen"!

Dritter Zwischenruf: „Schau mir in die Augen, Kleines!“

Wer denkt da nicht sofort an die Schluss-Szene im Kultfilm Casablanca – zumindest in der nicht ganz korrekten deutschen Übersetzung. Humphrey Bogart verabschiedet sich, und der Abschied verhindert, dass die Liebe ihre Erfüllung findet. Unerfüllte Liebe macht diese Szene zu einem Klassiker, ein „Augenblick“ im wahrsten Sinne dieses Wortes wird Filmgeschichte.

Es gibt im Kontakt zwischen Menschen nichts Kraftvolleres als eben Augenblikke. Weder ein gesprochenes Wort noch der Klang einer Stimme und auch nicht eine bewegende Geste können der Macht eines Augenblicks das Wasser reichen (Sie erinnern sich: Menschen werden beeinflusst zu 7% durch das Gesagte, zu 38% durch die Stimme und zu 55% durch die Körpersprache, und innerhalb der Körpersprache ist es der Blickkontakt, der die größte Wirkung auf unser Gegenüber zeigt). Wenn Sie wollen, machen Sie doch dazu bei nächstmöglicher Gelegenheit ein kleines Experiment:

Warten Sie einen Anlass ab (oder führen Sie ihn herbei), wo Sie mit einer Gruppe von Menschen zusammen sind und wo Sie die Rolle z.B. eines Diskussionsleiters haben. Stellen Sie aus dieser Rolle heraus einem Menschen aus dieser Gruppe eine Frage oder fordern Sie ihn zu einem Diskussionsbeitrag auf („Was meinen Sie denn dazu?“). Schauen Sie Ihrem Diskussionspartner während der Antwort in die Augen, warten Sie das Ende der Antwort ab und richten Sie dann Ihren Blick in die Augen eines benachbarten Diskussionsteilnehmers! Sagen Sie dabei aber kein einziges Wort! Nur Ihr Blickkontakt wandert zum Nachbarn! Sie können sicher sein, dass der besagte Nachbar dann beginnen wird, seine Auffassung zu der zuvor gestellten Frage darzulegen. Verfahren Sie, wie gehabt: schauen Sie dem Antwortenden in die Augen und wenn er mit seinem Diskussionsbeitrag fertig ist, lassen Sie Ihren Blickkontakt zum nächsten Sitznachbarn in der Runde wandern. Wiederum sprechen Sie kein Wort! Auch dieser Dritte im Bunde wird nun – obwohl ja streng genommen ungefragt – seine Meinung zur ursprünglichen Frage kundtun. Wenn Sie z.B. 20 Menschen im Raum haben, können Sie auf diese Weise 20 Menschen zum Sprechen bewegen, und das alles nur mit Augenblicken, ohne zwischendurch ein einziges Wort gesprochen zu haben.

Wir sehen: wir können Menschen mit Blicken regelrecht führen. Aber Blicke können noch viel mehr. Sie können Menschen statt führen auch „ver“führen (nicht umsonst ist der Augenkontakt beim Flirten so aufregend), Blicke können Menschen ermuntern, auffordern, begeistern, begehren und verlangen lassen, erstarren lassen, verunsichern, verängstigen, traurig machen, wütend machen, lachen lassen und vieles, vieles mehr. Wäre es da nicht schön, wir hätten wiederum ein Werkzeug zur Hand, mit dem wir je nach Situation die gewünschten Blicke „machen können“? Nun gut, wenn's unbedingt sein soll, dann schauen wir dazu mal in die Trickkiste der Rhetoriktrainer rein.

Da wird z.B. oft empfohlen, man solle seine Augenkontakte gleichmäßig vertei-

len und dazu mit dem Kopf dem Muster eines großen „W"s folgen, das man durch das Auditorium zieht. Andere Empfehlungen sprechen davon, jeweils einem „W" einen Blick auf die Zuhörerpositionen ganz rechts und ganz links außen (die ja bei einem „W" ausgespart bleiben) folgen zu lassen, bevor mit einem erneuten „W" begonnen wird. Können Sie sich vorstellen, lieber Leser, wie bescheuert ein Redner auf sein Publikum wirken muss, der seinen Kopf ständig einem imaginären „W" folgend hin und her wiegt und diese Schaukelbewegungen jeweils durch einen dynamischen „Rasenmäherblick" (von ganz rechts nach ganz links und wieder zurück) unterbricht?

Ein anderer Ratschlag aus der Trainertrickkiste ist das „Eye of the Tiger". Hier geht es darum, mit etwas zusammengekniffenen Augen vor sein Publikum zu treten („schauen Sie ein bisschen gefährlich, wie ein Tiger"), um damit bewusst die Augenbrauen zu senken, weil gesenkte Augenbrauen positive Emotionen beim Betrachter auslösen. Okay, es stimmt schon, hochgezogene Augenbrauen vermitteln einen anderen Eindruck (eher fragend, ängstlich, unsicher), aber deshalb mit dem „Eye of the Tiger" auftreten und zwar „gemacht", also völlig unabhängig vom authentischen eigenen Mentalzustand? Eine eher groteske Vorstellung, mal ganz abgesehen davon, dass kein Redner dieser Welt das Tigerauge voll durchhalten kann. Viel zu stark sind die Emotionen, die ihn während des Verlaufs seiner Rede unbewusst „packen" (ausgehend vom Publikum, dem Thema, der Redesituation und von ihm selbst) und seine Augen werden diese Emotionen untrüglich widerspiegeln.

Nein, ein Augenblick taugt nicht für irgendwelche Tricks. Wir können unserem Auge nicht befehlen „guck gefälligst freundlich und sympathisch, damit ich beim Publikum gut rüberkomme", wenn wir gleichzeitig vor Lampenfieber „die Hosen voll haben". Da hilft es schon eher, wenn wir an unseren letzten Flirt zurückdenken. Wann, lieber Leser, haben Sie zuletzt geflirtet? Erinnern Sie sich daran! Rufen Sie sich ins Gedächtnis zurück, wie es war! Wie Sie Ihr „Flirtopfer" schon lange vor der eigentlichen Kontaktaufnahme beobachteten, wie Sie sich an die Frau ranpirschten, wie Sie einen ersten Blick der Angebeteten erhaschten, wie Sie die ersten Worte zu ihr sprachen, wie Ihnen Steine der Erleichterung vom Herzen fielen (weil Ihr Gegenüber auf Ihren Flirtversuch reagierte, und zwar positiv!), wie das Gespräch auf einmal spielerisch leicht in Gang kam (nachdem das Eis erst mal gebrochen war), wie Sie jetzt voll und ganz „den Moment mit ihr" lebten (Ihre Umgebung also überhaupt nicht mehr wahrnahmen), wie Sie Ihrem „Fang" immer öfter und tiefer in die Augen blickten, wie Sie... (okay, wir beenden an dieser Stelle unsere kleine Gedankenreise zurück in Ihren letzten Flirt, wobei es dem Leser an dieser Stelle ja unbenommen bleibt, das Büchlein erst mal zu zuklappen und vor dem Weiterlesen noch eine Weile in seinen Erinnerungen zu schwelgen).

Wenn Sie bei diesem Flirt in Ihre eigenen Augen hätten blicken können, was hätten Sie gesehen? Genau jene „vom Herzen kommende sympathische Wärme", die so mancher Rhetoriktrainer so gerne mit allerlei Tricks herbeizaubern möchte! Und warum ist das so? Weil sie den Flirt gewollt haben, weil Sie ihn mit aller Macht herbeigesehnt haben, weil Sie es kaum erwarten konnten, dass es los geht. Sicher, sie hatten Lampenfieber, rasendes Herzklopfen und für einen kurzen Moment wären Sie am liebsten noch davongelaufen. Aber dennoch hätten Sie um keinen Preis auf den Flirt verzichten wollen. Zu mächtig waren Neugierde, Abenteuerlust, Sehnsucht, Eroberungsdrang u.v.a.m.

Auch Rhetorik ist ein bisschen wie Flirten. Rhetorik ist nicht einfach nur „eine Rede halten“ oder „zu Leuten sprechen“. Ein guter Rhetoriker zu sein bedeutet auch, Lust zu haben auf einen „Flirt mit dem Publikum“: es schon vorher zu beobachten, sich ranzupirschen, das Herzklopfen zu verspüren, einen ersten Blick zu erhaschen, die ersten Worte zu sprechen in erwartungsvoller Vorfreude auf die Reaktion, von da an ganz und gar „den Moment mit dem Publikum zu leben“ (d.h. nichts anderes mehr wahrzunehmen), die Blicke immer öfter und intensiver ans Publikum zu richten usw., usw.

Flirten und Rhetorik haben vieles gemeinsam. Und eins ist gewiss: der Redner, der mit seinem Publikum flirtet (womit aber wirklich die hohe Kunst des Flirtens gemeint ist und keinesfalls eine irgendwie billige und plumpe Anmache!), braucht sich um seine Blickkontakte und seine Augenausstrahlung keine Gedanken zu machen. Der fasziniert sein Publikum mit Augenblicken ähnlich wie Humphrey Bogart in der eingangs erwähnten Filmszene aus Casablanca.

Fünfter Bauabschnitt: Mentale Einstellung

Zur Erinnerung:

Was ist zu tun?	Die richtige „Chemie" zum Publikum finden und den rhetorischen Auftrag als „Mission" verstehen
Baumaterial:	• Selbstbilder/Fremdbilder • Aristotelische Rednerrollen der Moderne

Werkzeug Nr. 15: Das Publikums-Sensometer

Wir haben uns nun in unserem Werkzeugkasten durch alles das durchgekämpft, was wir in der Rhetorik „machen" können. Und dennoch sind wir – scheinbar paradox – mit unseren Werkzeugen noch nicht ganz fertig. Wir gelangen an eine Thematik, die alle vorangegangenen Teile „durchdringt". Insofern beschließt diese Thematik recht logisch den Kreislauf des Pentagramms der rhetorischen Kompetenz (siehe dazu auch nochmals die entsprechende Übersicht in der Einführung). Worum geht's konkret?

Kennen Sie folgende Situation nicht auch? Ein Redner spricht und eigentlich macht er seine Sache recht gut. Fast könnte man meinen, er hat unseren Werkzeugkasten so richtig beherzigt. Die Rede ist ganz passabel konzipiert, der Vortragende überzeugt mit guter Sprechtechnik und schönem Sprachstil und auch die Körpersprache stimmt. Und dennoch will sich irgendwie nicht die richtige Stimmung einstellen. Beim ersten Hinsehen könnte man gar nicht so genau sagen, woran es denn liegt, aber es gibt eine Reihe von verdächtigen Indizien: im Publikum herrscht jenes Schweigen, das alles andere ist als die von Rednern immer so ersehnte gespannte ruhige Aufmerksamkeit. Es ist vielmehr dieses peinliche Schweigen, diese Atmosphäre, wo zwar Ruhe herrscht, wo man aber am liebsten schamvoll zu Boden schauen möchte. Nur manchmal tauschen die Zuhörer untereinander fragende Blicke aus. Gelegentlich schallt ein Räuspern durch den Raum, das die merkwürdige Stille wenigstens etwas erträglicher macht. Recht bald nimmt natürlich auch der Redner diese heiklen Symptome wahr, er lässt sich verunsichern und die Rede misslingt.

Was ist passiert? Der Schlüssel zur Lösung liegt im genauen Hinhören auf einige Formulierungen, die der oberflächliche Hörer vielleicht zunächst gar nicht bewusst wahrnimmt, die aber dennoch sehr verräterisch sind. Hatte der Redner nicht u. a. gesagt: „Ich soll heute hier zu Ihnen sprechen über..." und „Ich entschuldige mich schon jetzt bei Ihnen, falls Sie akustisch nicht alles verstehen sollten, aber ich bin heute stimmlich etwas indisponiert“ sowie „Einige Schaubilder, die ich sonst gern verwende, habe ich heute angesichts des doch sehr heterogenen Zuhörerkreises lieber weggelassen“ usw. Der Redner gibt mit solchen oder ähnlichen Formulierungen – meist unbeabsichtigt – etwas über seine mentale Einstellung zum Publikum preis. Die obigen Sätze hätten im Klartext auch lauten können: „Mein Gott, ausgerechnet vor Euch Loosern muss ich heute sprechen“ (verächtliche Einstellung zum Publikum) bzw. „Hoffentlich steh’ ich das alles hier durch“ (ängstliche Einstellung zum Publikum) bzw. „Meine Schaubilder für Euch? Perlen vor die Säue geworfen!“ (überheblich-arrogante Einstellung zum Publikum). Wie gesagt, meistens sind diese Botschaften nicht bewusst beabsichtigt. Aber das hilft wenig. Die real vorhandene mentale Einstellung zum Publikum sorgt dafür, dass diese Botschaften dennoch gesendet werden.

Ein guter Redner muss sich also seiner mentalen Einstellung zum Publikum bewusst werden. Wenn die mentale Einstellung „stimmt“, dann kommt auch im Publikum die richtige „Stimmung“ auf und es gibt an dieser Baustelle keinen weiteren Handlungsbedarf. Stimmt die mentale Einstellung aber nicht, dann muss der Redner überprüfen, ob und ggf. wie er sie ändern kann. Und im Extremfall muss er vielleicht sogar entscheiden, lieber einmal nicht in den Ring zu steigen, jedenfalls solange nicht, bis seine geistige Haltung dem Publikum gegenüber wieder „stimmiger“ ist.

Zur Klärung der mentalen Einstellung verwenden wir ein Werkzeug, das seinen Ursprung in der „Transactional Analysis“ des Amerikaners Eric Berne, einem der herausragendsten Vertreter der Humanistischen Psychologie hat (Eric Berne ist einem breiten Leserkreis in Europa durch seinen Bestseller „Was sagen Sie, nachdem Sie guten Tag gesagt haben? – Eine Einführung in die systemische Transaktionsanalyse“ bekannt geworden). Konkret basiert unser Werkzeug auf Berne’s Darstellung der sogenannten „Lebenspositionen“; wir haben diese Darstellung für die Zwecke der Rhetorik entsprechend modifiziert.

Ein erster Blick auf das unten abgebildete Werkzeug zeigt, dass der Redner zunächst eine einfache Überprüfung leisten muss. Ist seine Grundeinstellung zu sich selbst o.k. (Ja/Nein) und ist seine Grundeinstellung zum Publikum o.k. (Ja/Nein)? Hieraus ergeben sich vier Kombinationsmöglichkeiten, die in den einzelnen Quadranten abgebildet sind:

- **Ich bin o.k. / Publikum ist o.k.**
  Situation der Partnerschaft. Redner und Publikum sind ein Team. Es herrscht störungsfreie Kommunikation
- **Ich bin o k. / Publikum ist nicht o.k.**
  Situation der subjektiv empfundenen Überlegenheit. Es herrscht gestörte Kommunikation

- **Ich bin nicht o.k. / Das Publikum ist o.k.**
  Situation der subjektiv empfundenen Unterlegenheit. Es herrscht gestörte Kommunikation
- **Ich bin nicht o.k. / Das Publikum ist nicht o.k.**
  Situation der Resignation. Es herrscht gestörte Kommunikation

Diese vier Quadranten markieren die unterschiedlichen mentalen Einstellungen zum Publikum. Um diese Einstellungen plastischer sichtbar werden zu lassen, finden Sie in jedem Quadranten eine etwas „markige“ Umschreibung. Aus dieser jeweiligen Umschreibung wird wohl auch ohne weitere Worte deutlich, wie sich die jeweilige „Chemie“ zum Publikum gestaltet. Weil eben diese „Chemie“ zum Publikum etwas sehr Sensibles ist, haben wir unser Werkzeug das „Publikums-Sensometer“ genannt.

Abschließend hier nun die Gebrauchsanleitung:

1. Positionieren Sie vor der Redesituation Ihre Grundeinstellung zu sich selbst und zum Publikum und werden Sie sich der daraus resultierenden „Chemie“ zum Publikum bewusst!

2. Ziehen Sie Schlüsse aus diesen Positionierungen:
- Kann und will ich Positionen zu mir selbst oder zum Publikum ändern?
- Sollte ich den Ring lieber nicht besteigen [z. B. bei Quadrant (4)] ?

3. Achten Sie darauf, die Positionierungen vor jeder neuen Redesituation wieder vorzunehmen. Eine einmal getroffene Positionierung ist nicht für alle Zeiten konstant.

Werkzeug Nr. 16: Der aristotelische Engagement-Prüfstand

Wenn Sie sich einmal in den USA aufhalten sollten, kann es leicht sein, dass Ihnen folgendes widerfährt: Sie sind mit dem Auto unterwegs und fahren an eine Tankstelle. Während Sie Ihren Wagen auftanken, kommen Sie mit Jemanden an der Nachbarzapfsäule ins Gespräch (was schnell passiert, die US-Amerikaner sind – insbesondere an der Westküste – recht kommunikative Leutchen). Er wird Sie mit Sicherheit fragen, wo Sie herkommen, und wenn Sie nur einigermaßen freundlich auf ihn eingehen, wird sich das Gespräch rasch entwickeln. Nach nur wenigen Sätzen – Ihr Tank ist noch lange nicht voll – kann es passieren, dass Ihr Gesprächspartner Ihnen stolz und freudig seine Visitenkarte („Business Card") übergibt und Sie mit einem erwartungsfrohen strahlenden Lächeln fragt: „And please tell me, what's your mission statement?" Während Sie noch über denn Sinn dieser Frage rätseln, werfen Sie einen kurzen Blick auf die überreichte Business Card und sehen neben den üblichen persönlichen Daten ein „Mission Statement" auf der Visitenkarte: meist nur ein einziger kurzer Satz, der knapp und prägnant zumindest etwas über den Beruf, eher aber noch etwas über eine Art Berufung oder gar einen Lebensauftrag/einen Lebenssinn aussagt.

Solche Karten sind in Deutschland weitgehend undenkbar. Bei uns hat das Wort „Mission" eher den schalen Beigeschmack von religiöser Bekehrung. Ganz anders in den USA. Dort meint „Mission" einen „besonderen Auftrag", eine „Sendung", eben eine „innere Berufung" (man sagt ja auch: „er hat eine wichtige Mission zu erfüllen"). Mit der Rhetorik ist es sehr ähnlich wie mit einer Mission in dem eben beschriebenen Sinne. Der wirklich brillante Rhetoriker übt nicht nur sein rednerisches Handwerk aus, er hat eine „Mission" zu erfüllen.

Wenn wir fragen, worauf sich denn die „Mission" von überragenden Rednern richtet, dann brauchen wir nach der Antwort nicht lange suchen. Sie ist seit über 2300 Jahren bekannt. Der Urvater der Rhetorik überhaupt – Aristoteles – hat sie uns geliefert, als er in den Jahren um 355 bis 340 v. Chr. die drei Redegattungen schuf und intensivst darüber nachdachte, welcher „Energien" es beim Redner für diese drei Redegattungen bedarf. Von geringfügigen Modifikationen abgesehen, haben sich diese Redegattungen bis heute erhalten, sie sind auch in der Rhetorik der Moderne topaktuell.

Aristoteles unterschied:

1. **Die Gerichtsrede**: Eine Rede vor urteilenden Institutionen zur Unterscheidung von Recht und Unrecht,
2. **Die politische Rede**: Eine Meinungsrede ans Volk oder eine beratende Rede vor einer politischen Institution,

3. **Die Festrede**: Eine Rede zu prunkvollen Feierlichkeiten, aber auch zu Trauerfeiern.

Auch wenn wir es in der heutigen Zeit natürlich anders nennen, sind die in den drei Redegattungen implizit enthaltenen Rollen der Redner auch heute noch diejenigen, die die allermeisten Redesituationen bestimmen. In unserem Werkzeug des „Aristotelischen Engagement-Prüfstands" haben wir diese Rollen als Anwalt (umfassend, also nicht nur juristisch gemeint), Inspirator und Seelsorger bezeichnet. Jede dieser Rollen ist ein Spiegelbild ganz spezifischer menschlicher Antriebsmotive (das, was Aristoteles die unterschiedlichen „Energien" der Redner bei den drei Redegattungen nannte). Den Inspirator treibt etwas anderes an als den Anwalt, dieser wiederum könnte sich vielleicht nur schwer für die Rolle des Seelsorgers motivieren usw.

Menschen sind immer dann authentisch engagiert, wenn Sie ihren zutiefst eigenen inneren Antriebsmotiven folgen. Dann erfüllen Sie eine „Mission". Die „Mission" des brillanten Rhetorikers ist also entweder die eines „Anwalts" oder die eines „Inspirators" oder schließlich die eines „Seelsorgers". Wenngleich es sicher Überschneidungen bzw. Mischformen gibt, lässt sich jede „missionarische Sendung" der Rhetorik auf diese drei Urformen zurückführen. Unser Werkzeug soll dem Redner dabei helfen, Art und Stärke seiner Antriebsmotive erkennen zu können. Nimmt er seine Rolle(n) aus tiefsten inneren Antrieben heraus kraftvoll an, dann ist sein Auftritt „engagiert" im besten Sinne dieses Wortes. Werfen wir nun einen Blick auf unser Werkzeug:

Meine Absicht ...	**... ist**				
	gering		⇔		stark
... Menschen mit Sachargumenten glaubwürdig von Tatsachen zu überzeugen (... Anwalt zu sein)	☐	☐	☐	☐	☐
... Menschen zu Neuem zu bewegen und ihre Sympathien dafür zu gewinnen (... Inspirator zu sein)	☐	☐	☐	☐	☐
.... Menschen in ihren Emotionen bei freudigen und traurigen Anlässen zu berühren (... Seelsorger zu sein)	☐	☐	☐	☐	☐

Zum Ausklang: Ein Ratschlag von Beppo Straßenkehrer zum Rhetoriktraining

Nun haben Sie sich, lieber Leser, tapfer durch diesen Beitrag gekämpft und werden zum Abschluss vielleicht denken: „16 Werkzeuge, schön und gut, aber auf alles das soll ich beim Reden gleichzeitig achten? Das schaff' ich doch nie". So ähnlich geht es jedenfalls vielen Teilnehmern in unseren Trainingsseminaren, wenn Sie ihre ersten rhetorischen Gehversuche vor der Videokamera machen. Da ist vielleicht zunächst die gedankliche Konzeption der Rede schon ganz passabel, aber „vor lauter Denken" hat man kein Quäntchen auf Körpersprache und Stimm-Modulation geachtet. Ein andermal passt's mit der Körpersprache schon ganz gut, jetzt hat aber die Rede auf einmal wieder konzeptionelle Schwächen, weil man ja – da voll auf Körpersprache konzentriert – jetzt nicht mehr so viel denken kann. Originalton Seminarteilnehmer zum Autor: „Redefiguren? Chiasmus? Anapher? – Na Sie machen mir vielleicht Spaß, ich bin froh, wenn ich halbwegs richtig gehe und stehe!"

Damit Sie die Komplexität der Rhetorik dennoch mit Spaß und Freude angehen, möchten wir Ihnen zum Ausklang etwas Ermutigendes mit auf den Weg geben. Für einen Moment waren wir versucht, Ihnen ein Werkzeug zur Komplexitätsreduktion (aus unserem Werkzeugkasten „Vernetztes Denken") anzubieten. Aber dann wär die Sache mit dem Aufmuntern wohl nix geworden, vermutlich hätten Sie diesen Beitrag dann als Wurfgeschoss gedanklich gegen den Autor geschleudert. Somit lassen wir zum Schluss lieber jemand zu Wort kommen, der viel, viel schöner etwas zum Thema „Komplexitätsreduktion" beitragen kann. Wir zitieren Beppo Straßenkehrer aus Michael Ende's Märchen-Roman „Momo – Die seltsame Geschichte von den Zeit-Dieben und von dem Kind, das den Menschen die gestohlene Zeit zurückbrachte":

> *„Siehst du, Momo", sagte er dann zum Beispiel, „es ist so: Manchmal hat man eine sehr lange Straße vor sich. Man denkt, die ist so schrecklich lang; das kann man niemals schaffen, denkt man."*
>
> *Er blickte eine Weile schweigend vor sich hin, dann fuhr er fort: „Und dann fängt man an, sich zu eilen. Und man eilt sich immer mehr. Jedes mal, wenn man aufblickt, sieht man, dass es gar nicht weniger wird, was noch vor einem liegt. Und man strengt sich noch mehr an, man kriegt es mit der Angst, und zum Schluss ist man ganz außer Puste und kann nicht mehr. Und die Straße liegt immer noch vor einem. So darf man es nicht machen."*
>
> *Er dachte einige Zeit nach. Dann sprach er weiter: „Man darf nie an die ganze Straße auf einmal denken, verstehst du? Man muss nur an den nächsten Schritt denken, an den nächsten Atemzug, an den nächsten Besenstrich. Und immer nur an den Nächsten."*

Wieder hielt er inne und überlegte, ehe er hinzufügte: „Dann macht es Freude; das ist wichtig, dann macht man seine Sache gut. Und so soll es sein."

Und abermals nach einer langen Pause fuhr er fort: „Auf einmal merkt man, dass man Schritt für Schritt die ganze Straße gemacht hat. Man hat gar nicht gemerkt wie, und man ist nicht außer Puste." Er nickte vor sich hin und sagte abschließend: „Das ist wichtig."

Wir wünschen Ihnen viel Erfolg und Freude beim Beschreiten Ihrer persönlichen Straße der Rhetorik!

Teil 7

Führen in der akademischen Lehre

Plädoyer für einen hippokratischen Eid in Lehre und Forschung

Einstimmung

Professor „werden“ ist nicht schwer,
Professor „sein“ dagegen sehr.
Das „Sein“ jedoch nie Leiden schafft,
wird es gelebt mit „Leidenschaft“

Wer kennt sie nicht, die alte Volksweisheit: „Vater werden ist nicht schwer, Vater sein dagegen sehr“. Übertragen auf das Werden und Sein eines Professors gewinnt man oft den Eindruck, als gelte diese Volksweisheit wohl eher in ihrer Umkehrung. Professor „werden“ ist schwer, so die landläufige Meinung, schließlich gilt es doch, ein Studium überdurchschnittlich erfolgreich abzuschließen, eine Dissertation anzufertigen und damit promoviert zu werden, Publikationen zu schreiben, Lehrerfahrungen zu erwerben, sich dem Auswahlprocedere von Berufungskommissionen zu stellen, Gutachten beizubringen u.v.a.m., bis man die begehrte Berufungsurkunde auf einen Lehrstuhl in den Händen hält. Aber wenn man es dann erstmal geschafft hat, kann das Professor „sein“ doch nicht mehr so schlimm sein, so vermutet man. Die Kernaufgabe eines Professors besteht doch – wenn wir von der Forschung einmal absehen – „nur“ darin, sein „Fach zu lehren“. Und das sollte Jemandem, der den eben geschilderten steinigen Weg gegangen ist, doch wohl mit Leichtigkeit gelingen, oder etwa nicht?

Wir denken, dass unsere alte Volksweisheit auch in ihrer Adaption auf den Professorenberuf sehr wohl in ihrer ursprünglichen Diktion gültig ist: das Sein ist schwerer als das Werden. Wir sehen die Kernaufgabe eines Professors nämlich darin, die ihm anvertrauten jungen Menschen zu einem *„erfolgreichen“* Studienabschluss zu *„führen“*, und wir sind überzeugt davon, dass diese Aufgabe ungleich schwerer ist, als den Professoren-Status zu erlangen. Mehr noch: bei näherer Betrachtung dessen, was denn „erfolgreich“ im Studium ist und was dabei „führen“ durch den Professor bedeutet, werden wir sehen, dass „Professor sein“ eine höchst verantwortungsvolle Aufgabe ist. Schließlich geht es um nicht weniger als um das Reifenlassen der individuellen Persönlichkeit junger Studierender an der Schwelle zu ihrem Berufsleben und in der weiteren Folge um die Zukunft einer gesamten Gesellschaft, die später einmal nicht unmaßgeblich durch eben diese Persönlichkeiten beeinflusst werden wird. Vom Maß der Verantwortung her erhält das „Professor sein“ damit schon fast etwas von der Wertigkeit der ärztlichen Kunst, die darauf gerichtet ist, Menschen zu heilen. Denn was gibt es – außer eben Menschen zu heilen – Verantwortungsvolleres zu tun, als junge Menschen dazu zu befähigen, zu den Führungspersönlichkeiten von morgen heranzureifen und damit zum Wohl unserer zukünftigen Gesellschaft zu agieren?!

Ärzte leisten zu Beginn ihrer Berufsausübung den hippokratischen Eid, mit dem sie sich verpflichten, zum ausschließlichen Nutzen des Patienten zu handeln und Schaden von ihm abzuwenden. Wenn die Ausübung des Professorenberufs wie eben skizziert eine ähnlich hohe Verantwortung mit sich bringt wie das Praktizieren von Ärzten, dann sollten auch Professoren einen vergleichbaren Eid leisten. Deshalb plädieren wir in unserem Beitrag für einen hippokratischen Eid der Professorenschaft. Dabei kann „hippokratisch“ natürlich nicht bedeuten, dass Professoren inhaltlich den gleichen Eid ablegen wie ihre ärztlichen Kollegen. Es geht mehr um ein „heiliges Ritual“, das zu einer bewussten Transparenz darüber führt, was die lebenslangen Grundprinzipien des Professorenberufs sein sollten. Quasi als Metapher für dieses „heilige Ritual“ wollen wir das Adjektiv „hippokratisch“ auch für den professoralen Eid verwenden. Für die inhaltliche Spezifizierung des professoralen Eides empfiehlt es sich, noch einmal die Kernaussage des ursprünglichen hippokratischen Eides ins Blickfeld zu rücken: es ist zu fragen, was es denn bedeutet, „zum Nutzen des Betroffenen (also in unserem Fall: zum Nutzen des Studierenden) zu handeln und Schaden von ihm abzuwenden“. Wir denken, dass ein Professor dann zum größtmöglichen Nutzen des Studierenden handelt, wenn er ihn zum Einen *„das Richtige studieren“* und zum Anderen *„richtig studieren“* lässt. Was zunächst nur wie ein Wortspiel aussieht, beleuchtet in Wahrheit die beiden wesentlichen, aber unterschiedlichen Aspekte eines „erfolgreichen“ Studiums: „Was“ soll in einem Studium gelernt werden und „wie“ soll es gelernt werden? Für den Professor folgt aus dieser Dualität des Studienerfolgs, dass er zwei Rollen in einer Person vereinen muss. Auf der einen Seite wirkt er als *Protagonist*, also quasi als Wegbereiter für die „richtigen Studieninhalte“. Dabei lässt er sich von der Frage leiten: Welches sind die Kernkompetenzen, die eine Hochschule vermitteln sollte, damit der Studierende im späteren (Berufs-)Leben bestehen kann? Auf der anderen Seite tritt der Professor als *Führungskraft* in Erscheinung, der junge Menschen dazu anleitet, im besten akademisch verstandenen Sinne dieses Wortes zu „studieren“. Er fragt sich dabei: Wie kann das Ziel, die zuvor abgesteckten Kernkompetenzen zu erwerben, bestmöglich erreicht werden? Beide Aspekte des „Professor-Seins“, nämlich die Rolle des Protagonisten und die Rolle der Führungskraft wollen wir nun in den nachfolgenden Teilen 1 und 2 unseres Beitrags näher skizzieren, um daraus schließlich im Teil 3 die wesentlichen Inhaltskomponenten eines hippokratischen Eides für die Professorenschaft abzuleiten.

Hohe Verantwortung, Protagonist, Führungskraft: Das alles klingt wahrhaftig so, als sei das „Professor sein“ eine freudlose, kaum zu schulternde Last und eine fast untragbare Bürde. Dabei ist die „Schwere“ des Professorenberufs aber nur im Sinne der hohen gesellschaftlichen Relevanz der Berufsausübung zu verstehen. Ansonsten gilt die Abwandlung einer Aussage von Franz Müntefering. Als er 2004 in Deutschland Vorsitzender der traditionsreichen SPD wurde, sagte er: „Das Amt des SPD-Vorsitzenden ist der zweitschönste Beruf hinter dem Beruf des Papstes“. Wer seine Professur mit Leidenschaft lebt, kann auch das Professorenamt als den zweitschönsten Beruf hinter dem des Papstes empfinden. Wobei wir noch nicht einmal ganz sicher sind, ob das Amt des Papstes wirklich schöner ist! Auch auf die Leidenschaft, mit der ein Professor seinen Beruf als Berufung verstehen sollte, will unser Beitrag einige Schlaglichter werfen.

1 Der Professor als Protagonist für eine akademische Bildung

Präzisieren wir zu Beginn die Fragestellungen, von denen unsere weiteren Überlegungen geleitet werden:

- Was bedeutet „das Richtige studieren“ im Sinne von Kernkompetenzen, die ein erfolgreiches Hochschulstudium vermitteln sollte?
- Was macht diese Kernkompetenzen zu einer „akademischen Bildung“?
- Welche Rolle spielt der Professor als *„Opinion Leader“* für diese akademische Bildung?

1.1 Universitäre[1] Kernkompetenzen

Zur Beantwortung der Fragen nach den Kernkompetenzen, die ein erfolgreiches Hochschulstudium vermitteln sollte, werden in erster Linie meist die Fachkompetenzen ins Feld geführt. Einen erfolgreichen Hochschulabsolventen ohne ein gerüttelt Maß an fachlicher Qualifikation vermag man sich nicht vorzustellen. Allerdings sollte man diese Fachkompetenzen genauer unter die Lupe nehmen: bei näherem Hinsehen kann eine Hochschule eigentlich nur eine fachliche Vor-Qualifizierung leisten. Deshalb sollten wir auch lieber von einer Berufs„vor“bildung statt von einer Berufs„aus“bildung sprechen. Wir alle wissen nur zu gut, dass die eigentliche „Aus“bildung erfolgreich wirksam erst in der Berufspraxis erfolgen kann. Was eine universitäre Berufs„vor“bildung allerdings signifikant von einer berufspraktischen „Aus“bildung unterscheidet, ist, dass die Studierenden an einer Hochschule auf der Grundlage von wissenschaftlichen Theorien ein Instrumentarium an die Hand bekommen, mit dem sie auch

[1] Das Adjektiv „universitär“ wird hier und im Folgenden zur Kennzeichnung eines Hochschulstudiums an Universitäten und Fachhochschulen gleichermaßen verwendet, da sich auch die Fachhochschulen als Universitäten im Sinne einer „University of Applied Sciences“ verstehen.

neue Erkenntnisse und neue Entwicklungen bewältigen können, wenn das einmal erlernte Fachwissen veraltet ist. Diese instrumentellen oder Methodenkompetenzen, die wir mit dem Begriff „wissenschaftsbasiert" kennzeichnen wollen, sind von hoher Bedeutung in einer Zeit, in der das an der Hochschule erlernte Wissen während der Dauer eines Berufslebens mehrmals veralten wird. *Fachkompetenzen* und *wissenschaftsbasierte Methodenkompetenzen* als Grundlage einer Berufsvorbildung markieren also einen ersten wichtigen Block von universitären Kernkompetenzen.

Wenn es schon so ist, dass insbesondere ein einmal erlerntes Fachwissen mehrmals während des eigenen Berufslebens veraltet, dann erhalten andere im Studium zu erwerbende Kompetenzen ein zunehmend höheres Gewicht. Oft spricht man dann an dieser Stelle über „Schlüsselqualifikationen" und zählt die darauf basierenden Kompetenzen mehr oder weniger kasuistisch bzw. katalogartig auf (wie z.B. die Fähigkeit zur Selbstorganisation, zum Zeitmanagement, zur Stressbewältigung, Kommunikationsfähigkeiten, soziale Kompetenzen u.v.a.m.). Eine exemplarische Aneinanderreihung von Schlüsselqualifikationen erscheint uns allerdings als zu kurz gegriffen. Sie ist zu wenig zielgerichtet auf den Kern des späteren Tuns der heutigen Studierenden fokussiert, nämlich auf das Führen von Menschen.

Wenn die Studierenden von heute die Führungskräfte von morgen in unserer Gesellschaft sind, dann sollte ein für ein Leben lang „erfolgreiches" Studium auch *grundlegende Führungskompetenzen* als zweiten wichtigen Block von universitären Kernkompetenzen vermitteln. Mit den „Führungskräften von morgen" sind dabei übrigens bei weitem nicht nur angehende Unternehmensmanager gemeint. Auch ein Lehrer führt seine Schüler, ein Arzt seine Patienten, ein Gewerkschafter seine Arbeiter, ein Politiker seine Wähler, ein Geistlicher seine Glaubensgemeinde, eine Erzieherin die ihr anvertrauten Kinder, ein Wissenschaftler eine Sektion von Forschern etc. Führung ist ein anthropologisches Grundphänomen, das Führen von Menschen ist quasi omnipräsent.

Mit dem Vermitteln von Führungskompetenzen legen wir den eigentlichen Grundstein für das Heranreifen von „Führungs"persönlichkeiten. Führungskompetenzen sollten deshalb im Gesamtkonzept eines Hochschulstudiums eine besondere Bedeutung haben und wir wollen sie daher auch an dieser Stelle etwas näher beleuchten (zumal wir auf die gleich anschließend dargelegten konzeptionellen Überlegungen zur Führungskompetenz auch im Teil 2 unseres Beitrags noch einmal zurückgreifen werden, wenn es um die Führungsverantwortung des Professors geht). Es geht darum, unsere Studierenden zu führungsrelevanten Handlungen und Haltungen zu befähigen. Dabei hat „Führen" zwei grundsätzliche Ausprägungen. Zunächst einmal geht es darum, sich selbst führen zu können. Die Fähigkeit und die Bereitschaft, sich selbst angemessen zu führen, wollen wir im folgenden als *Selbstführungskompetenz* bezeichnen. Wir möchten damit Selbst„führung" deutlich von Selbst„management" unterscheiden, weil „führen" etwas anderes ist als „managen" (vgl. dazu die einschlägige Literatur).

Exemplarisch verdeutlicht geht es hier um Fragestellungen wie etwa: Was sind meine Stärken? Welche Strategien entwickle ich, um meine Stärken auszubauen? Wo stoßen meine momentanen Kompetenzen an ihre Grenzen? Wie überwinde ich diese Grenzen? Was macht meine Einzigartigkeit aus? Habe ich eine Mission? Was ist mein Lebensentwurf? Erst wer eine profunde Selbstführungskompetenz hat, sollte auf die Menschheit „losgelassen" werden, um das zu tun, was wir normalerweise unter Führung verstehen: nämlich neben sich selbst auch Andere zu führen. Dieses ursprüngliche Verständnis von Führen wollen wir im Folgenden als *originäre Führungskompetenz* bezeichnen.

Die Handlungen und Haltungen einer originären Führungskompetenz leiten sich ganz konkret aus den originären Aufgaben ab, die eine Führungskraft in der täglichen Praxis zu erfüllen hat. Die nachfolgende Abbildung 1-1 listet einige der wichtigsten dieser originären Führungsaufgaben auf und zeigt korrespondierend dazu Fragestellungen, die sich für die Studierenden beim „Lernen" von originärer Führungskompetenz ergeben. Gleichzeitig erkennen wir daraus mit den Feldern der konzeptionellen Kompetenzen, der kommunikativen Kompetenzen, der Authentizitäts-Kompetenzen und der Wertekompetenzen die vier wichtigsten Teilbereiche von Führungskompetenz. Diese Kompetenzfelder haben in weiten Bereichen auch Relevanz für die zuvor skizzierte Selbstführungskompetenz, insofern bestehen hier natürlich enge thematische Vernetzungen.

Originäre Aufgaben von Führungskräften	Teilbereiche der Führungskompetenz	Lernorientierte Fragestellungen für Studierende
1. Die Zukunft voraus denken (Menschen durch „kühne Ideen" bewegen)	Konzeptionelle Kompetenz	• Wie formuliere ich eine begeisternde Mission? • Wie leite ich aus dieser Mission klare Ziele ab? • Wie entwickle ich taugliche Strategien zur Erreichung dieser Ziele ? • Wie finde ich Wege zur Umsetzung dieser Strategien in operatives Handeln?
2. Die voraus gedachte Zukunft den Beteiligten kommunizieren (Menschen durch „unvergessliche Worte" bewegen)	Kommunikative Kompetenz	• Wie spreche ich mit Menschen im Dialog? • Wie moderiere ich ein Teamgespräch? • Wie knüpfe ich Kommunikations-Netzwerke? • Wie präsentiere ich (auch rhetorisch versiert) vor größerem Publikum? • Wie kommuniziere ich in Konfliktsituationen?

Fortsetzung

Originäre Aufgaben von Führungskräften	Teilbereiche der Führungskompetenz	Lernorientierte Fragestellungen für Studierende
3. Die voraus gedachte Zukunft glaubhaft vorleben (Menschen durch „mitreißendes Vorbild“ bewegen)	Authentizitäts-Kompetenz	• Was macht meine „Lebendigkeit“ als Führungskraft aus? • Wie gestalte ich Führungsprozesse mit einer gekonnten „Dramaturgie“? • Wie kann ich „Autorität haben“, ohne „autoritär zu sein“? • Wie gewinne ich eine hinreichende Portion Ver„rückt“heit?
4. Eine innere Haltung einnehmen, die dazu befähigt, beim Vorausdenken, Kommunizieren und Vorleben „das Gute“ im Sinne eines universell gültigen Wertekanons des Menschseins mit innerer Neigung zu tun (Menschen durch die Kraft bewegen, „sich den wichtigen Werten gemäß zu verhalten“)	Werte-Kompetenz	• Wie finde ich die für eine gelingende Führung „richtigen“ Werte? • Wie ausgeprägt sind meine „Kardinaltugenden“ des Führens (Mut, Weisheit, Gerechtigkeit, Mäßigung, Glaube, Hoffnung, Liebe)? • Wie kann ich meine „Kardinaltugenden“ des Führens stärken?

Abbildung 1 *Originäre Aufgaben von Führungskräften und daraus abgeleitete lernorientierte Fragestellungen für Studierende*

Schließlich gibt es noch einen dritten und letzten Block von universitären Kernkompetenzen. Er setzt sich aus jenen Kompetenzen zusammen, die konzeptionell nicht eindeutig der Berufsvorbildung bzw. der Führungskompetenz zugeordnet werden können, über die aber ein allgemein anerkannter Grundkonsens dahingehend besteht, dass sie zu einer umfassenden Bildung einfach „dazugehören“. Als Einzelkompetenzen haben sie zwar nicht das Gewicht wie die gesamte Berufsvorbildung bzw. die Führungskompetenz. Sie haben eher eine ergänzende bzw. „komplementäre“ Bedeutung. Allerdings kann ohne diese Kompetenzen eine „Universalität“ von Bildung nicht erreicht werden. Wir möchten somit für den von uns propagierten dritten Block von universitären Kernkompetenzen den Begriff *komplementäre Universalitäts-Kompetenz* neu in die Diskussion über erfolgsrelevante Studieninhalte einbringen. Im einzelnen umfasst dieser Block so unterschiedliche Kompetenzen wie etwa: Fremdsprachenkompetenzen, Medien- bzw. IT-Kompetenzen, interkulturelle Kompetenzen, Allgemeinbildungskompetenzen, „Knigge-Kompetenzen“ (Umgangsformen und Etikette), Stressbewältigungskompetenzen, Kompetenzen zum Umgang mit Unsicherheit und Veränderungen, die Kompetenz der Frustrationstoleranz, Selbst„management“-kompetenzen (in Abgrenzung zur Selbst„führungs“kompetenz), Kompetenzen zum gesellschaftlichen/politischen/sozialen Engagement, Ernährungskompetenzen, Gesundheitskompetenzen u.v.a.m.

1.2 Akademische Bildung

Fachkompetenzen, wissenschaftsbasierte Methodenkompetenzen, Selbstführungs-kompetenzen, originäre Führungskompetenzen sowie komplementäre Universalitäts-Kompetenzen bilden das Fundament, auf dem junge Studierende ein lebenslanges Entwickeln ihrer eigenen Führungspersönlichkeit aufbauen können. Wir sehen, dass dieses Fundament aus einem sehr breiten, allumfassenden, eben „universalen" Spektrum von Kompetenzen besteht. Es ist genau diese *Universalität von Kompetenzen,* die ein erstes, ganz wichtiges Merkmal einer akademischen Bildung ausmacht. Dabei stehen die einzelnen Kompetenzen allerdings nicht isoliert bzw. unabhängig voneinander in diesem Spektrum. Vielmehr bedingen sie sich häufig einander gegenseitig, sie sind miteinander vernetzt. In diesem Netzwerk aus universalen Kompetenzen müssen zum Abschluss eines erfolgreichen Studiums keineswegs alle Kompetenzen in gleicher Tiefe erworben sein. Neben einigen ausgewählten, vertieften Kompetenzen hat ein Studierender andere Kompetenzen vielleicht nur grundlegend erlernt und von wiederum anderen Kompetenzen weiß er womöglich nur, „dass es sie gibt". Wichtig ist, dass der Studierende im Laufe seines Studiums eine Orientierungsfähigkeit entwickelt, die es ihm im weiteren (Berufs-)Leben ermöglicht, sich in einem Netzwerk von (sich auch ständig ändernden!) universalen Kompetenzen zurecht zu finden, wenn es darum geht, situativ neue Kompetenzen zu erwerben oder bestehende Kompetenzen weiter auszubauen. Diese *situationsadäquate Orientierungsfähigkeit* bildet somit ein zweites wichtiges Merkmal einer akademischen Bildung. Das dritte und vielleicht sogar wichtigste Merkmal akademischer Bildung erschließt sich uns, wenn wir unser Augenmerk einmal auf die sprachliche Wurzel von „akademisch" legen: „Akademie" bezeichnete im Altgriechischen den Ort der Philosophenschule des Platon, die sich beim Hain des griechischen Helden *„Akademos"* in Athen befand. Platon und seine Schüler verstanden sich als eine Lern- und Lebensgemeinschaft, die sich der kritischen Reflexion im Sinne des prüfenden/vergleichenden Nachdenkens und der darauf fußenden Kunst der Beurteilung von Personen und Sachverhalten verschrieben hatten. Dieser Inbegriff des „Philosophierens" hat sich von der Antike bis in unsere heutige Moderne erhalten und macht neben der oben angesprochenen Orientierungsfähigkeit den eigentlichen Kern einer akademischen Bildung aus: akademische Bildung zielt auf einen Prozess ab, der die unverzichtbare Anstrengung des Selbstdenkens unter Maßgabe einer *eigenständigen, kritischen Reflexion* in den Mittelpunkt des Lernens rückt. Die Bereitschaft zu offener Horizonterweiterung, das Infragestellen von vermeintlichen Selbstverständlichkeiten und immer wieder die Eigenständigkeit des Denkens sollten im Zentrum akademischer Bildung stehen. Somit können wir eine *akademische Bildung* schlussendlich verstehen als ein Netzwerk von universal angelegten Kompetenzen, in dessen Kern die beiden Pole „situationsadäquates Orientierungsvermögen" und „eigenständige, kritische Reflexion" beim Erwerb bzw. Ausbau dieser

Kompetenzen stehen. Die nachfolgende Abbildung 1-2 soll dieses Netzwerkverständnis mit ihrer determinierenden Bipolarität noch einmal verdeutlichen:

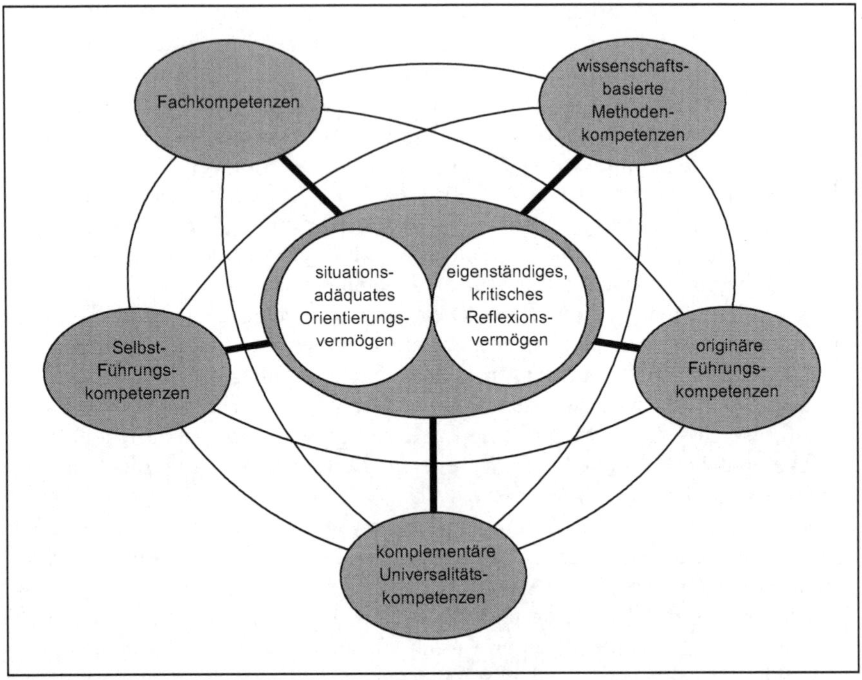

Abbildung 2 *Akademische Bildung als bipolar determiniertes Netzwerk universaler Kompetenzen*

1.3 Professorales „Opinion Leading"

Was heißt es nun, für eine akademische Bildung, so wie wir sie eben skizziert haben, Protagonist zu sein? Aus seiner sprachlichen Wurzel im Altgriechischen abgeleitet bedeutet der Begriff „Protagonist" soviel wie „erster Darsteller/Ersthandelnder/Hauptdarsteller" und wird im weiteren Sinne auch als Synonym für Wegbereiter (Meinungsbildner, eben *„Opinion Leader"*) und Vorkämpfer verwendet. Folgen wir dieser sprachlichen Wurzel wortgetreu, so hat der Professor als *Protagonist im Sinne von „erster Darsteller"* zunächst einmal dafür Sorge zu tragen, dass er all das, was eine akademische Bildung ausmacht, auch selbst verkörpert. Das ist bei weitem nicht so selbstverständlich, wie es auf den ersten Blick aussieht. Zwar verlangen die Hochschulgesetze für die Berufung auf eine Professur zwingend eine durch Promotion und Publikationen ausgewiesene Fachkompetenz (bei Fachhochschulprofessoren zusätzlich dokumentiert durch eine mehrjährige profunde Berufspraxis) sowie einschlägige Lehrerfahrungen. Das Vorhandensein von Führungskompetenzen und komplementären Universalitäts-Kompetenzen bleibt aber weitgehend eine fakultative Zugabe:

„nice to have", aber nur selten ein *„must have"*. Doch wie soll ein Professor seine Studierenden zu einer akademischen Bildung „führen" (wie wir es im gleich folgenden Teil 2 skizzieren wollen), wenn er selbst noch nicht einmal für ein authentisches Spiegelbild für eben diese akademische Bildung taugt.

Als *Protagonist* im Sinne von *Wegbereiter* bzw. *Meinungsbildner* hat der Professor den „Beteiligten" transparent zu machen, was eine akademische Bildung umfassen sollte. Dabei sind die „Beteiligten" durchaus zahlreich und unterschiedlich: Studierende, Professoren, Mitarbeiter der Hochschulen, im Vorfeld des Studiums auch Schüler, Eltern und Lehrer, im Nachgang des Studiums Alumni, Sponsoren, Kooperationspartner, Hochschulpolitiker, die interessierte Öffentlichkeit u.v.a.m. Protagonist zu sein bedeutet für den Professor, bei allen genannten Beteiligtengruppen proaktiv für das Verständnis von akademischer Bildung zu werben und mit Herzblut und Leidenschaft Position dafür zu beziehen. Er ist in dieser Funktion eine Art Sonderbotschafter für seine Philosophie von Bildung und damit das krasse Gegenteil des Klischee-Bilds vom weltfremden Wissenschaftler im Elfenbeinturm: Es gilt, Empathie für die unterschiedlichsten Beteiligtengruppen zu entwickeln und darauf aufbauend eine zielgruppenadäquate Kommunikation zu betreiben. Vor vielleicht 16- bis 18-jährigen Schülern, die man für ein späteres Hochschulstudium gewinnen möchte, spricht es sich anders über akademische Bildung als gegenüber dem Wissenschaftsministerium, mit dem man über eine sinnvolle Gestaltung von Curricula verhandelt.

Bleibt schließlich noch die Rolle des Professors *als Protagonist* im Sinne von *Vor„kämpfer"*: Der Begriff Vor„kämpfer" bringt bereits sehr plastisch zum Ausdruck, dass man sich auch auf Gegnerschaften einstellen muss. Professor sein heißt somit an dieser Stelle, auch mit Widerständen gegen das akademische Bildungsverständnis angemessen umgehen zu können und gelegentlich sogar klare Grenzen zu setzen gegen Begehrlichkeiten von Interessengruppen, die danach trachten, akademische Bildung unterminieren bzw. aushöhlen zu wollen. Solche Begehrlichkeiten treten in der öffentlichen Diskussion immer wieder einmal zutage. Ein Beispiel aus der jüngsten Vergangenheit ist die kontroverse Auseinandersetzung um die Einführung von Bachelor- und Masterstudiengängen als Ersatz für die früheren Diplomstudiengänge. Von Teilen der Wirtschaft war schon deutlich das Bestreben zu verspüren, den Universitäten und Hochschulen für die (im Vergleich zum Diplomstudium ohnehin verkürzte!) Bachelorausbildung einen Katalog von ausschließlich unternehmensspezifischen Kompetenzanforderungen zu diktieren, um zum Berufseinstieg möglichst schablonenförmig exakt passfähige „Fach"absolventen für die Unternehmen zu bekommen. Aber auch und sogar gerade im Zeitalter eines globalen Wettbewerbs muss die Professorenschaft dafür eintreten, dass die Deutungshoheit über die Bildung von jungen Menschen nicht allein durch kurzfristige Unternehmensinteressen determiniert sein darf.

Im Ergebnis der bisherigen Überlegungen bedeutet „Professor sein“ also, für das Ideal einer breiten-universalen und von Selbstorientierung und kritischer Reflexivität gekennzeichneten akademischen Bildung in verschiedensten Funktionen als Protagonist einzutreten und sich öffentlich zu diesem Ideal zu bekennen. Ganz so, wie es übrigens auch die sprachliche Wurzel des Begriffs „Professor“ nahelegt: Professor leitet sich aus dem lateinischen Verb *„profiteri“* ab, was soviel wie „sich öffentlich bekennen“ bedeutet. Dieses öffentliche Bekenntnis werden wir also später im hippokratischen Eid der Professorenschaft markant verankern müssen.

2 Der Professor als Führungskraft im akademischen Lernprozess

Präzisieren wir auch hier zunächst die Leitfragen, die für unsere weiteren Überlegungen ausschlaggebend sind:

- Was bedeutet „richtig studieren“ im Sinne eines erfolgreichen Erwerbs akademischer Bildung?
- Welche Rolle spielt der Professor als Führungsverantwortlicher beim akademischen Lernen?

2.1 Akademisches Lernen

Für das Erlangen von Wissen (nicht „Kompetenzen“!) lässt sich die Frage nach dem „richtigen studieren“ wohl unstrittig mit dem Verweis auf die klassischen Lehr- und Lernformen an einer Hochschule, wie etwa Vorlesungen, Übungen und Seminare beantworten. Für den Erwerb von Kompetenzen (nicht „Wissen“!) bieten die traditionellen Lernwege zwar einen ersten Raum zu einem quasi spielerischen Einüben. So können Studierende z.B. kommunikative Kompetenzen wie Reden, Präsentieren, Diskutieren etc. im Seminar einfach gefahrlos ausprobieren. Dieser „Experimentierraum“ ergibt sich aber meist unbewusst „nebenher“ und wird nur selten zielgerichtet gestaltet, da im Hauptfokus der klassischen Lehrveranstaltungen eben doch die Vermittlung von Wissen steht. Eine „Kompetenz“ ist aber erst dann erfolgreich erworben, wenn der Studierende befähigt ist, das Erlernte wirklich praktisch „tun“ zu können und wenn er das neue „Tun“ dann auch beibehält. Hier stoßen die klassischen Lernwege aber sehr schnell an ihre Grenzen. Niemand hat diese Grenzen schöner veranschaulicht als der Verhaltensforscher Konrad Lorenz. Wir wollen sein mittlerweile in der Scientific Community einschlägig bekanntes Gedicht über das Lernen an dieser Stelle bewusst wiedergeben, um damit die Problematik von klassischen „Lehr“veranstaltungen für das Entwickeln von Kompetenzen zu skizzieren:

„Gesagt heißt nicht immer gehört,
gehört heißt nicht immer verstanden,
verstanden heißt nicht immer einverstanden,
einverstanden heißt nicht immer angewandt,
angewandt heißt nicht immer beibehalten“.

Der Vortrag des Professors (das „Gesagte“) bewirkt also bei weitem noch nicht das „fortwährende Tun“ des Studierenden (das „Angewandte bzw. Beibehaltene“). Vorlesungen und vorlesungsähnliche Lehrveranstaltungen werden deswegen nicht obsolet, sie haben weiterhin eine wichtige Daseinsberechtigung im Kanon der akademischen Lernoptionen, jedoch sollte ihre Funktion transparenter verdeutlicht werden: Vorlesungen ermöglichen eine Orientierung bzw. einen Überblick über das Fach, in dem die Kompetenzen erworben werden sollen. Damit trägt diese Lernform ganz wesentlich zum Erwerb von situationsadäquater Orientierungsfähigkeit bei, die wir im Teil 1 als einen der beiden zentralen Pole von akademischer Bildung apostrophiert hatten. Eine Vorlesung kann auch instrumentelles Wissen vermitteln, das für den Kompetenzerwerb erforderlich ist. Sie kann sogar die auslösenden Impulse geben für individuelle Absicht, Kompetenzen entwickeln zu wollen, da jedes Lernen zunächst über die Ratio initiiert wird. Den eigentlichen Kompetenzerwerb aber kann eine Vorlesung nicht bewerkstelligen. Lernen an einer Universität bzw. Hochschule funktioniert eben nicht nach dem Muster: „Lehrer schreibt an die Tafel – Schüler schreibt das Tafelbild ab – Schüler lernt das Geschriebene auswendig – Schüler reproduziert das Auswendiggelernte in einer Klausur – Lehrer attestiert dem Schüler bei bestandener Klausur Lernerfolg“. Ein so erzielter „Lernerfolg“ ist keinesfalls gleichzusetzen mit dem von uns gemeinten Kompetenzerwerb an akademischer Bildung. Der Begriff „Kompetenz“ leitet sich aus dem lateinischen Verb *„competere“* = „zu etwas fähig sein“ ab und meint somit eine Handlungs- und Problemlösungsfähigkeit und -bereitschaft. Das ist aber entschieden mehr als ein schulisch erlerntes Wissen.

Dies alles veranlasst uns zu der Überlegung, ein *„akademisches“ Lernen* in den Blickpunkt der weiteren Betrachtungen zu stellen und die Rolle des Professors in diesem akademischen Lernprozess näher zu beleuchten. Ausgangspunkt dieser Betrachtungen ist das im Teil 1 beschriebene Verständnis von akademischer Bildung und hier insbesondere die Kernforderung nach einer unverzichtbaren Anstrengung des Selbstdenkens unter der Maßgabe einer eigenständigen, kritischen Reflexion. Die eigenständige Bereitschaft des Studierenden zu offener Horizonterweiterung (möglicherweise durchaus ausgelöst durch Impulse aus Vorlesungen) ist der Initialpunkt eines „richtigen Studierens“. Ausgehend von dieser Initialzündung ist akademisches Lernen ein vom Studierenden weitgehend selbstgesteuerter und kritisch reflektierter Prozess, der individuell auf den Aufbau und die stetige Vervollkommnung von Handlungsfähigkeiten und -bereitschaften (= Kompetenzen) gerichtet ist. Von der methodischen Konzeption her ist unser Verständnis vom akademischen Lernen sehr eng an die konstruktivistische Didaktik angelehnt, die ebenfalls der Selbststeuerung von Lernprozessen einen hohen Stellenwert einräumt. Selbststeuerung ist im Kern ein systemischer Managementprozess in Form eines Ziel-Strategie-Kontroll-Regelkreises. Somit liegt es nahe, den Prozess des akademischen Lernens mit der Darstellung eines solchen Regelkreises transparent zu machen. Den entsprechenden Versuch unternehmen wir in der nachfolgenden Abbildung 2-1 und wollen die dort aufgezeigten Zusammenhänge auch an einem praktischen Beispiel verdeutlichen:

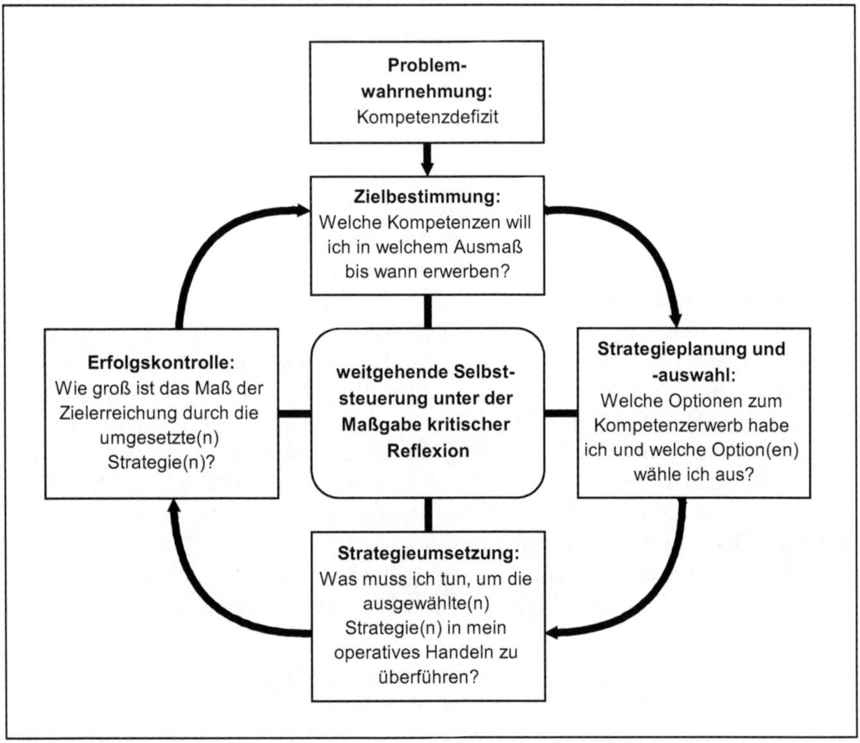

Abbildung 3 *Akademisches Lernen als weitgehend selbstgesteuerter kritisch-reflexiver Ziel-Strategie-Kontroll-Regelkreis*

Nehmen wir einmal an, der Student German Deutschmann aus Berlin lernt im Studium die ERASMUS-Austauschstudentin Janka Slovakova aus Bratislava kennen und verliebt sich in sie. Nun spricht German nicht einen Brocken Slowakisch und Jankas Deutschkenntnisse sind anfangs auch noch sehr rudimentär. So beschließen sie, in Englisch miteinander zu reden. Janka ist in dieser Sprache eigentlich recht fit. German muß sich aber heimlich eingestehen, dass die verbliebenen Englischkenntnisse aus seiner Schulzeit doch eher mickrig sind. In seiner eigenen *Problemwahrnehmung* erkennt er ein *Kompetenzdefizit* und beschließt aus eigener Selbstmotivation heraus, die erkannte Kompetenzlücke zu schließen. Für seinen Lernprozess legt er zunächst fest, dass er innerhalb von drei Monaten sein passives Englisch (verstehen können!) und auch sein aktives Englisch (sprechen können!) soweit verbessern möchte, dass er nach dieser Zeit mit Janka problemlos in Alltagsgesprächen kommunizieren kann (*Zielbestimmung*). Nun überlegt German, welche Lernoptionen zum Erfolg führen könnten: klassisches Vokabelpauken? Die Vorlesungen bei Prof. Englishman an der Uni? Ein Abendkurs an der VHS? Das Mitmachen bei einer wöchentlichen English Conversation Group der Uni? Ein Crashkurs bei einem Kurzurlaub in Schottland? Was möglicherweise sonst? Aus diesen Optionen wählt German schließlich die wöchentliche Conversation Group und den Crahskurs in Schottland aus. Die Vorlesungen bei Prof. Englishman verwirft German, denn er hat von Kommilitonen schon oft gehört, dass die Schinderei dort am Ende nicht wirklich zu einer alltagstauglichen Sprachkompetenz führt (*Strategieplanung und -auswahl*). In den Wochen darauf geht German tatsächlich regelmäßig und lükkenlos zur wöchentlichen Conversation Group. Jeweils am Tag danach protokolliert German neu erlernte Redewendungen in einem Lerntagebuch und repetiert diese Redewendungen mehrmals im Lauf der Woche. Mittlerweile hat er per Online-Buchung im Internet einen Urlaub in Glasgow festgelegt, den beabsichtigten Crashkurs inklusive. Müßig zu erwähnen, daß German diesen Urlaub auch tatsächlich antritt und eine Woche lang „verschärft mit Native-Speakern" kommuniziert (*Strategieumsetzung*). Die drei Monate vergehen und German lädt Janka an einem schönen Sommerabend zum Essen ein. Er will sie davon überzeugen, in den Semesterferien mit ihm in einen gemeinsamen Urlaub zu fahren. Nun lassen wir unsere kleine Episode zu einem Happy-End kommen: German beherrscht sein Englisch mittlerweile so nuancenreich, dass er im Gespräch auch die subtilen kleinen interkulturellen Klippen umschifft, die sich im deutsch-slowakischen Kennenlernprozess zwischen Männlein und Weiblein durchaus auftun können. Janka willigt ein und German hat sein (Lern-)Ziel erreicht. Wäre sein amouröses Vorhaben an noch immer mangelnden Englischkenntnissen gescheitert, hätte German seinen Lernprozess unter veränderter Zielbestimmung und/oder veränderten Strategien weiter fortsetzen müssen. (*Erfolgskontrolle*).

Kritiker mögen an dieser Stelle einwenden, dass das Liebesleben eines Studierenden doch nun wirklich nicht den Kern des akademischen Lernens, mithin des „richtigen Studierens" widerspiegeln könne. Wir folgen dieser Kritik nur bedingt. Zum Einen ist der Aufbau von persönlichen Netzwerken, von (zum Teil lebenslangen) Freundschaften und – warum denn auch nicht?! – sogar von Lebenspartnerschaften ein natürlicher Bestandteil des akademischen Lebens und das damit verbundene Lernen ist durchaus Teil einer akademischen Bildung in dem von uns propagierten Sinne. Zum Anderen – und das ist der Kern – geht es uns darum, zu zeigen, dass „richtiges Studieren" ein grundständiger Managementprozess mit einem hohen Maß an Selbststeuerung ist, so wie wir es eben skizziert haben. Das ist bei weniger romantisch determinierten Lernprozessen wie beispielsweise dem Erwerb von Fähigkeiten zur Bilanzanalyse nicht anders als in unserem Fall „German und Janka“. Was diesen grundständigen Managementprozess zu einem eigentlichen akademischen Lernprozess avancieren lässt, ist die Einflussnahme des Professors auf die Steuerung des akademischen Lernens. Nach unserem Verständnis ist der Professor nicht länger mehr „Fachlehrer“. Er übernimmt vielmehr die Funktion eines Führungsverantwortlichen, der gemeinsam mit den Studierenden die individuellen Lernprozesse steuert.

2.2 Professorales *„Leadership“*

Führen heißt: Menschen bewegen! In Adaption auf den akademischen Lernprozess bedeutet das, dass es die zentrale Führungsaufgabe des Professors ist, seine Studierenden zum Studienerfolg zu „bewegen“. Das Verb „bewegen“ hat sprachlich eine doppelte Bedeutung: 1. jemanden emotional berühren („das hat mich sehr bewegt“), 2. jemanden in Bewegung setzen („ich habe mich von A nach B bewegt“). Um Studierende im doppelten Sinne dieses Wortes zu bewegen und damit zu führen, hat der Professor just jene *vier originären Führungsaufgaben* zu erfüllen, wie wir sie in Abbildung 1-1 im Teil 1 unseres Beitrags skizziert haben. Wir wollen diese Führungsaufgaben – spezifiziert im akademischen Kontext – nachfolgend etwas genauer betrachten.

3 Das Feuer der Begeisterung entzünden und alltagstauglich machen

Die allererste Führungsaufgabe des Professors besteht darin, bei den ihm anvertrauten jungen Menschen eine *nachhaltige Begeisterung und Faszination* für sein „Fach“ (in welchem Feld von Kernkompetenzen einer akademischen Bildung es auch immer angesiedelt sein mag) zu wecken. Denn schließlich ist nicht immer eine Janka Slovakova zur Stelle, die bei ihren männlichen Studienkollegen das Erkennen von Kompetenzdefiziten und darauf fußende selbstmotivierte Lernprozesse quasi *„just in time“* auslöst. Es geht darum, in den jungen Menschen einen Enthusiasmus hervorzurufen, der die Studierenden über Jahre hinweg (für die Dauer des Studiums) und im Optimalfall sogar ein Leben lang dazu bewegt, sich dem Erwerb und dem fortwährenden Ausbau der Kompetenzen dieses Fachs zu widmen. Die Studierenden müssen es quasi als ihre *persönliche Mission* begreifen, einen stetigen Kompetenzaufbau bis hin zur souveränen Beherrschung dieser Kompetenzen voran zu treiben. Ist das Feuer der Begeisterung erst einmal entzündet, kann der Professor ausgehend von einer Stärken-/Schwächen-Analyse von eingangs vorhandenen Kompetenzen gemeinsam mit den Studierenden *klare Zielvereinbarungen* treffen und aus diesen Zielvereinbarungen *heraus konkrete Strategien* ableiten, wie der angestrebte Kompetenzaufbau langfristig geplant gelingen kann. Für die Strategieplanung und -auswahl steht dem Professor ein breit gefächertes Spektrum an Lernoptionen bereit. Die

Breite dieses Spektrums wäre schon für sich allein genommen ein originäres Gütemerkmal akademischen Lernens, weil sie so an keiner anderen Lernstätte als eben im „Experimentierlabor Universität" gewährleistet werden kann. Neben den klassischen Lernoptionen Vorlesungen/Seminare/Übungen seien hier exemplarisch-enumerativ lediglich genannt: Projektarbeiten, Planspiele, Rollenspiele, videogestützte Trainings, Coachings, Supervisionen, Leittexte, Case Studies, Disputationen, Moderationen, Präsentationen, Tutorien, Workshops, Lernen durch Lehren, Tagebuchmethoden, freie wissenschaftliche Arbeiten, Praktika, Exkursionen, Auslandsaufenthalte, hochschulpolitisches Engagement, Charity Work u.v.a.m. In seiner Rolle als Führungskraft im akademischen Lernprozess hat der Professor darauf zu achten, dass der Studierende bei seiner Strategieplanung und -auswahl einen angemessenen Methodenmix wählt und dabei ganz bewusst auch mit anderen Lernoptionen als ausschließlich den klassischen Lernformen in Kontakt kommt. Und schließlich gilt es dann, dafür Sorge zu tragen, dass die konkreten Kompetenzentwicklungsstrategien im studentischen *operativen Handeln,* also im schnöden ganz alltäglichen Lernprozess der Studierenden umgesetzt werden. Einen Prozess zu initiieren und in der Folge stringent in Gang zu halten, der die Studierenden von einer Initialzündung an Begeisterung hin zu einem langfristigen/lebenslangen täglichen Verbessern von Kompetenzen motiviert, ist hier die eigentliche Führungsaufgabe des Professors.

3.1 Nachhaltig kommunizieren im Großen wie im Kleinen

In Erfüllung einer zweiten Führungsaufgabe muß der Professor in unterschiedlichsten Aktionsfeldern *nachhaltige Kommunikation* betreiben. Um z.B. die eben angesprochene „Initialzündung an Begeisterung" in Gang zu setzen, muß der Professor häufiger *vor großem Publikum* (z.B. im Auditorium Maximum) *kommunizieren.* Dazu bedarf es einer faszinierenden Rhetorik des Professors. Ein profundes rhetorisches Ausdrucksvermögen sollte eigentlich eine Schlüsselkompetenz einer jeden Führungskraft sein. Für einen Professor gilt diese Forderung jedoch in ganz besonderem Maße. In einem Hörsaal mehrere hundert Studierende rhetorisch so anzusprechen und damit ein Maß an Aufmerksamkeit zu erlangen, dass man die berühmte Stecknadel fallen hören könnte, sollte für einen guten Professor eine wahre Königsdisziplin seines Tuns als Führungskraft für seine Studierenden sein. Der Kontrapunkt zur rhetorischen Kommunikation im großen Hörsaal ist das individuelle Einzelgespräch mit den Studierenden. Das Konzept eines „akademischen Lernens" erfordert in hohem Maße die *Kommunikation im Dialog* zwischen Professor und Studierenden. Der oben beschriebene Prozess, klare Zielvereinbarungen und konkrete Strategien zur Erfüllung einer persönlichen Lernmission zu formulieren und dies alles in tägliche Lernprozesse umzusetzen, kann sinnvoll nur funktionieren, wenn der Professor an den individuellen Gegebenheiten seiner Studierenden ansetzt. Dazu aber sind intensive und häufige Einzelgespräche unerläßlich, die übrigens auch ein hohes kommunikationspsychologisches Geschick vom Professor erfordern. Die Kommunikation im Dialog und die oben angesprochene Kommunikation vor großem Publikum markieren die entgegengesetzt liegenden Endpunkte einer ganzen Bandbreite von zahlreichen weiteren Aktionsfeldern der Kommunikation, die wir an dieser Stelle nicht im einzelnen beleuchten müssen (als zwei weitere Aktionsfelder seien hier die *Kommunikation im Team* sowie der „Sonderfall" der *Konfliktkommunikation* lediglich exemplarisch benannt). Für alle Aktionsfelder gemeinsam bleibt festzuhalten, dass die kontinuierliche und intensive Kommunikation mit seinen Studierenden eine originäre Führungsaufgabe des Professors darstellt.

3.2 Akademische Bildung authentisch vorleben

Alles Führungshandeln, das wir bis hierher geschildert haben, wäre wertlos, wenn der Professor seinen Studierenden nicht selbst in seiner eigenen Person als Vorbild für den Erwerb akademischer Bildung dienen könnte. In Wahrnehmung seiner dritten Führungsaufgabe geht es hier um nicht weniger als um die eigene *Authentizität* des Professors. Nur wer das propagierte Handeln auch selbst glaubhaft – eben authentisch – vorlebt, wird von seinen Studierenden im Prozess des akademischen Lehrens und Lernens als Führungskraft akzeptiert und anerkannt. Authentizität im so verstandenen Sinne liegt dabei in einer engen gedanklichen Nähe zum Begriff der *Autorität*. Beim Verständnis von Autorität schwingt stets eine Doppeldeutigkeit mit, die wir am ehesten mit dem Satz „Als Professor sollten wir Autorität haben, ohne autoritär zu sein." umschreiben könnten. Wie aber gelingt es einem Professor, (positive) Autorität zu haben, ohne auf (negatives) autoritäres Gehabe angewiesen zu sein? Basis einer positiven Autorität ist zunächst einmal die souveräne Beherrschung des eigenen Fachs. Diese fachliche Autorität sollte sich selbstverständlich zunächst in den Vorlesungen und Seminaren widerspiegeln. Darüber hinaus muß sie aber für die Studierenden auch in vielfältigen weiteren Facetten wahrnehmbar sein. Deshalb ist es nicht nur aus Forschungssicht, sondern auch aus dem Blickwinkel einer richtig verstandenen akademischen Lehre heraus so wichtig, dass ein Professor Bücher verfasst, Publikationen schreibt, auf Kongressen und Symposien Vorträge hält, Gastprofessuren an ausländischen Universitäten annimmt, in gesellschaftlichen Ämtern tätig ist oder auch parallel zu seiner Professur selbständig unternehmerisch wirkt u.v.a.m. Alle diese Tätigkeiten weisen ihn inoffiziell als Mitglied der „Scientific Community" aus und dieser Ausweis verschafft ihm auch bei seinen Studierenden ein hohes Maß an Fachautorität. Neben diese wissenschaftliche Autorität muß aber ein möglichst breites Spektrum jener Kompetenzen treten, die wir im Teil 1 als unverzichtbar für eine akademische Bildung postuliert haben. Die Führungsaufgabe, Vorbild für seine Studierenden im akademischen Lernprozess zu sein, kann der Professor glaubhaft nur wahrnehmen, wenn er neben seiner Fachautorität auch Führungskompetenzen, möglichst viele weitere universale Kompetenzen sowie schließlich eine ausgeprägte kritische Reflexivität besitzt und somit im Laufe seines bisherigen Lebens selbst zu einer Führungspersönlichkeit gereift ist.

Eine im eben beschriebenen Sinne gereifte Führungspersönlichkeit hat (positive) Autorität und kann somit auf (negatives) autoritäres Gehabe verzichten. Ein Professor dieser Couleur bewegt junge Menschen durch Sog und nicht durch Druck. Zu seinen Vorlesungen kommen die Studierenden, weil sie gespannt und mit Begeisterung die Worte des Professors hören wollen und nicht, weil sie per Anwesenheitsliste zum Pflichtsitzen im Hörsaal verdonnert werden. Eine so verstandene Ausübung von Autorität kommt auch nicht mit dem moralinsaueren Geschmack von Einschüchterung und Gehorsam daher, wie er bei sich autoritär gebärdenden Menschen oft einstellt. Vielmehr ist eine positiv gelebte Autorität gekennzeichnet von *Lebendigkeit* und *Dramaturgie* als zwei weiteren Determinanten der Authentizität eines Professors. Spielen wir ein wenig mit Begriffsassoziationen, um zu verdeutlichen, was diese beiden Determinanten beinhalten. In „Lebendigkeit" steckt das Wort „Leben". Eine positive Autorität des Professors wirkt auf Studierende „belebend", mitreißend, ansteckend, gerade so, als würde man jemanden mit einem Virus infizieren, von dem er lange Zeit nicht loskommt. Führen mit dieser Autorität heißt, junge Menschen „zum Leben zu erwecken" und eben nicht einzuschüchtern. Vom „aktiviert werden" in „zum Leben erweckt werden" ist es nicht weit zur „Lebensfreude". Ein Professor mit der oben beschriebenen Autorität „lebt" sein Professor-Sein mit Leidenschaft, für ihn ist sein Beruf eine Berufung und die damit verbundene Freude ist für die Außenwelt und damit auch für seine Studierenden an vielen subtilen Signalen und Symbolen erkennbar. Mit dieser lebendigen Freude gestaltet der Professor auch die Dramaturgie des akademischen Lernens. Freude am Tun und dramaturgisches Gestalten hängen eng miteinander zusammen. Den Begriff der Dramaturgie verorten wir wohl zunächst in der Kunst des Theaters. Er deutet hauptsächlich auf die Gestaltung von Spannungsverläufen hin: Spannung überhaupt erst erzeugen, Spannung ausbauen, Spannung auch einmal herausnehmen („entspannen"), Spannungen zum fulminanten Kumulationspunkt führen etc. Ein Professor, der sich der Bedeutung des dramaturgischen Gestaltens für jedwede Führungsprozesse und damit auch für den akademischen Lernprozess bewusst ist, versteht sich eben auch auf die Kunst, den Erwerb von akademischer Bildung für die Studierenden von der ersten Minute des ersten Semesters an bis hin zum Examensabschluss spannend zu erhalten.

3.3 Wertschätzung und Tugenden erlebbar machen

Die drei bis hierher dargelegten Führungsaufgaben zielen alle auf *Handlungen* des Professors als Führungskraft im akademischen Lernprozess ab: vorausdenken von Lernprozessen, kommunizieren mit Studierenden und vorleben von Authentizität. Die vierte und vielleicht wichtigste Führungsaufgabe des Professors besteht darin, eine ganz bestimmte *Haltung* als Führungskraft einzunehmen, nämlich die Haltung der jederzeitigen und uneingeschränkten *Wertschätzung* den Studierenden gegenüber. Es steht keinesfalls im Widerspruch zur eben skizzierten positiven Autorität des Professors, wenn wir postulieren, dass das Verhältnis zwischen Professor und Studierenden nicht von der Haltung „Wir da oben, Ihr da unten" geprägt sein darf. Vielmehr muss der Ur-Leitgedanke von „Universität" maßgeblich für die innere Einstellung des Professors sein: Die *„Universitas"* bezeichnete in der Antike von ihrer lateinischen Wortbedeutung her „die Gemeinschaft zwischen Lehrenden und Lernenden". Die „Lehrenden" genossen wegen ihrer Autorität die Achtung und den Respekt der „Lernenden", aufgrund ihrer „eingeschworenen Gemeinschaft" (heute würde man wohl sagen: aufgrund einer gemeinsamen Corporate Identity) begegneten sich Lehrende und Lernende aber gegenseitig uneingeschränkt wertschätzend auf gleicher Augenhöhe. Basis jeder Wertschätzung für andere Menschen ist die Fähigkeit bzw. die Kraft, sich den allgemein anerkannten Werten des Menschseins gemäß zu verhalten. Diese Fähigkeit bzw. Kraft bezeichnet die Philosophie als „Tugend" und stellt davon ausgehend mit dem Begriff der „Kardinal"tugenden auf solche Werte ab, die als besonders wichtig gelten.

Die Philosophie und später auch die Theologie haben sich der Frage nach den Kardinaltugenden schon seit über 2.500 Jahren gewidmet und dazu eine lange währende Diskussion über die Werte des menschlichen Verhaltens geführt. Trotz aller Kontroversen in dieser Diskussion über viele Jahrhunderte hinweg besteht weitgehend Einigkeit darüber, dass es sieben Tugenden sind, die von der Antike herrührend auch ganz aktuell heute noch als die Kardinaltugenden des Menschseins gelten: Gerechtigkeit, Mäßigung, Weisheit, Mut (aristotelische Tugenden), Glaube, Hoffnung und Liebe (christliche Tugenden). Somit obliegt es dem Professor in seiner vierten Führungsaufgabe, sich seinen Studierenden gegenüber gemäß diesen sieben Kardinaltugenden zu verhalten.

Was bedeutet ein solches Verhalten nun aber konkret in der Praxis des akademischen Lernprozesses? Betrachten wir zunächst die vier aristotelischen Tugenden. Am augenfälligsten erscheint uns wohl die Tugend der *Gerechtigkeit* zu sein. Wir denken sicher spontan an gerechte Bewertungen von Prüfungsleistungen der Studierenden. In der Tat steht bei der Tugend der Gerechtigkeit das „richtige Urteil" (jedem „das Rechte zuteilen") im Blickpunkt der Betrachtung. Es gilt, alle gleich zu behandeln, niemanden zu bevorzugen und Vorurteile gleich welcher Prägung bei der Urteilsfindung beiseite zu lassen. Gerechtigkeit im philosophischen Sinne ist aber noch weiter gefasst: es geht darum, den Menschen gerecht zu werden, was wiederum voraussetzt, dass Menschen Rechte haben, die gewahrt werden müssen. In diesem Sinne ist der Professor gerecht, wenn er den Studierenden als eigenständige Persönlichkeit gelten lässt und ihm zu dem verhilft, was ihm „gerecht" wird, nämlich zum Recht auf Freiheit, zum Recht auf Würde und zum Recht auf Achtung seiner Persönlichkeit. Mit der Tugend der Gerechtigkeit ist die Tugend der *Mäßigung* eng verknüpft. Mäßigung heißt, das richtige Maß für den Anderen zu erkennen und zu achten. Das bedeutet für den Professor konkret, dass er seine Studierenden weder unterfordern noch überfordern darf. Da jeder Studierende aber sein individuell richtiges Maß der Leistung hat, leitet sich allein schon aus der Tugend der Mäßigung die ethische Verpflichtung des Professors ab, sich mit den jungen Menschen als einzelnes Individuum zu befassen und nicht mit einer anonymen Masse im Hörsaal (akademisch geschönt dann „Hörerschaft" genannt). Das „richtige Maß" ist zudem nie ein für alle Mal gefunden. Insofern ist der individuelle Dialog des Professors mit seinen Studierenden auch ein fortwährender Prozess. Um das richtige Maß zu finden, muss der Professor seine Studierenden aber ebenso fortwährend immer wieder bis an die Grenzen des Maßes führen. Andernfalls wäre das „richtige" Maß immer zu klein bemessen. Gerechtigkeit und Mäßigung setzen die *Weisheit* als weitere Kardinaltugend voraus. Schon Aristoteles nannte sie die „Wagenlenkerin der Tugenden". Es geht darum, mit Weisheit die Wirklichkeit richtig zu erkennen und abzuschätzen, mit welchen Mitteln und Wegen das Leben gelingt. Erst dann können wir den Tugenden gemäß gerecht, maßvoll, mutig etc. handeln. Weisheit ist mehr als nur Wissen. Weisheit basiert auf Lebenserfahrung mit sich selbst und anderen Menschen und könnte zugespitzt wohl am ehesten mit „menschlicher Reife" gleichgesetzt werden. Somit sollte auch der Professor den Kriterien gerecht werden, die wir an menschliche Reife anlegen können, nämlich: innere Ruhe, Gelassenheit, Einssein mit sich selbst und sich somit nicht verunsichern lassen, Besonnenheit und damit nicht der persönlichen Eitelkeit ergeben. Bleibt schließlich noch als vierte aristotelische Tugend, der *Mut*. In der Antike wurde der Mut verstanden als ein ethischer Wert, der die vernünftige Mitte zwischen den beiden entgegengesetzten Untugenden der Feigheit und der Tollkühnheit bzw. des Übermutes bildet. Mut haben als Professor bedeutet also, weder bei seinem Wirken als Protagonist für eine akademische Bildung noch in seiner Führungsverantwortung im akademischen Lernprozess irgendwelche Anzeichen von Feigheit zu zeigen. Der Professor steht zu dem, was er als richtig erkannt hat, er verfolgt es konsequent, er lässt sich von Konflikten nicht umstimmen, er zeigt Stehvermögen und kämpft mit Herz. Mut als sinnvolle Mitte zwischen Feigheit und Tollkühnheit/Übermut meint aber auch, dass der Professor nicht einfach „drauf los" kämpft, er macht sich erst wissend und weise, womit die Bedeutung der Weisheit als „Wagenlenkerin der Tugenden" ein weiteres Mal in den Blickpunkt rückt.

Von den drei christlichen Tugenden verlangt *Glauben* als Tugend vom Professor neben dem Glauben an sich selbst und seine Sache vor allem das Glauben „an den guten Kern" beim Studierenden. Das bedeutet nicht, Fehler und Schwächen beim Studierenden zu übersehen. Auch darf und muss ein klares „Nein" als Grenzsetzung durchaus ausgesprochen werden. Allerdings dürfen wir die Studierenden nicht auf ihre Fehler und Schwächen festlegen, sie bei Grenzsetzungen nicht verletzen, erniedrigen oder entwerten. Insofern spiegelt Glauben als Tugend ein positives Menschenbild wider, das auf Misstrauen und daraus abgeleiteter Kontrollsucht verzichten kann. Die *Hoffnung* als zweite christliche Tugend wird häufig missverstanden als Optimismus bzw. Wunschdenken. Der Optimist hat eine ganz konkrete Erwartung einer positiven Zukunft und er hat eine genaue Vorstellung davon, wie sich unsere Hoffnung erfüllen soll. Hoffnung heißt aber gerade nicht, sich an etwas Konkretem festzuklammern. Folgen wir dem französischen Existenzialphilosophen Gabriel Marcel, so gilt wahre Hoffnung nicht einem bestimmten Ereignis, das kommen soll, sondern dem Urvertrauen auf das ständige Neuwerden der Existenz und des Lebens insgesamt. Als Professor haben wir aus diesem Verständnis abgeleitet unseren Studierenden mit einem ganz konkretem „Daseinsgefühl“ zu begegnen, das durch Lebensfreude und Lebendigkeit (siehe oben!), aber auch durch Geduld und Warten können auf das Fortschreiten der Persönlichkeitsentwicklung der jungen Menschen geprägt ist. Die größte der drei christlichen Tugenden ist die *Liebe*. Liest es sich aus der Feder eines Autors, der Professor für Unternehmensführung ist, nicht etwas merkwürdig, wenn im Zusammenhang mit Führungsverantwortung von „Liebe“ die Rede ist? Um schlüpfrigen Zweideutigkeiten vorzubeugen: wir sprechen nicht von Sexualität, sondern von der Liebe als die allumfassendste Kraft des Menschseins. Diese Kraft erscheint uns auch für das Wirken eines Professors so hochrangig, dass wir sie in unserer finalen Überlegung zum Schluss dieses Beitrags besonders positionieren möchten (siehe Ende Teil 3).

Wenn wir die gewünschte Führungsverantwortung eines Professors, so wie wir sie im nun ausklingenden Teil 2 unseres Beitrags bis hierher beleuchtet haben, einmal gegenüberstellen zur erlebten Realität der Ausübung des Professorenamts an deutschen Universitäten und Fachhochschulen, so begegnen uns tagtäglich eklatante Widersprüche. Kennen wir nicht alle den Professor, der statt Studierende für sein Fach zu begeistern ganz bewusst und absichtlich in einer übertrieben-hochgeschraubten Fachsprache spricht, um junge Menschen abzuschrekken und damit die Studentenzahl in seinen Seminaren bewusst klein zu halten?! Was ist mit den „Kollegen“, die alle nur denkbaren Hürden errichten (wie z.B. stets für Studierende verschlossene Türen des Dienstzimmers, keine Sprechzeiten, Abwiegelung der Studierenden im „Vorzimmer“ etc.), um nur ja nicht mit Studierenden im intensiven Dialog kommunizieren zu müssen?! Wie steht es um die „Fachvertreter“, die keinerlei Autorität im oben skizzierten Sinne haben, die aber gerade deshalb umso autoritärer auftreten?! Und schließlich: wie ist es wirklich um Wertschätzung und gelebte Tugenden bestellt, wenn ein Professor mit sichtlicher Freude noch immer einen der abgedroschendsten Kalauer an Erstsemester im Hörsaal richtet?! („Kommilitonen, schauen Sie sich links und rechts von Ihnen noch einmal Ihre direkten Banknachbarn an, spätestens im dritten Semester werden Sie diese Kommilitonen hier nicht mehr wiedersehen“). Wir sehen, auch hier also viel Bedarf für ein öffentlliches Bekenntnis zu den Idealen des Professorenberufs. Gehen wir dieses Bekenntnis nun an, indem wir den hippokratischen Eid für die Professorenschaft formulieren.

4 Vorschlag für einen hippokratischen Eid der Professorenschaft

Der ursprüngliche hippokratische Eid für die Ärzteschaft in seiner Übersetzung aus dem Altgriechischen enthält neun Artikel, die zum einen die originären Bereiche des ärztlichen Handelns widerspiegeln, zum anderen aber auch so unterschiedliche Codices wie beispielsweise das Verhalten gegenüber den akademischen Lehrern, die ärztliche Schweigepflicht oder die vom Arzt gewünschte Achtung seitens anderer Menschen thematisieren. Für unseren hier zu formulierenden Vorschlag eines hippokratischen Eides der Professorenschaft zeigt uns die antike Vorlage zwar keine adaptierbaren inhaltlichen Bestandteile auf, wohl aber eine formale Struktur, die unserem Ansinnen nach einem „heiligen Ritual" beim Ablegen des Eides entspricht. Somit wollen auch wir – wie im Original – unseren Eid mit einer Schwurformel beginnen und unsere inhaltlichen Grundprinzipien des Professorenberufes in mehreren Artikeln des Eides zum Ausdruck bringen.

Bei der Formulierung der heiligen Schwurformel haben wir zunächst noch ein delikates Problem zu lösen: im hippokratischen Eid der Antike schwört der Arzt „bei Appollon, Asklepios, Hygieia, Panakeia und allen Göttern und Göttinnen". Auf wen oder was wollen wir unseren professoralen Eid der Moderne ablegen? Auf antike Gottheiten? Auf den jeweiligen „einen Gott" der monotheistischen Weltreligionen? Auf nichtgöttliche Symbole atheistischer Weltanschauungen? Auf „gar nichts"? Um nicht in eine kontroverse und an dieser Stelle auch nicht zielführende Diskussion über Religion versus Atheismus bzw. Agnostik eintreten zu müssen, schlagen wir vor, den hippokratischen Eid der Professorenschaft auf die grundgesetzlich garantierte Freiheit von Forschung und Lehre abzulegen. Die akademische Freiheit im grundgesetzlichen Sinne ist wohl für jeden Professor das höchste Gut seines Berufsstandes und somit einer Eidesformel sehr wohl würdig.

Bleibt schließlich noch – wie zum Ende des Teils 2 angekündigt – unsere finale Überlegung zum Ausklang unseres Beitrags, die der christlichen Tugend der Liebe gewidmet ist. Wir denken, dass die Tugend der Liebe – auch wenn es aus dem Munde eines Managementprofessors zumindest ungewöhnlich klingt – die wichtigste Maxime für die Ausübung des Professorenberufs ist. Die (nicht narzisstische, sondern wohlverstandene) Liebe zu sich selbst, die Liebe zu anderen (insbesondere jungen) Menschen und die Liebe zur „Berufung", Professor zu sein, bilden die drei Grundpfeiler für jene Leidenschaft, die dem „Professor-Sein" erst zur wahren Lebendigkeit verhilft. Somit wollen wir die Tugend der Liebe in unserem Eid ihrer Bedeutung gemäß im finalen Artikel positionieren.

Nun schließlich können wir es angehen, den hippokratischen Eid der Professorenschaft zu formulieren. Wir wünschen künftigen Kollegen, die diesen Eid vielleicht einmal ablegen werden, die Kraft, gemäß den Maximen dieses Eides das „Professor-Sein" lebenslang zu leben!

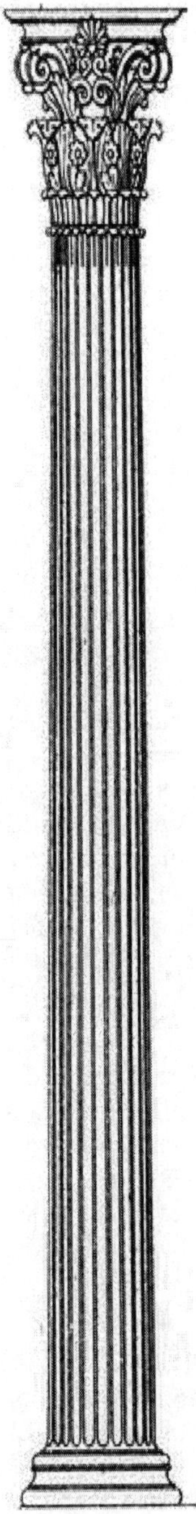

Der hippokratische Eid der Professorenschaft

Artikel 1

Ich schwöre bei der grundgesetzlich verankerten Freiheit von Forschung und Lehre (Art. 5, Abs. 3 des Grundgesetzes für die Bundesrepublik Deutschland), dass ich diesen Eid und diese Vereinbarung nach meinem besten Vermögen und Urteil erfüllen möge.

Artikel 2

Ich werde mein Wirken als Professor als Protagonist für die akademische Bildung verstehen. In diesem Sinne werde ich dafür Sorge tragen, dass ich all das, was eine akademische Bildung ausmacht, auch selbst verkörpere. Ich werde als Meinungsbildner hochschulintern und auch außerhalb der Hochschule proaktiv für das Verständnis von akademischer Bildung werben und mit Herzblut und Leidenschaft Position dafür beziehen. Auch werde ich die akademische Bildung gegen unangemessene Begehrlichkeiten von Interessengruppen, die diese Bildung unterminieren wollen, kraftvoll verteidigen.

Artikel 3

Ich werde mein Wirken als Professor als Führungskraft im akademischen Lernprozess verstehen. Dabei wird es meine Führungsaufgabe sein, die Studierenden für die Entwicklung von Fach- und anderen universitären Kompetenzen nachhaltig zu begeistern und diese Begeisterung in alltagstaugliches Lernverhalten umzusetzen. Zu meinen Führungsaufgaben wird es gehören, mit Studierenden nachhaltig zu kommunizieren, in Einzeldialogen, in kleineren Teams und vor großem studentischen Publikum. Meine Führungsverantwortung erfordert es auch, dass ich meinen Studierenden gegenüber akademische Bildung mit positiver Autorität sowie mit Lebendigkeit und wohlverstandener Dramaturgie authentisch vorlebe.

Artikel 4

Ich werde in meinem Wirken als Professor allen am Hochschulleben beteiligten Menschen gegenüber, insbesondere aber den Studierenden gegenüber eine Haltung der jederzeitigen und uneingeschränkten Wertschätzung einnehmen. Insbesondere auch meinen Studierenden werde ich in meinem Wirken als Führungsverantwortlicher für die akademischen Lernprozesse mit den Kardinaltugenden des Menschseins (Gerechtigkeit, Mäßigung, Weisheit, Mut, Glaube, Hoffnung, Liebe) gegenüber treten.

Artikel 5

Ich werde mir in meinem Wirken als Professor stets bewusst machen, dass die wohlverstandene Liebe zu mir selbst, meine Liebe zu anderen (insbesondere jungen) Menschen und meine Liebe zur Berufung, Professor zu sein, die eigentlichen Kraftquellen dafür sind, meinen Professorenberuf mit lebendiger Leidenschaft ausüben zu können.

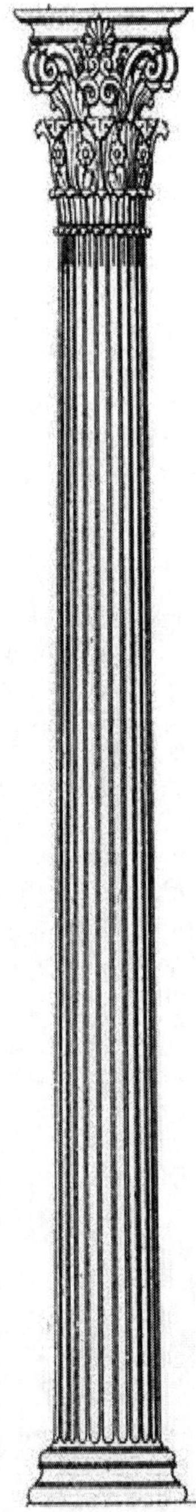

Literatur

Bloch, Ernst: Das Prinzip Hoffnung, Frankfurt a. M. 1959

Friedrich-Schiller-Universität Jena: Das Spezifikum universitärer Bildung, Jena 2009

Grün, Anselm: Menschen führen – Leben wecken, München 2006

Grün, Anselm: Das kleine Buch der Tugenden. Der Glaube, die Hoffnung und die Liebe, München 2007

Marcel, Gabriel: Homo Viator. Philosophie der Hoffnung, Düsseldorf 1949

Reich, Kersten: Konstruktivistische Didaktik, Weinheim 2006

Strunz , Herbert: Was kann man in einem Studium an der Universität lernen? In: Bočáková, Oľga a kol.: Výzvy 21. storočia, Plauen 2010

Teil 8

Dreimal „nach“gedacht

„Nach"gedacht 1: Air Florida Flug Nr. N62AF

(Erzählt nach einer wahren Begebenheit)

Miami, 31. Januar 1982: Ein eiskalter Wintertag im ansonsten so sonnenverwöhnten Florida. Es herrschen Außentemperaturen um die -15 Grad Celsius. An diesem Morgen treten zwei Piloten der Air-Florida, einer inneramerikanischen Charterfluglinie, ihren Dienst an, um einen Flug von Miami nach New York durchzuführen. Der Taxifahrer, der die Piloten vom Hotel, wo sie übernachtet haben, zum Flughafen fährt, wird sich später erinnern, dass die beiden Piloten folgenden Dialog geführt haben: Der etwas jüngere und unerfahrenere Copilot sagt zu seinem Piloten: „Du, ich glaube bei diesem kalten Wetter heute werden wir Probleme mit der Tragflächenvereisung kriegen."

Auch ohne exakte physikalische Erklärung an diese Stelle ist sicherlich jedem Leser deutlich, dass das Phänomen der Tragflächenvereisung in der Luftfahrt eine gefährliche Angelegenheit ist; bei vereisten Tragflächen reißt der Luftauftrieb ab, so dass die Maschine unweigerlich abstürzt. Der Pilot antwortet in einem zwar kumpelhaften aber sehr schnoddrigen Ton: „Mensch, Junge, nun mach dir mal nicht in die Hose, ich hab' diese Kiste schon geflogen, da hast du noch im Sandkasten gespielt. Aber keine Angst, ich bin ja bei dir, du musst dich also nicht fürchten."

Die Piloten erreichen den Flughafen und besteigen das Cockpit ihrer Maschine, um die erforderlichen umfangreichen Checkprozeduren vorzunehmen, die vor dem Start notwendig sind. Bei diesem Procedere ist der Tower des Flughafens über Sprechfunk kontinuierlich zugeschaltet. So wird man später rekonstruieren können, dass sich im Cockpit zwischen beiden Piloten folgender Dialog abspielt: Der Copilot sagt: „Ich messe eine Außentemperatur von -15,8 Grad Celsius. Ich beantrage, dass wir vor dem Start eine Tragflächenenteisung vornehmen." Wenn Sie, verehrter Leser, schon des Öfteren im Winter geflogen sind, ist Ihnen die Prozedur der Tragflächenenteisung sicherlich bekannt: Auf die Flügel der Maschine wird mit Hochdruck eine Chemikalie aufgesprüht, die eben das Vereisen der Tragflächen verhindern soll. Der Pilot antwortet daraufhin sehr wortkarg (und durchaus nicht mehr so kumpelhaft wie vorher im Taxi, weil ja der Tower offiziell mithört): „Nein, eine Tragflächenenteisung ist nicht erforderlich."

Nachdem die Checkprozedur im Cockpit beendet ist und die wartenden Passagiere die Maschine bestiegen haben, rollt das Flugzeug von seiner Parkposition zum Start. Dies ist eine Phase, in welcher die Piloten im Allgemeinen wieder einen etwas lockeren Umgangston pflegen können, da ja alle offiziellen Prüfprozeduren abgeschlossen sind und das Rollout zur Startbahn eine eher ungefährliche Angelegenheit ist. Während dieses Roll-outs spricht der Copilot seinen Piloten nochmals auf das Problem der Tragflächenvereisung an: „Du, ich weiß nicht, ich hab‘ kein gutes Gefühl bei der Sache. Lass uns doch noch kurz unter diese verdammte Enteisungsanlage durchrollen, es kostet uns doch nicht viel Zeit, die paar Minuten holen wir auf unserem Flug doch spielend wieder ein.” Der Pilot antwortet fast ähnlich wie zu Beginn des Tages im Taxi: „Ich hab’ es dir doch schon gesagt, du brauchst keine Angst zu haben, ich bin ja bei dir. Also lass es einfach.”

Die Maschine erreicht die Startbahn und die Piloten beginnen den Start. Der Take-off gelingt ohne Probleme. Zwei Minuten nach dem Start empfängt der Tower des Flughafens jedoch folgenden Funkspruch des Copiloten: „Wir gewinnen nicht richtig an Höhe. Wir sind jetzt etwa auf 3100 Fuß, müssten aber längst weit über 4000 Fuß hoch sein.”

Der Pilot schaltet sich in das Gespräch mit dem Tower ein: „Die geringere Flughöhe als normalerweise üblich ist absolut plausibel. Wir haben heute mehr Passagiere an Bord und haben darüber hinaus zusätzliche Fracht geladen, wir können deshalb logischerweise nicht die ansonsten übliche Flughöhe haben.” Die Maschine fliegt weiter und nach weiteren 1,5 Minuten verzeichnet der Tower wiederum einen Funkspruch des Copiloten: „Mit unserer Flughöhe stimmt immer noch irgendetwas nicht. Trotz zusätzlicher Fracht und auch unter Berücksichtigung einer höheren Passagierzahl als üblich: Wir müssten viel, viel höher sein. Kehren wir sofort zum Flughafen zurück!” Der Pilot jedoch entscheidet: „Wir fliegen weiter.” Nur wenige Sekunden später dringen panische Schreie an die Ohren der Männer im Tower. Sie hören den Copiloten: „Zurück zum Flughafen, zurück, zurück, bloß zurück!”

„Zurück zum Flughafen, zurück, zurück, nur bloß zurück!” Das waren die letzten Worte, die man an jenem Januartag des Jahres 1982 aus dem Cockpit des Flugs Nr. N62AF der Air Florida hören konnte. Nur wenige Sekunden nach diesen panischen Schreien des Copiloten stürzte die Maschine ab, direkt ins Meer vor der Küste Floridas. Alle Insassen der Maschine – 82 Menschen, unter ihnen auch Pilot und Copilot – kamen seinerzeit ums Leben.

Wenn wir diese traurige Begebenheit mit einigen Augenblicken des Abstands noch einmal durchleuchten, erkennen wir den unfassbaren Wahnwitz dieser Situation: Zwei Menschen mit allerhöchster fachlicher Kompetenz (die beiden Piloten hatten Gefahren und Notsituationen zigfach im Simulatortraining geprobt und verfügten darüber hinaus über Tausende von Stunden an Flugerfahrung) sind nicht in der Lage, eine voraussehbare Katastrophe abzuwenden.

Dabei wäre es so einfach gewesen. Von Seiten des Piloten: Er hätte lediglich auf den Rat eines Jüngeren hören müssen; er hätte lediglich ein einmal ausgesprochenes „nein” revidieren müssen; er hätte lediglich das Gespür bzw. die Intuition eines anderen Menschen ernst nehmen müssen; er hätte einfach nur über seinen eigenen Schatten springen müssen. Und von Seiten des Copiloten: Er hätte sich einfach gegenüber einem Älteren durchsetzen müssen; er hätte seine berechtigte Forderung lediglich nachhaltiger vortragen müssen; er hätte sich einfach nicht abschütteln lassen dürfen; er hätte ganz einfach zum Schluss das Steuer selbst in die Hand nehmen müssen (was dem Copiloten in der Fliegerei ja durchaus ohne weiteres möglich ist, man denke nur einmal etwa daran, dass den Piloten auf dem Flug ein Herzinfarkt ereilt, auch dann kann und muss der Copilot völlig selbständig und alleine landen können).

Spiegelt sich das Verhalten der beiden Piloten nicht auch trefflich im Verhalten vieler Führungskräfte wider? Erkennen wir nicht etwa dramatische Parallelen zum Geschehen im Cockpit der Air Florida Maschine? Zum Beispiel die Vorgesetzten in den Führungsetagen: Sie müssten doch nur einmal auf den Rat eines Jüngeren hören; sie müssten doch einfach mal ein ausgesprochenes „Nein” revidieren können; sie müssten doch einfach einmal dem Gespür bzw. der Intuition eines anderen Menschen trauen können; sie müssten schließlich ganz einfach einmal über ihren Schatten springen können.

Und die Mitarbeiter, die doch in vielen Unternehmen sogar zum „Mitunternehmer” hochstilisiert werden: Sie müssten sich einfach nur einmal gegenüber einem Älteren durchsetzen; sie müssten Forderungen, sofern sie berechtigt sind, lediglich nachhaltiger vortragen und sich nicht abschütteln lassen; sie müssten ganz einfach auch einmal den Mut haben, das Steuer in gefährlichen Situationen selbst in die Hand zu nehmen. All dies aber geschieht im alltäglichen Managementleben viel zu selten. Zwar spricht man in Fensterreden bei allerlei Festlichkeiten immer wieder gern davon, wie wichtig doch eine gute Kommunikation zwischen Vorgesetzten und Mitarbeitern sei, aber insgeheim denken viele Führungskräfte auch weiterhin, dass am Ende die sogenannten „hard facts” (wie etwa Renditen, Produktivitäten, Controllingkennziffern etc., etc.) wohl doch wichtiger seien.

Das Beispiel der Piloten der Air Florida zeigt uns, was Kommunikation zwischen Menschen wirklich bedeutet. Falsch betriebene oder unterlassene Kommunikation führt zum tödlichen Absturz, falsches Kommunizieren vernichtet Existenzen. Vielleicht werden Sie, verehrte Leser, nun denken: Es ist ja nur eine Metapher, in der betrieblichen Kommunikation im Unternehmensalltag geht es ja nicht wirklich um den Tod von Menschen. Damit hätten Sie sicherlich Recht. Die wahre Erkenntnis aus dem Beispiel der beiden Air Florida Piloten ist somit auch etwas, was weit über eine Metapher hinausgeht. Die dramatischen Ereignisse im Cockpit jener Maschine führen uns drastisch vor Augen, wie sehr Menschen auf einem einmal eingeschlagenen falschen Kommunikationsweg beharren können. Selbst der sichere Tod vor Augen konnte die beiden Piloten nicht dazu veranlassen, ihre festgefahrenen Kommunikationsmuster aufzugeben.

Es gibt also kaum etwas Beharrenderes im menschlichen Verhalten als die im Verlauf des Lebens erlernten (meist unbewussten) Kommunikationsmuster: sie zu erkennen und gegebenenfalls zu verändern – bei sich selbst und bei anderen Menschen – ist damit eine der wichtigsten aber auch schwierigsten Aufgaben einer Führungskraft. Die Führungsaufgabe „die vorausgedachte Zukunft mit den Beteiligten kommunizieren” (die zweite Königsdisziplin des Führens!) erfordert also den ganzen Einsatz eines Vorgesetzten. Es ist das, was in dem deutschen Wort Führungs„kraft” mitschwingt und diesen Begriff umso vieles eindrucksvoller und zutreffender erscheinen lässt als die eher verbrauchte Vokabel „Manager”.

„Nach“gedacht 2: Führungskräfte müssen verrückt sein!

(Erzählt aus dem Alltag eines Führungskräftecoachs)

Ein wichtiger Baustein in jeder strategischen Klausurtagung bzw. in jedem Managementtrainingsseminar ist (sofern es sich um eine mehrtägige Veranstaltung handelt) die allabendliche „Liquiditätsanalyse”. Der Leser mag schon erahnen, dass mit dem Begriff „Liquidität” nicht der betriebswirtschaftliche Fachterminus gemeint ist, sondern vielmehr das „Flüssige” ins Auge gefasst wird, was an solchen Abenden in zwangloser Runde genossen wird. Bei derartigen abendlichen Liquiditätsanalysen passiert es dem Erstautor des vorliegenden Kompendiums als Führungskräftecoach immer wieder einmal, dass sich folgende Begebenheit abspielt:

Zu vorgerückter Stunde und im fortgeschrittenerem Stadium der Liquiditätsanalyse plaudern Manager immer wieder einmal aus ihrem täglichen Leben. Dabei kommt es oft vor, dass Manager auch sagen: „Ich hab’ zwar ein stressiges und sehr ausgefülltes Berufsleben, aber trotzdem bin ich als Mensch am Boden geblieben. Ich habe – egal welche Hierarchieebene ich erreicht hatte – nie abgehoben. Ich bin eigentlich ein ganz normaler Mensch, auch nicht anders als die anderen. Und ich würde es auch gar nicht sein wollen. Ich bin froh darüber, dass ich so normal geblieben bin.“

So sympathisch diese Äußerungen uns wohl allen auf den ersten Blick erscheinen, so nachdenklich wird der Autor aber doch auch jedes Mal, wenn er diese oder ähnliche Äußerungen hört. Das Sympathische liegt auf der Hand: Wir finden es doch alle gut, wenn jemand von sich sagt, dass er trotz Karriereaufstieg nicht abgehoben habe, dass er stets am Boden geblieben sei und dass er eben normal und auch nicht anders als andere Menschen sei. Da „menschelt” es, das gefällt uns.

Von einer anderen Warte aus gesehen ist die Aussage „Ich bin ganz normal, ich bin auch nicht anders als andere“ aus dem Munde einer Führungskraft aber höchst bedenklich.

Warum das so ist, wollen wir uns mit der folgenden kleinen Skizze verdeutlichen.

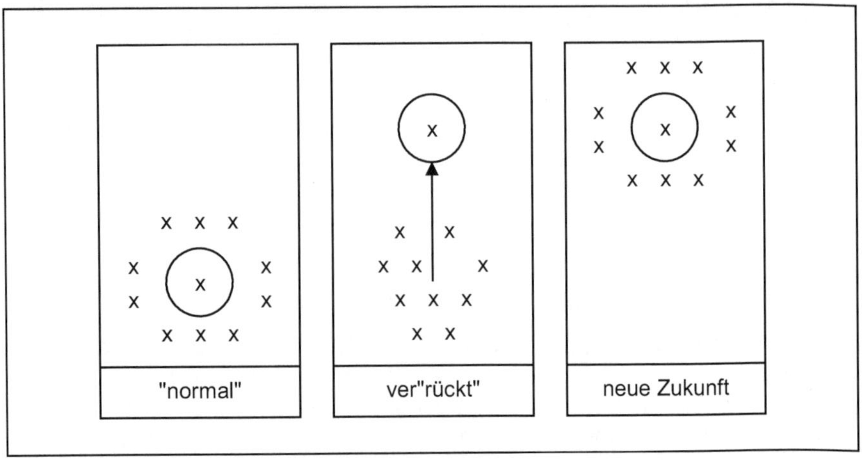

Nehmen Sie an, lieber Leser, die Wolke von kleinen Kreuzchen im linken Teil der Skizze möge eine Gruppe von Menschen symbolisieren (z. B. eine Gruppe von Mitarbeitern im Unternehmen), jedes Kreuzchen stehe dabei für eine Person. Das kleine Kreuzchen mit dem Kreis drumherum sei der Vorgesetzte dieser Mitarbeiter. Wie wir sehen, befindet er sich inmitten seiner Mitarbeiter. Er ist von ihnen umgeben, er hat keine herausgehobene Position inne, er ist „normal”, eben auch nicht anders als alle anderen.

Wenn wir ihn nicht extra mit einem Kreis drumherum markieren würden, sähen wir gar nicht, dass er der Vorgesetzte dieser Gruppe ist. Anders im mittleren Teil der Skizze. Hier hat die Führungskraft eine sichtbar andere Position bezogen, der Vorgesetzte ist im wahrsten Sinne diese Wortes ver“rückt”: Er ist aus der ursprünglichen Gruppe herausgerückt auf seine jetzige Position.

„Normal” ist er damit aber nun irgendwie nicht mehr. Er steht jetzt anders als die anderen. Das aber ist auch die ureigenste Aufgabe einer Führungskraft. Er soll neue Positionen beziehen, um Gruppen von Menschen (also z. B. Unternehmen) zum Aufbruch zu neuen Ufern anzustiften. Er muss eine Sogwirkung entfalten, die diese Gruppe von Menschen zu dieser neuen Position hinzieht. Er muss diese Menschen inspirieren, ihm in eine neue Zukunft zu folgen, denn wir erinnern uns, Führen heißt: Menschen bewegen!

Im Idealfall kommen diese Menschen als Ergebnis ausgeübter Führung irgendwann in dieser neuen Zukunft an. Dann entsteht eine Situation wie sie im ganz rechten Teil der Skizze abgebildet ist. Vorgesetzter und Mitarbeiter sind nun wieder vereint, allerdings an einem anderen Zukunftsort (z.B. in neuen Märkten, in neuen Unternehmenskulturen, in neuen strategischen Ausrichtungen etc.).

Wenn Führen heißt, Menschen zu bewegen, dann dürfen Führungskräfte zwar „normal” sein in dem Sinn, dass sie trotz herausgehobener Position Bodenständigkeit und menschlich sympathische Nähe bewahren. Ansonsten aber müssen gute Führungskräfte ständig ver„rückt” sein. Sie müssen ständig bereit sein, neue, herausfordernde Positionen zu beziehen, um Menschen für neue Wege und neue Ziele begeistern zu können. Wenn wir noch einmal unsere kleine Skizze betrachten, sehen wir, dass manche bei der Erfüllung ihrer Führungsaufgabe oftmals sehr „einsam” sein können. Die Position außerhalb der Gruppe fühlt sich nicht gerade „wohlig” an, jedenfalls so lange nicht, bis die Gruppe – angezogen durch die Sogwirkung des Führenden – zur neuen Position aufgeschlossen hat.

Zu akzeptieren, ständig ver„rückt” sein zu müssen, dabei aber dennoch nicht „Normalität” im Sinn von menschlicher Nähe und sympathischer Bodenständigkeit missen zu lassen und schließlich die „Einsamkeit” eines Führenden ertragen zu können: das macht die Authentizität wirklich guter Führungskräfte aus. Es sind genau jene Eigenschaften, die andere Menschen beim Erleben dieser Führungskraft als *Charisma* bezeichnen würden. Und schließlich spiegeln sich auch hier wieder die Königsdisziplinen des Führens wider: Ver„rückt” sein heißt, die Zukunft vorausdenken zu können. Menschliche Nähe und sympathische Bodenständigkeit ermöglichen es, die vorausgedachte Zukunft mit den Beteiligten kommunizieren zu können. Und das Ertragen von „Einsamkeit” einer Führungskraft versinnbildlicht das glaubhafte Vorleben der vorausgedachten Zukunft.

Üben wir uns also in der Fähigkeit, ver„rückt“ sein zu können, auch wenn andere uns dann als „nicht normal“ bezeichnen!

„Nach“gedacht 3: Die Hasen von Lanzarote

(Erzählt aus eigener Teilnehmer-Erfahrung)

Bedrückende Stille, ja geradezu Beklemmung beherrscht den Abend. Das hätte sich wirklich niemand träumen lassen. Auch Uwe L. nicht, Vorstandsvorsitzender der X-Bank in Nürnberg. Er war ja schon auf einiges gefasst gewesen, als er vor zwei Tagen gemeinsam mit sieben anderen Mitstreitern zu einem Outdoortraining nach Lanzarote aufgebrochen war. Die ersten zwei Tage hatten die Erwartungen – oder sollte man besser sagen die Befürchtungen? – aller Beteiligten auch voll erfüllt. Orientierungsmarsch durch verlassene Gegenden, Schluchtenüberquerung mit Seilbrückenbau, Abseilen an schroffen Bergwänden: das volle und mittlerweile fast standardmäßige Programm von Outdoortrainings war bisher geboten. Aber nun dies, ungeheuerlich:

Gemeinsam sitzen die acht Teilnehmer und die beiden Outdoortrainer am Abend des zweiten Tages vor ihren Zelten und betrachten beklommen ein kleines umzäuntes Stück Rasen, auf dem fröhlich drei niedliche Hasen hoppeln. „Wenn Ihr heute Abend etwas zu essen haben wollt, wisst Ihr, was Ihr zu tun habt“ sagt einer der beiden Outdoortrainer bedeutungsschwanger. Uwe L. verspürt einen merkwürdigen Kloß im Hals. Ein Tier mit eigenen Händen zu töten ist nun seine Sache wirklich nicht. Auch einigen anderen scheint es so zu ergehen.

Dennoch entzündet sich nach anfänglicher Stille eine brennende Diskussion. „Ihr seid feige, zu Hause esst Ihr jeden Tag Wurst und Fleisch, nur den Akt des Tötens verdrängt Ihr bequemerweise ins Anonyme, nämlich in Schlachthäuser“ entrüstet sich Dieter S., Leiter einer privaten Werbeagentur. „Ihr werdet doch den armen Viechern nicht wirklich etwas antun“ entfährt es spontan Helmut Sch., Leiter der Innenrevision eines namhaften Wirtschaftsverbandes. Die Diskussion wogt hin und her. Am Ende einigen sich alle darauf, die Hasen nicht zu schlachten. „Ihr seid verantwortungsbewusste Menschen und habt eine Entscheidung getroffen; Ihr wisst, dass Ihr für die Konsequenzen Eurer Entscheidungen selbst verantwortlich seid; Abendessen gibt es also heute nicht.“, beenden die Outdoortrainer die Diskussion und sperren die Hasen angesichts der hereinbrechenden Nacht in ihre Ställe zurück. Morgen zur Frühstückszeit werden sie die Tiere den Trainingsteilnehmern erneut präsentieren. Vielleicht wird der fortschreitende Hunger den einen oder anderen dazu verleiten, Hand an die Hasen zu legen. Falls dies geschehen sollte, werden die Outdoortrainer die armen

Kerlchen im letzten Moment retten und die Teilnehmer mit mitgebrachtem Proviant versorgen. „Okay, wir sehen, Ihr hättet es tatsächlich getan“ wird dann der zynische Kommentar der Outdoortrainer lauten.

Groteske Szenen wie die eben geschilderte häufen sich schon seit längerer Zeit. Vom Hundeschlitten-Führen in Alaska über nächtliches Vampir-Theater auf einsamen Schlössern bis hin zu aussichtslosen Versuchen, Manager ein Symphonie-Orchester dirigieren zu lassen, reicht die skurile Bandbreite von Trainingsmethoden zur Vermittlung angeblicher Führungseigenschaften. Und so mancher Top-Manager hat in einschlägigen Seminaren auch schon auf einem Bein stehend, wild mit den Armen gestikulierend und lauthals „Kikerikie“ schreiend vor seinen Kollegen gestanden, um damit „besser in Kontakt zu den Quellen seiner Artikulationsfähigkeit zu kommen“. Da versteht es sich fast schon von selbst, dass auch die Wortschöpfungen vieler Trainingsanbieter immer ausgefallener werden. Ein normales „Outdoor-Training“ tut es da längst nicht mehr, Veranstaltungen wie die eben geschilderte aus Lanzarote müssen mindestens als „Wilderness Experience“ etikettiert werden.

Wenn Unternehmen in Zeiten steigenden Kostendrucks horrende Summen für Trainings der eben beschriebenen skurrilen Art aufwenden, stellt sich doch die bange Frage: „Kann man Führen eigentlich lernen?“ Wer gestandene Manager zu Outdoortrainings entsendet, offenbart doch damit, dass diese Manager trotz aller bisherigen Berufserfahrungen dennoch Führungsdefizite aufweisen. Wenn man diese Defizite und die darauf angesetzten Outdoortrainings aber einmal etwas genauer unter die Lupe nimmt, dann sieht man, dass es ein ganz bestimmter Ausschnitt an Führungskompetenzen ist, der hier scheinbar fehlt. Wir könnten diesen Ausschnitt übergreifend als *emotionale Kompetenz* beschreiben. Im Mittelpunkt solcher Kompetenzen stehen z.B. Dinge wie Vertrauen, Sensibilität und Gespür für die Befindlichkeiten und wirklichen Interessen und Bedürfnisse anderer Menschen bzw. zusammengefasst all das, was wir heutzutage als „Empathie“ bezeichnen.

Unsere bange Frage „Kann man Führen eigentlich lernen?“ reduziert sich also an dieser Stelle auf die Teilfrage „Kann man emotionale Kompetenz lernen?“ Ob die Effekthascherei in zahlreichen Outdoortrainings hierzu wirklich einen verlässlichen Beitrag leistet, bezweifeln wir an dieser Stelle doch sehr ernsthaft. Eher schon beeindrucken uns Maßnahmen, wie sie etwa das Schweizer Projekt „Seitenwechsel“ in Kooperation mit namenhaften Schweizer Unternehmen durchführt.

So macht es beispielsweise die Union Bank of Switzerland ihren angehenden Topmanagern zur obligatorischen Auflage, sich für volle 14 Tage („voll“ meint hier Tag und Nacht) in bestimmte ausgewählte soziale Dienste zu stellen, z. B. als Betreuer von Aids-Kranken in entsprechenden Selbsthilfegruppen oder ebenfalls als Betreuer von Krebspatienten in diversen onkologischen Abteilungen Schweizer Kliniken. Wer jemals über zwei volle Wochen hinweg einen Aids-

Kranken oder einen vom Krebs im Endstadium gezeichneten Patienten betreut hat, braucht über Dinge wie „Empathie“ nicht mehr akademisch schwadronieren. Er hat gelernt, „Was es ist!“ und „Wie es geht!“

Führen heißt : Menschen bewegen! Mit dieser Kernbotschaft haben wir unser Kompendium des Führens begonnen. Wenn wir auch zum Ausklang den Kreis noch einmal zur emotionalen Seite hin schließen, dann deshalb, weil wir deutlich machen wollen, dass Führen deutlich mehr ist als nur die Anwendung von Führungs„techniken“. Führen ist eine Mission! Und man muss diese Mission wollen, mit aller Kraft und von ganzem Herzen!

Wir wünschen Ihnen, lieber Leser, viel Freude beim Entdecken Ihrer eigenen Führungsmission.